高等职业教育土木建筑类专业新形态教材

工程造价控制与管理

（第3版）

主　编　王忠诚　齐亚丽

副主编　邹继雪　崔程程　石　丹

参　编　谢怀民　黄启静　李天刚　孙渴欣

北京理工大学出版社

BEIJING INSTITUTE OF TECHNOLOGY PRESS

内 容 提 要

本书从基础理论与实践应用入手，全面介绍了工程造价控制与管理的理论和方法。全书共七章，主要内容包括建设工程造价构成、建设工程计价方法及计价依据、建设项目决策阶段造价控制与管理、建设项目设计阶段造价控制与管理、建设项目招标投标阶段造价控制与管理、建设项目施工阶段造价控制与管理、建设项目竣工验收阶段造价控制与管理。

本书可作为高职高专院校工程造价、工程管理等专业的教材，也可作为工程造价管理人员和造价类执业资格考试人员的参考用书。

图书在版编目（CIP）数据

工程造价控制与管理／王忠诚，齐亚丽主编.—3版.—北京：北京理工大学出版社，2019.1（2021.2重印）

ISBN 978-7-5682-6643-7

Ⅰ.①工…　Ⅱ.①王…②齐…　Ⅲ.①建筑造价管理－高等学校－教材　Ⅳ.①TU723.3

中国版本图书馆CIP数据核字（2019）第009964号

出版发行／北京理工大学出版社有限责任公司
社　　址／北京市海淀区中关村南大街5号
邮　　编／100081
电　　话／（010）68914775（总编室）
　　　　　（010）82562903（教材售后服务热线）
　　　　　（010）68948351（其他图书服务热线）
网　　址／http://www.bitpress.com.cn
经　　销／全国各地新华书店
印　　刷／天津久佳雅创印刷有限公司
开　　本／787毫米×1092毫米　1/16
印　　张／17
字　　数／400千字
版　　次／2019年1月第3版　2021年2月第3次印刷
定　　价／48.00元

责任编辑／张旭莉
文案编辑／张旭莉
责任校对／周瑞红
责任印制／边心超

第3版前言

建设工程的造价控制与管理问题因其直接影响到施工企业的经济效益而受到人们的高度重视。工程造价控制与管理是一个动态变化的过程，特别是在市场经济条件下，面对工程投资确定以及复杂化的状况，要求施工企业在工程施工的每个阶段都需要加强对工程造价的控制管理，从而最大限度改善建设资金利用效率。

在市场经济环境下，施工企业加强工程造价控制与管理具有重要的意义，这一方面是施工企业持续发展的要求，另一方面也是推动建筑行业发展的要求。工程造价控制与管理是一项庞大的、涉及面广的系统工程，它是集技术、经济、管理于一体，并贯穿于项目的决策、设计、施工、启用等环节，对建设项目的成败起着关键性作用。所谓建设工程造价控制，就是在投资决策阶段、设计阶段、建设项目发包阶段和建设项目实施阶段，把工程造价的发生控制在批准的造价限额以内，随时纠正偏差，保证项目管理目标的实现，以求在各个建设项目中能合理使用人力、物力、财力，取得较好的投资效益和社会效益。

本书此次修订严格按照高等职业教育工程造价专业教育标准和培养方案及主干课程教学大纲的要求，系统地阐述了工程造价控制与管理的基本理论和方法，对原有章节进行了一定的删除和补充，以培养面向生产第一线的应用型人才为目的，强调提升学生的实践能力和动手能力，进一步体现高等职业教育的特点，力求理论联系实际，使其能更好地满足高等院校教学工作的需要。

本书修订后共分为七章，主要内容包括建设工程造价构成、建设工程计价方法及计价依据、建设项目决策阶段造价控制与管理、建设项目设计阶段造价控制与管理、建设项目招投标阶段造价控制与管理、建设项目施工阶段造价控制与管理、建设项目竣工验收阶段造价控制与管理等。

本书由吉林科技职业技术学院王忠诚、吉林工程职业学院齐亚丽担任主编，西安欧亚学院邹继雪、江西工程学院崔程程、共青科技职业学院石丹担任副主编，福建对外经济贸易职业技术学院谢怀民、黄启静，吉林工程职业学院李天刚、孙渴欣参与编写。具体编写分工为：王忠诚编写第一章，齐亚丽编写第二章、第七章，邹继雪编写第五章，崔程程、石丹共同编写第四章，谢怀民、黄启静共同编写第三章，李天刚、孙渴欣共同编写第六章。本次修订过程中，参阅了国内同行多部著作，部分高职高专院校老师提出了很多宝贵意见供我们参考，在此表示衷心的感谢！

限于编者的学识、专业水平和实践经验，修订后的教材仍难免有疏漏或不妥之处，恳请广大读者指正。

编　者

第2版前言

工程造价控制与管理是一个贯穿于整个项目的动态过程，其实质是运用科学技术原理、经济及法律手段，解决工程建设活动中的技术与经济、经济与管理等实际问题。只有在工程项目建设的各个阶段，采用科学的计价方法和切合实际的计价依据，合理地确定投资估算、设计概算和施工图预算，才能提高投资效率。

本教材2009年出版发行，适逢我国工程建设市场的快速发展阶段，工程计价的相关依据发生了较大的变化，如建标〔2013〕44号文件的颁布实施，特别是为规范建设市场计价行为、维护建设市场秩序、促进建设市场有序竞争、控制建设项目投资、合理利用资源以及进一步适应建设市场发展的需要，住房和城乡建设部标准定额司组织有关单位对《建设工程工程量清单计价规范》（GB 50500—2008）进行了修订，并于2012年12月25日正式颁布了《建设工程工程量清单计价规范》（GB 50500—2013）及《房屋建筑与装饰工程工程量计算规范》（GB 50854—2013）等9本工程量计算规范。面对工程建设日新月异的变化，第1版教材中的部分内容，已不符合当前工程造价控制与管理的工作实际，也不能满足高职高专院校教学工作的需要。为保证教材内容的先进性与实用性，使教材能更好地体现2013版清单计价规范的相关内容，并符合建标〔2013〕44号文件的要求，我们根据各院校使用者的建议，结合近年来高职高专院校教学改革的动态，对教材的相关内容进行了修订。本次修订主要包括以下内容：

（1）进一步强化了教材的实用性和体系的完整性。本次修订对部分内容进行了必要的补充与完善，如增补了建设工程造价构成、建设工程计价方法及计价依据等内容。

（2）结合《建设工程工程量清单计价规范》（GB 50500—2013）及2010年版《标准施工招标文件》，对教材中工程量清单计价方面的内容进行了修订，重点修订的部分包括招标文件的组成与编制、招标工程量清单与招标控制价的编制、投标文件与投标报价的编制、工程合同签订、工程计量与价款支付、合同价款调整、索赔和竣工结算等内容，使本书的结构体系更加完整。

（3）对原教材中部分章节内容重新进行了整合，使各部分的条理更加清晰，内容更加充实，知识点更容易学习、掌握。

（4）对各章节的学习重点、培养目标、本章小结进行了修订。在修订过程中，对各章节知识体系进行了深入的思考，联系实际，对各知识点进行总结和概括，使该部分内容更具有指导性与实用性，便于读者学习和思考。

本书由王忠诚、鹿雁慧、邱凤美担任主编，王云、姚艳芳、赵炎、刘劲志担任副主编，陈志鹏、谢怀民、黄启静、郭文娟、彭子茂参与了部分章节的编写。

本书在修订过程中，参考了国内同行的多部著作，部分高职高专院校老师也为本教材提出了许多宝贵的意见，本版教材所有编写人员在此表示衷心的感谢！对于参与本教材第1版编写，但未参加本次修订的老师、专家和学者，全体编写人员向你们表示敬意，感谢你们对高等职业教育改革所做出的贡献，希望你们持续关注本教材并多提宝贵意见。

由于编者水平有限，修订后的教材仍难免有不足之处，恳请广大读者指正。

编　者

第1版前言

工程造价控制与管理是一项庞大的、涉及面广的系统工程，它集技术、经济、管理于一体，并贯穿于项目的决策、设计、施工、启用等环节，对建设项目的成败起着关键性作用。所谓建设工程造价控制，就是在投资决策阶段、设计阶段、建设项目发包阶段和建设项目实施阶段，把工程造价的发生控制在批准的造价限额以内,随时纠正偏差,保证项目管理目标的实现，以求在各个建设项目中能合理使用人力、物力、财力,取得较好的投资效益和社会效益。

随着我国基本建设管理、投资体制的深化,工程造价的控制与管理已成为我国调控建筑市场的重要手段，同时也是建设工程项目管理人员对项目进行管理的重要工作内容之一。作为高职高专院校工程造价专业的学生，必须具备良好的科学素养，掌握工程造价的基础知识，熟悉工程造价全过程的管理，具备工程建设项目投资决策、施工等各阶段工程造价管理的能力，努力发展成为兼有实践能力和创新精神的应用型技术或管理人才。

本教材严格按照高等职业教育工程造价专业教育标准和培养方案及主干课程教学大纲的要求编写，系统阐述了工程造价控制与管理的基本理论和方法，主要内容包括建设项目决策阶段工程造价控制、建设项目设计阶段工程造价控制、建设项目施工招标投标与投标报价、建设项目施工阶段工程造价控制、建设工程竣工决算等。在内容选取上，以“理论够用、注重实践”为原则，力求简明扼要、通俗易懂，不仅编入了学生将来从事造价管理工作所必须掌握的基础知识及原理，还通过大量例题对知识点的内容进行强化巩固和训练，具有较强的实用性。另外，本教材的编写倡导实践性，注重可行性，注意淡化细节，强调对学生综合思维能力的培养，既考虑到了教学内容的相互关联性和体系的完整性，又考虑到了教学实践的需要，能较好地促进“教”与“学”的良好互动。

为方便教学，本教材在各章前设置了【学习重点】和【培养目标】，【学习重点】以章节提要的形式概括了本章的重点内容，【培养目标】则对需要学生了解和掌握的知识要点进行了提示，对学生学习和老师教学进行引导；在各章后面设置了【本章小结】和【思考与练习】，【本章小结】以学习重点为框架，对各章知识作了归纳，【思考与练习】则从更深的层次给学生提供思考和复习的切入点，从而构建了一个“引导—学习—总结—练习”的教学全过程。

本教材由陈立春、鹿雁慧、真金担任主编，王岚琪担任副主编。在编写过程中，参考和引用了国内同行的部分著作，此外，部分高等职业院校老师也给予我们很大支持，在此表示感谢！由于编者水平有限，书中疏漏之处恳请广大读者批评指正。

编　者

Contents

目录

第一章　建设工程造价构成

知识目标

1. 熟悉建筑安装工程费用、设备及工器具购置费的构成；了解国外建设工程造价的构成。
2. 掌握国产设备原价、进口设备原价、设备运杂费的构成及计算。
3. 掌握我国现行建筑安装工程费用项目的组成，按费用构成要素划分建筑安装工程费用项目的构成和计算，并按工程造价的形成划分。
4. 了解土地使用费、项目建设有关的其他费用和未来生产经营有关的其他费用的构成。
5. 熟悉基本预备费、价差预备费的计算，建设期利息的计算。

能力目标

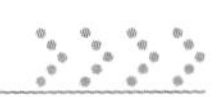

1. 能够理解关于工程造价的理论知识。
2. 能够准确地确定设备、器具及生产家具购置费的构成，并会计算。
3. 根据已有的造价资料，能够按照正确的计价步骤计算出工程的建筑安装工程费用。
4. 能够合理地确定工程建设其他费用，并会计算预备费和建设期贷款利息。

第一节　概述

一、工程造价构成

建设项目投资包括固定资产投资和流动资产投资两部分，建设项目总投资中的固定资产投资与建设项目的工程造价在量上相等。工程造价的构成按工程项目建设过程中各类费用支出的性质、途径等来确定，是通过费用划分和汇集所形成的工程造价的费用分解结构。在工程造价基本构成中，既包括用于购买工程项目所需各种设备的费用，用于建筑施工和安装施工所需支出的费用，用于委托工程勘察设计应支付的费用，用于购置土地所需的费用，也包括用于建设单位自身进行项目筹建和项目管理所花费的费用等。总之，**工程造价是工程项目按照确定的建设内容、建设规模、建设标准、功能要求和使用要求等全部建成并验收合格交付使用所需的全部费用。**具体构成内容如图 1-1 所示。

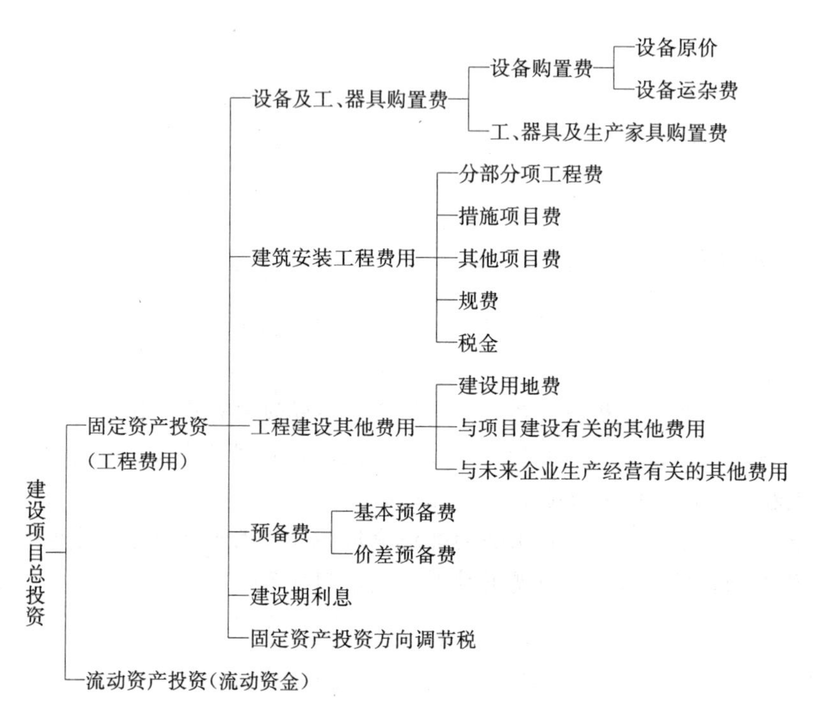

图 1-1　我国现行工程造价的构成

(一)建筑安装工程费用的构成

建筑安装工程费**按照费用构成要素划分为人工费、材料费、施工机具使用费、企业管理费、利润、规费和税金。**为指导工程造价专业人员计算建筑安装工程造价，将建筑安装工程费用**按工程造价形成顺序划分为分部分项工程费、措施项目费、其他项目费、规费和税金。**

(二)设备及工、器具购置费的构成

设备及工、器具购置费用是由设备购置费和工具、器具及生产家具购置费组成的。设备购置费包括设备原价和设备运杂费。

(三)工程建设其他费用的构成

工程建设其他费用是指从工程筹建起到工程竣工验收交付使用的整个建设期间所发生的费用，是除建筑安装工程费用和设备及工器具购置费用外的，为保证工程建设顺利完成和交付使用后能够正常发挥作用而发生的各项费用。其包括**建设用地费、与项目建设有关的其他费用和与未来生产经营有关的其他费用。**

1. 建设用地费

建设用地费是为获得工程项目建设土地的使用权而在建设期内发生的各项费用。其包括通过划拨方式取得的土地使用权而支付的土地征用费及迁移补偿费，或者通过土地使用权出让方式取得土地使用权而支付的土地使用权出让金等。

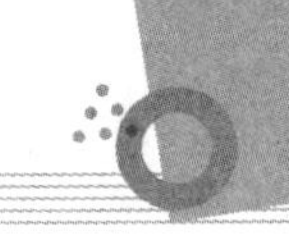

2. 与项目建设有关的其他费用

与项目建设有关的其他费用是建设单位在项目建设过程中，除需要支出工程费用外的，为了保证项目顺利进行而发生的建设单位管理费、可行性研究费、研究试验费、勘察设计费等相关费用。

3. 与未来生产经营有关的其他费用

与未来生产经营有关的其他费用是项目建成后，为正式开始运营所支出的必要费用，如联合试运转费、专利及专有技术使用费和生产准备及开办费等。

(四)预备费的构成

预备费是在建设期内因各种不可预见因素的变化而预留的可能增加的费用。其包括**基本预备费和价差预备费。**

1. 基本预备费

基本预备费是针对项目实施过程中可能发生难以预料的支出而事先预留的费用，又称工程建设不可预见费。

2. 价差预备费

价差预备费是指为在建设期内利率、汇率或价格等因素的变化而预留的可能增加的费用，也称为价格变动不可预见费或者涨价预备费。

(五)建设期利息

建设期利息是指在建设期内发生的为工程项目筹措资金的融资费用及债务资金利息。

二、国外建设工程造价构成

国外各个国家的建设工程造价构成虽然有所不同，但具有代表性的是世界银行、国际咨询工程师联合会对建设工程造价构成的规定。这些国际组织对工程项目的总建设成本(相当于我国的工程造价)作为统一规定，工程项目总建设成本包括项目直接建设成本、项目间接建设成本、应急费和建设成本上升费等。各部分详细内容如下。

工程造价的特点

(一)项目直接建设成本

项目直接建设成本包括以下内容：

(1)**土地征购费。**

(2)**场外设施费用。**如道路、码头、桥梁、机场、输电线路等设施费用。

(3)**场地费用。**指用于场地准备、厂区道路、铁路、围栏、场内设施等的建设费用。

(4)**工艺设备费。**指主要设备、辅助设备及零配件的购置费用，包括海运包装费用、交货港离岸价，但不包括税金。

(5)**设备安装费。**指设备供应商的监理费用，本国劳务及工资费用，辅助材料、施工设备、消耗品和工具等费用，以及安装承包商的管理费和利润等。

(6)**管道系统费用。**指与系统的材料及劳务相关的全部费用。

(7)**电气设备费。**其内容与上述第(4)项内容类似。

(8)**电气安装费。**指设备供应商的监理费用，本国劳务与工资费用，辅助材料、电缆管道和工具费用，以及营造承包商的管理费和利润。

(9)**仪器仪表费。**指所有自动仪表、控制板、配线和辅助材料的费用以及供应商的监理费用、外国或本国劳务与工资费用，承包商的管理费和利润。

(10)**机械的绝缘和油漆费。**指与机械及管道的绝缘和油漆相关的全部费用。

(11)**工艺建筑费。**指原材料、劳务费以及与基础、建筑结构、屋顶、内外装修、公共设施有关的全部费用。

(12)**服务性建筑费用。**其内容与上述第(11)项相似。

(13)**工厂普通公共设施费。**包括材料和劳务费以及与供水、燃料供应、通风、蒸汽发生及分配、下水道、污物处理等公共设施有关的费用。

(14)**车辆费。**指工艺操作所必需的机动设备零件费用，包括海运包装费用以及交货港的离岸价，但不包括税金。

(15)**其他当地费用。**指那些不能归类于以上任何一个项目，不能计入项目间接成本，但在建设期间又是必不可少的当地费用。如临时设备、临时公共设施及场地的维持费，营地设施及其管理、建筑保险和债券，杂项开支等费用。

(二)项目间接建设成本

项目间接建设成本包括以下内容：

(1)**项目管理费。**

1)总部人员的薪金和福利费，以及用于初步和详细工程设计、采购、时间和成本控制、行政和其他一般管理的费用。

2)施工管理现场人员的薪金、福利费和用于施工现场监督、质量保证、现场采购、时间及成本控制、行政及其他施工管理机构的费用。

3)零星杂项费用，如返工、旅行、生活津贴、业务支出等。

4)各种酬金。

(2)**开工试车费。**指工厂投料试车必需的劳务和材料费用。

(3)**业主的行政性费用。**指业主的项目管理人员费用及支出。

(4)**生产前费用。**指前期研究、勘测、建矿、采矿等费用。

(5)**运费和保险费。**指海运、国内运输、许可证及佣金、海洋保险、综合保险等费用。

(6)**税金。**指关税、地方税及对特殊项目征收的税金。

(三)应急费

应急费包括以下内容：

(1)**未明确项目的准备金。**此项准备金用于在估算时，不可能明确的潜在项目，包括那些在做成本估算时因为缺乏完整、准确和详细的资料而不能完全预见和不能注明的项目，并且这些项目是必须完成的，或它们的费用是必定要发生的。在每一个组成部分中均单独以一定的百分比确定，并作为估算的一个项目单独列出。此项准备金不是为了支付工作范围以外可能增加的项目，不是用来应付自然灾害、非正常经济情况及罢工等情况，也不是用来补偿估算的任何误差，而是用来支付那些几乎可以肯定要发生的费用。因此，它是估算中不可缺少的一个组成部分。

(2)**不可预见准备金。**此项准备金(在未明确项目准备金外)用于在估算达到了一定的完整性并符合技术标准的基础上，由于物质、社会和经济的变化，导致估算增加的情况。此

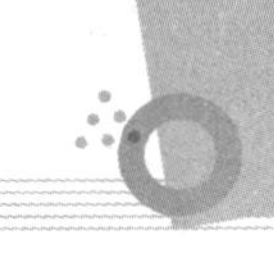

种情况可能发生，也可能不发生。因此，不可预见准备金只是一种储备，可能不会动用。

(四)建设成本上升费用

通常，估算中使用的构成工资率、材料和设备价格基础的截止日期就是“估算日期”。必须对该日期或在已知成本基础上进行调整，以补偿直至工程结束时的未知价格增长。

工程的各个主要组成部分(国内劳务和相关成本、本国材料、外国材料、本国设备、外国设备、项目管理机构)的细目划分确定以后，便可确定每一个主要组成部分的增长率。这个增长率是一项判断因素。它以已发表的国内和国际成本指数、公司记录的历史经验数据等为依据，并与实际供应商进行核对，然后根据确定的增长率和从工程进度表中获得的各主要组成部分的中点值，计算出每项主要组成部分的成本上升值。

第二节　设备及工、器具购置费的构成和计算

设备及工、器具购置费是指设备及工、器具的原价和设备及工、器具的运杂费之和。

一、设备购置费的构成及计算

设备购置费是指建设工程购置或自制的达到固定资产标准的设备、工具和器具的费用。 设备购置费包括设备原价和设备运杂费，即

设备购置费＝设备原价(或进口设备抵岸价)＋设备运杂费　　(1-1)

式中，设备原价是指国产标准设备、非标准设备的原价。设备运杂费是指除设备原价之外关于设备采购、运输、途中包装及仓库保管等方面支出的费用的总和。

(一)国产设备原价的构成及计算

国产设备原价一般是指设备制造厂的交货价，即出厂价或订货合同价。它一般根据生产厂家或供应商的询价、报价、合同价确定，或采用一定的方法计算确定。国产设备原价可分为**国产标准设备原价**和**国产非标准设备原价**两种。

1. 国产标准设备原价

国产标准设备是按照主管部门颁布的标准图纸和技术要求，由我国设备生产厂批量生产的，符合国家质量检验标准的设备。国产标准设备原价一般是指设备制造厂的交货价，即出厂价。有的设备有两种出厂价，即带有备件的出厂价和不带备件的出厂价。在计算设备原价时，一般按带有备件的出厂价计算。

2. 国产非标准设备原价

国产非标准设备是指国家尚无定型标准，各设备生产厂不可能在工艺过程中采用批量生产，而只能按一次订货，并根据具体的设计图纸制造的设备。非标准设备原价有多种不同的计算方法，如成本计算估价法、系列设备插入估价法、分部组合估价法和定额估价法等。但无论采用哪种方法，都应该使非标准设备计价接近实际出厂价，并且计算方法要简

便。按成本计算估价法分析，非标准设备的原价由以下各项组成：

(1)**材料费。**其计算公式为

材料费＝每吨材料综合价×材料净质量×(1＋加工损耗系数)　　(1-2)

式中，材料净质量是指根据设备设计图纸中各种零件的理论质量计算的净质量。计算材料净质量时不包括以下四个方面内容。

1)设备壳体、槽罐所需的防腐衬里，如衬胶、衬塑料、衬瓷板、衬耐酸砖等。

2)设备保温材料，如石棉粉、棉毡等。

3)设备的各种填料，如石墨、塑料球等。

4)外购配套件及设备本体以外的配套设备与管线等。

(2)**加工费。**加工费包括生产工人工资和工资附加费、燃料动力费、设备折旧费、车间经费等。其计算公式为

加工费＝设备每吨加工费×设备总质量(t)　　(1-3)

式中，设备总质量包括外购配套件的质量，但不包括设备的防腐衬里、设备保温材料和设备的各种填料的质量。

设备每吨加工费按设备种类和质量，规定了不同的取费标准。

(3)**辅助材料费(简称辅材费)。**辅助材料费包括焊条、焊丝、氧气、氩气、氮气、油漆和电石等费用。其计算公式为

辅助材料费＝辅助材料费指标×设备总质量　　(1-4)

(4)**专用工具费。**按(1)～(3)项之和乘以一定百分比计算。

(5)**废品损失费。**按(1)～(4)项之和乘以一定百分比计算。

(6)**外购配套件费。**按设备设计图纸所列的外购配套件的名称、型号、规格、数量和质量，根据相应的价格加运杂费计算。

(7)**包装费。**按(1)～(6)项之和乘以一定百分比计算。

(8)**利润。**按(1)～(5)项与(7)项之和乘以一定利润率计算。

(9)**税金。**税金主要是指增值税，通常是指设备制造厂销售设备时向购入设备方收取的销项税额。其计算公式为

当期销项税额＝销售额×适用增值税税率　　(1-5)

其中销售额为(1)～(8)项之和。

(10)**非标准设备设计费。**按国家规定的设计费收费标准计算。

综上所述，单台非标准设备原价可用下面的公式表示：

单台非标准设备原价＝{[(材料费＋加工费＋辅助材料费)×(1＋专用工具费费率)×(1＋废品损失费费率)＋外购配套件费]×(1＋包装费费率)－外购配套件费}×(1＋利润率)＋销项税金＋非标准设备设计费＋外购配套件费　　(1-6)

以上各项费用的计算公式见表1-1。

表1-1　国产非标准设备原价的计算

费用项目	计算方法
①材料费	每吨材料综合价×材料净质量×(1＋加工损耗系数)

续表

费用项目	计算方法
②加工费	设备每吨加工费×设备总质量(吨)
③辅助材料费	辅助材料费指标×设备总质量
④专用工具费	[①+②+③]×专用工具费占比率(费率)
⑤废品损失费	[①+②+③+④]×废品损失费占比率(费率)
⑥外购配套件费	实际进货价
⑦包装费	[①+②+③+④+⑤+⑥]×包装费占比率(费率)
⑧利润	[①+②+③+④+⑤+⑦]×利润率
⑨税金	销售额×适用增值税税率-进项税额
⑩非标设备设计费	按国家规定标准计收

【例 1-1】 某工厂采购一台国产非标准设备，制造厂生产该台设备所用材料费为 20 万元，加工费为 2 万元，辅助材料费为 4 000 元，制造厂为制造该设备，在材料采购过程中发生进项增值税额为 3.5 万元。专用工具费费率为 1.5%，废品损失费费率为 10%，外购配套件费为 5 万元，包装费费率为 1%，利润率为 7%，增值税税率为 17%，非标准设备设计费为 2 万元，求该国产非标准设备的原价。

【解】 专用工具费=(20+2+0.4)×1.5%=0.336(万元)

废品损失费=(20+2+0.4+0.336)×10%=2.274(万元)

包装费=(22.4+0.336+2.274+5)×1%=0.300(万元)

利润=(22.4+0.336+2.274+0.3)×7%=1.772(万元)

销项税额=(22.4+0.336+2.274+5+0.3+1.772)×17%=5.454(万元)

该国产非标准设备的原价=22.4+0.336+2.274+0.3+1.772+5.454+2+5

=39.536(万元)

系列设备插入估价法就是在系列(或类似)设备产品中，找出和所估价的非标准设备毗邻的，即比其稍大或稍小的设备价格及质量，按插入法计算的方法。公式表示如下：

$$P=\frac{P_1/Q_1+P_2/Q_2}{2}\times Q \tag{1-7}$$

式中 P——拟计算的设备价格(元/台)；

Q——拟计算的设备质量(t)；

P_1，P_2——与拟计算设备相邻的设备价格(元/台)；

Q_1，Q_2——与拟计算设备相邻的设备质量(t)。

(二)进口设备原价的构成及计算

进口设备的原价是指进口设备的抵岸价，即设备抵达买方边境、港口或车站，交纳完各种手续费、税费后形成的价格。抵岸价通常是由进口设备到岸价(CIF)和进口从属费构成。进口设备的到岸价，即设备抵达买方边境港口或边境车站所形成的价格。在国际贸易中，交易双方所使用的交货类别不同，则交易价格的构成内容也有所差异。进口设备从属费用是指进口设备在办理进口手续过程中发生的应计入设备原价的银行财务费、外贸手续费、进口关税、消费税、进口环节增值税及进口车辆的车辆购置税等。

1. 进口设备的交易价格

在国际贸易中，较为广泛使用的交易价格术语有 FOB、CFR 和 CIF。

(1)**离岸价格(FOB)，意为装运港船上交货。**FOB 术语是指当货物在装运港被装上指定船只时，卖方即完成交货义务。风险转移，以在指定的装运港货物被装上指定船只时为分界点。费用划分与风险转移的分界点相一致。

在 FOB 交货方式下，卖方的基本义务有：在合同规定的时间或期限内，装运港按照以往方式将货物交到买方指派的船只上，并及时通知买方；自负风险和费用，取得出口许可证或其他官方批准证件，在需要办理海关手续时，办理货物出口所需的一切海关手续；承担货物在装运港至装上船为止的一切费用和风险；自付费用提供证明货物已交至船上的通常单据或具有同等效力的电子单证。买方的基本义务有：自负风险和费用，取得进口许可证或其他官方批准的证件，在需要办理海关手续时，办理货物进口以及经由他国过境的一切海关手续，并支付有关费用及过境费；负责租船或订舱，支付运费，并给予卖方关于船名、装船地点和要求交货时间的充分的通知；承担货物在装运港装上船后的一切费用和风险；接受卖方提供的有关单据，受领货物，并按合同规定支付货款。

(2)**成本加运费(CFR)，或称为运费在内价。**CFR 是指在装运港货物在装运港被装上指定船时卖方即完成交货，卖方必须支付将货物运至指定的目的港所需的运费和费用，但交货后货物灭失或损坏的风险，以及由于各种事件造成的任何额外费用，即由卖方转移到买方。与 FOB 价格相比，CFR 的费用划分与风险转移的分界点是不一致的。

在 CFR 交货方式下，卖方的基本义务有：自负风险和费用，取得出口许可证或其他官方批准的证件，在需要办理海关手续时，办理货物出口所需的一切海关手续；签订从指定装运港承运货物运往指定目的港的运输合同；在买卖合同规定的时间和港口，将货物装上船只并支付至目的港的运费，装船后及时通知买方；承担货物在装运港在装上船为止的一切费用和风险；向买方提供通常的运输单据或具有同等效力的电子单证。买方的基本义务有：自负风险和费用，取得进口许可证或其他官方批准的证件，在需要办理海关手续时，办理货物进口以及必要时经由另一国过境的一切海关手续，并支付有关费用及过境费；负担货物在装运港装上船后的一切费用和风险；接受卖方提供的有关单据，受领货物，并按合同规定支付货款；支付除通常运费以外的有关货物在运输途中所产生的各项费用以及包括驳运费和码头费在内的卸货费。

(3)**到岸价格(CIF)，意为成本加保险费、运费。**在 CIF 术语中，卖方除承担与 CFR 相同的义务外，还应办理货物在运输途中最低险别的海运保险，并应支付保险费。如买方需要更高的保险险别，则需要与卖方明确地达成协议，或者自行做出额外的保险安排。除保险这项义务外，买方的义务与 CFR 相同。

2. 进口设备到岸价的构成及计算

进口设备采用最多的是装运港船上交货价(FOB)，其抵岸价的构成可用公式表示为

进口设备到岸价(CIF)＝离岸价格(FOB)＋国际运费＋运输保险费

＝运费在内价(CFR)＋运输保险费　　(1-8)

(1)**货价。**货价一般是指装运港船上交货价(FOB)。设备货价可分为原币货价和人民币货价两种。原币货价一律折算为美元表示，人民币货价按原币货价乘以外汇市场美元兑换人民币汇率中间价确定。进口设备货价按有关生产厂商询价、报价、订货合同价计算。

(2)**国际运费。**国际运费即从装运港(站)到达我国目的港(站)的运费。我国进口设备大部分采用海洋运输，小部分采用铁路运输，个别采用航空运输。进口设备国际运费计算公式为

$$\text{国际运费(海、陆、空)}=\text{原币货价(FOB)}\times\text{运费费率} \tag{1-9}$$

$$\text{国际运费(海、陆、空)}=\text{单位运价}\times\text{运量} \tag{1-10}$$

其中，运费费率或单位运价参照有关部门或进出口公司的规定执行。

(3)**运输保险费。**对外贸易货物运输保险是由保险人(保险公司)与被保险人(出口人或进口人)订立保险契约，在被保险人交付议定的保险费后，保险人根据保险契约的规定对货物在运输过程中发生的承保责任范围内的损失给予经济上的补偿。这是一种财产保险。其计算公式为

$$\text{运输保险费}=\frac{\text{原币货价(FOB)}+\text{国际运费}}{1-\text{保险费费率}}\times\text{保险费费率} \tag{1-11}$$

其中，保险费费率按保险公司规定的进口货物保险费费率计算。

3. 进口从属费的构成及计算

$$\text{进口从属费}=\text{银行财务费}+\text{外贸手续费}+\text{关税}+\text{消费税}+\text{进口环节增值税}+\text{车辆购置税} \tag{1-12}$$

(1)**银行财务费。**一般是指在国际贸易结算中，中国银行为进出口商提供金融结算服务所收取的费用，可按下式简化计算：

$$\text{银行财务费}=\text{离岸价格(FOB)}\times\text{人民币外汇汇率}\times\text{银行财务费费率} \tag{1-13}$$

(2)**外贸手续费。**指按对外经济贸易部门规定的外贸手续费率计取的费用，外贸手续费费率一般取1.5%。其计算公式为

$$\text{外贸手续费}=\text{到岸价格(CIF)}\times\text{人民币外汇汇率}\times\text{外贸手续费费率} \tag{1-14}$$

(3)**关税。**关税由海关对进出国境或关境的货物和物品征收的一种税。其计算公式为

$$\text{关税}=\text{到岸价格(CIF)}\times\text{人民币外汇汇率}\times\text{进口关税税率} \tag{1-15}$$

到岸价格作为关税的计征基数时，通常也可称为关税完税价格。进口关税税率可分为优惠和普通两种。优惠税率适用于与我国签订关税互惠条款的贸易条约或协定的国家的进口设备；普通税率适用于与我国未签订关税互惠条款的贸易条约或协定的国家的进口设备。进口关税税率按我国海关总署发布的进口关税税率计算。

(4)**消费税。**仅对部分进口设备(如轿车、摩托车等)征收，一般计算公式为

$$\text{应纳消费税税额}=\frac{\text{到岸价格(CIF)}\times\text{人民币外汇汇率}+\text{关税}}{1-\text{消费税税率}}\times\text{消费税税率} \tag{1-16}$$

其中，消费税税率根据规定的税率计算。

(5)**进口环节增值税。**进口环节增值税是对从事进口贸易的单位和个人，在进口商品报关进口后征收的税种。我国增值税征收条例规定，进口应税产品均按组成计税价格和增值税税率直接计算应纳税额，即

$$\text{进口环节增值税额}=\text{组成计税价格}\times\text{增值税税率} \tag{1-17}$$

$$\text{组成计税价格}=\text{关税完税价格}+\text{关税}+\text{消费税} \tag{1-18}$$

增值税税率根据规定的税率计算。

(6)**车辆购置税。**进口车辆需缴进口车辆购置税。其计算公式为

$$\text{进口车辆购置税}=(\text{关税完税价格}+\text{关税}+\text{消费税})\times\text{车辆购置税税率} \tag{1-19}$$

【例 1-2】 从某国进口应纳消费税的设备，质量为 1 000 t，装运港船上交货价为 400 万美元，工程建设项目位于国内某省会城市。如果国际运费标准为 300 美元/t，海上运输保险费费率为 3‰，银行财务费费率为 5‰，外贸手续费费率为 1.5%，关税税率为 22%，增值税税率为 17%，消费税税率为 10%，银行外汇牌价为 1 美元＝6.3 元人民币，对该设备的原价进行估算。

【解】 进口设备 FOB＝400×6.3＝2 520(万元)

国际运费＝300×1 000×6.3＝189(万元)

$$海运保险费=\frac{2\ 520+189}{1-3‰}\times 3‰=8.15(万元)$$

CIF＝2 520＋189＋8.15＝2 717.15(万元)

银行财务费＝2 520×5‰＝12.6(万元)

外贸手续费＝2 717.15×1.5%＝40.76(万元)

关税＝2 717.15×22%＝597.77(万元)

$$消费税=\frac{2\ 717.15+597.77}{1-10\%}\times 10\%=368.32(万元)$$

增值税＝(2 717.15＋597.77＋368.32)×17%＝626.15(万元)

进口从属费＝12.6＋40.76＋597.77＋368.32＋626.15＝1 645.6(万元)

进口设备原价＝2 717.15＋1 645.6＝4 362.75(万元)

(三)设备运杂费的构成及计算

1. 设备运杂费的构成

设备运杂费是指国内采购设备自来源地、国外采购设备自到岸港运至工地仓库或指定堆放地点发生的采购、运输、运输保险、保管、装卸等费用。通常由以下内容构成：

(1)**运费和装卸费。**国产设备是由设备制造厂交货地点起至工地仓库(或施工组织设计指定的需要安装设备的堆放地点)止所发生的运费和装卸费；进口设备是由我国到岸港口或边境车站起至工地仓库(或施工组织设计指定的需安装设备的堆放地点)止所发生的运费和装卸费。

(2)**包装费。**在设备原价中没有包含的、为运输而进行的包装支出的各种费用。

(3)**设备供销部门的手续费。**按有关部门规定的统一费率计算。

(4)**采购与仓库保管费。**采购与仓库保管费是指采购、验收、保管和收发设备所发生的各种费用，包括设备采购人员、保管人员和管理人员的工资、工资附加费、办公费、差旅交通费，设备供应部门办公和仓库所占固定资产使用费、工具用具使用费、劳动保护费、检验试验费等。这些费用可按主管部门规定的采购与保管费费率计算。

2. 设备运杂费的计算

设备运杂费按设备原价乘以设备运杂费费率计算。其计算公式为

$$设备运杂费=设备原价\times设备运杂费费率 \tag{1-20}$$

其中，设备运杂费费率按照各部门及省、市有关规定计取。

二、工、器具及生产家具购置费的构成及计算

工、器具及生产家具购置费是指新建或扩建项目初步设计规定的，保证初期正常生产

必须购置的、没有达到固定资产标准的设备、仪器、工卡模具、器具、生产家具和备品备件等的购置费用。一般以设备购置费为计算基数，按照部门或行业规定的工、器具及生产家具费率计算。其计算公式为

$$工、器具及生产家具购置费=设备购置费\times定额费费率 \tag{1-21}$$

第三节　建筑安装工程费用项目

一、我国现行建筑安装工程费用项目组成

根据“住房和城乡建设部、财政部关于印发《建筑安装工程费用项目组成》的通知”（建标〔2013〕44 号），我国现行建筑安装工程费用项目按两种不同的方式划分，即按费用构成要素划分和按造价形成划分。其具体构成如图 1-2 所示。

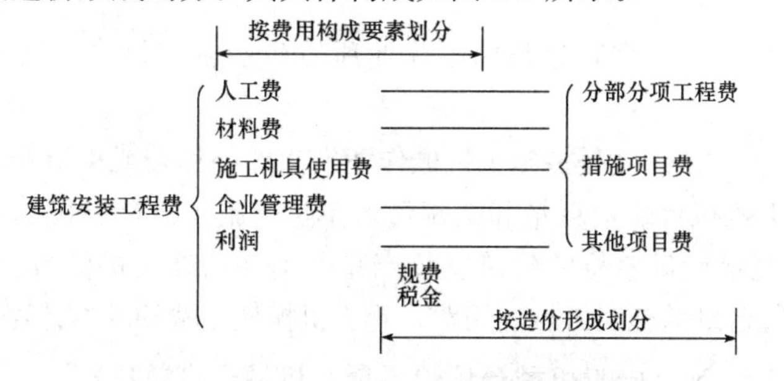

图 1-2　建筑安装工程费用项目构成

建筑安装工程费用项目组成

二、按费用构成要素划分

按照费用的构成要素划分，建筑安装工程费包括人工费、材料费、施工机具使用费、企业管理费、利润、规费和税金。

(一)人工费

建筑安装工程费中的人工费，是指支付给直接从事建筑安装工程施工作业的生产工人的各项费用。计算人工费的基本要素有两个，即人工工日消耗量和人工日工资单价。

(1)**人工工日消耗量。**人工工日消耗量是指在正常施工生产条件下，完成规定计量单位的建筑安装产品所消耗的生产工人的工日数量。它由分项工程所综合的各个工序劳动定额包括的基本用工和其他用工两部分组成。

(2)**人工日工资单价。**人工日工资单价是指直接从事建筑安装工程施工的生产工人在每个法定工作日的工资、津贴及奖金等。

人工费的基本计算公式为

$$人工费=\sum(工日消耗量\times日工资单价) \tag{1-22}$$

(二)材料费

建筑安装工程费中的材料费，是指工程施工过程中耗费的各种原材料、半成品、构配件、工程设备等的费用，以及周转材料等的摊销、租赁费用。计算材料费的基本要素是材料消耗量和材料单价。

(1)**材料消耗量。**材料消耗量是指在正常施工生产条件下，完成规定计量单位的建筑安装产品所消耗的各类材料的净用量和不可避免的损耗量。

(2)**材料单价。**材料单价是指建筑材料从其来源地运到施工工地仓库直至出库形成的综合平均单价。由材料原价、运杂费、运输损耗费、采购及保管费组成。当一般纳税人采用一般计税方法时，材料单价中的材料原价、运杂费等均应扣除增值税进项税额。

材料费的基本计算公式为

$$材料费=\sum(材料消耗量\times材料单价) \tag{1-23}$$

(3)**工程设备。**只构成或计划构成永久工程一部分的机电设备、金属结构设备、仪器装置或其他类似的设备和装置。

(三)施工机具使用费

建筑安装工程费中的施工机具使用费，是指施工作业所发生的施工机械、仪器仪表使用费或其租赁费。

(1)**施工机械使用费。**施工机械使用费是指施工机械作业发生的使用费或租赁费。构成施工机械使用费的基本要素是施工机械台班消耗量和机械台班单价。施工机械台班消耗量是指在正常施工生产条件下，完成规定计量单位的建筑安装产品所消耗的施工机械台班的数量。施工机械台班单价是指折合到每台班的施工机械使用费。施工机械使用费的基本计算公式为

$$施工机械使用费=\sum(施工机械台班消耗量\times机械台班单价) \tag{1-24}$$

施工机械台班单价通常由折旧费、检修费、维护费、安拆费和场外运费、人工费、燃料动力费及其他费用组成。

(2)**仪器仪表使用费。**仪器仪表使用费是指工程施工所需使用的仪器仪表的摊销及维修费用。与施工机械使用费类似，仪器仪表使用费的基本计算公式为

$$仪器仪表使用费=工程使用的仪器仪表推销费+维修费 \tag{1-25}$$

仪器仪表台班单价通常由折旧费、维护费、校验费和动力费组成。

当一般纳税人采用一般计税方法时，施工机械台班单价和仪器仪表台班单价中的相关子项均需扣除增值税进项税额。

(四)企业管理费

1. 企业管理费组成

企业管理费是指建筑安装企业组织施工生产和经营管理所需的费用。其内容包括：

(1)**管理人员工资：**是指按规定支付给管理人员的计时工资、奖金、津贴补贴、加班加点工资及特殊情况下支付的工资等。

(2)**办公费：**是指企业管理办公用的文具、纸张、账表、印刷、邮电、书报、办公软件、现场监控、会议、水电、烧水和集体取暖降温(包括现场临时宿舍取暖降温)等费用。当一般纳税人采用一般计税方法时，办公费中增值税进项税额的抵扣原则为：以购进货物

适用的相应税率扣减，其中购进自来水、暖气冷气、图书、报纸、杂志等适用的税率为11%，接受邮政和基础电气服务等适用的税率为11%，接受增值电信服务等适用的税率为6%，其他一般为17%。

(3)**差旅交通费**：是指职工因公出差、调动工作所产生的差旅费、住勤补助费，市内交通费和误餐补助费，职工探亲路费，劳动力招募费，职工退休、退职一次性路费，工伤人员就医路费，工地转移费以及管理部门使用的交通工具的油料、燃料等费用。

(4)**固定资产使用费**：是指管理和试验部门及附属生产单位使用的属于固定资产的房屋、设备、仪器等的折旧、大修、维修或租赁的费用。当一般纳税人采用一般计税方法时，固定资产使用费中增值税进项税额的抵扣原则为：2016 年 5 月 1 日后以直接购买、接受捐赠、接受投资入股、自建以及抵债等各种形式取得并在会计制度上按固定资产核算的不动产或者 2016 年 5 月 1 日后取得的不动产在建工程，其进项税额应自取得之日起分两年扣减，第一年抵扣比例为60%，第二年抵扣比例为40%。设备、仪器的折旧、大修、维修或租赁费以购进货物、接受修理修配劳务或租赁有形动产服务适用的税率扣减，均为17%。

(5)**工具用具使用费**：是指企业施工生产和管理使用的不属于固定资产的工具、器具、家具、交通工具以及检验、试验、测绘、消防用具等的购置、维修和摊销费。当一般纳税人采用一般计税方法时，工具用具使用费中增值税进项税额的抵扣原则：以购进货物或接受修理修配劳务适用的税率扣减，均为17%。

(6)**劳动保险和职工福利费**：是指由企业支付的职工退职金，按规定支付给离休干部的经费，集体福利费，夏季防暑降温、冬季取暖补贴，上班、下班交通补贴等。

(7)**劳动保护费**：是企业按规定发放的劳动保护用品的支出。如工作服、手套、防暑降温饮料，以及在有碍身体健康的环境中施工的保健费用等。

(8)**检验试验费**：是指施工企业按照有关标准规定，对建筑以及材料、构件和建筑安装物进行一般鉴定、检查所需要的费用。其包括自设试验室进行试验所耗用的材料等费用，但不包括新结构、新材料的试验费，也不包括对构件做破坏性试验及其他特殊要求检验试验的费用和建设单位委托检测机构进行检测的费用，对做此类检测所发生的费用，由建设单位在工程建设其他费用中列支。但在对施工企业提供的具有合格证明的材料进行检测时，若发现不合格者，则该检测费用由需施工企业支付。当一般纳税人采用一般计税方法时，检验试验费中增值税进项税额现代服务业以使用税率的6%扣减。

(9)**工会经费**：是指企业按《工会法》规定的以全部职工工资总额比例计提的工会经费。

(10)**职工教育经费**：是指按职工工资总额的规定比例计提的，企业为职工进行专业技术和职业技能培训，专业技术人员继续教育、职工职业技能鉴定、职业资格认定以及根据需要对职工进行各类文化教育所发生的费用。

(11)**财产保险费**：是指施工管理用财产、车辆等的保险费用。

(12)**财务费**：是指企业为施工生产筹集资金或提供预付款担保、履约担保、职工工资支付担保等所发生的各种费用。

(13)**税金**：是指企业按规定缴纳的房产税、生产性车船使用税、土地使用税、印花税、城市维护建设税、教育费附加、地方教育附加费等各项税费。

(14)**其他**：包括技术转让费、技术开发费、投标费、业务招待费、绿化费、广告费、公证费、法律顾问费、审计费、咨询费、保险费等。

2. 企业管理费费率

企业管理费一般采取费基数乘以费率的方法计算，取费基数有三种，分别是以直接费为计算基础、以人工费和施工机具使用费合计为计算基础及以人工费为计算基础。企业管理费费率计算方式如下：

(1)以直接费为计算基础，其计算公式为

$$\text{企业管理费费率}(\%)=\frac{\text{生产工人年平均管理费}}{\text{年有效施工天数}\times\text{人工单价}}\times\text{人工费占直接费的比例}(\%) \tag{1-26}$$

(2)以人工费和施工机具使用费合计为计算基础，其计算公式为

$$\text{企业管理费费率}(\%)=\frac{\text{生产工人年平均管理费}}{\text{年有效施工天数}\times(\text{人工单价}+\text{每一工日机械使用费})}\times 100\% \tag{1-27}$$

(3)以人工费为计算基础，其计算公式为

$$\text{企业管理费费率}(\%)=\frac{\text{生产工人年平均管理费}}{\text{年有效施工天数}\times\text{人工单价}}\times 100\% \tag{1-28}$$

工程造价管理机构在确定计价定额中的企业管理费时，应以定额人工费或(定额人工费＋施工机具使用费)作为计算基数，其费率根据历年工程造价积累的资料，辅以调查数据确定。

(五)利润

利润是指施工企业完成所承包工程获得的营利。利润由施工企业根据企业自身需求并结合建筑市场实际自主确定，列入报价中。

工程造价管理机构在确定计价定额中利润时，应以定额人工费或(定额人工费＋定额机械费)作为计算基数，其费率根据历年工程造价积累的资料，并结合建筑市场实际确定，以单位(单项)工程测算，利润在税前建筑安装工程费的比重可按5%～7%的费率计算。利润应列入分部分项工程和措施项目中。

(六)规费

1. 规费组成

规费是指按国家法律、法规规定，由省级政府和省级有关权力部门规定必须缴纳或计取的费用。包括：

(1)**社会保险费：**

1)**养老保险费：**是指企业按照规定标准为职工缴纳的基本养老保险费。

2)**失业保险费：**是指企业按照规定标准为职工缴纳的失业保险费。

3)**医疗保险费：**是指企业按照规定标准为职工缴纳的基本医疗保险费。

4)**生育保险费：**是指企业按照规定标准为职工缴纳的生育保险费。

5)**工伤保险费：**是指企业按照规定标准为职工缴纳的工伤保险费。

(2)**住房公积金：**是指企业按规定标准为职工缴纳的住房公积金。

(3)**工程排污费：**是指企业按规定缴纳的施工现场工程排污费。

其他应列而未列入的规费，按实际发生计取。

2. 规费计算

(1)社会保险费和住房公积金。社会保险费和住房公积金应以定额人工费为计算基础，

根据工程所在地省、自治区、直辖市或行业建设主管部门规定的费率计算。其计算公式为

$$社会保险费和住房公积金 = \sum（工程定额人工费 \times 社会保险费和住房公积金费率）\quad (1\text{-}29)$$

式中，社会保险费和住房公积金费率可以以每万元发承包价的生产工人人工费和管理人员工资含量与工程所在地规定的缴纳标准综合分析取定。

(2)工程排污费。工程排污费等其他应列而未列入的规费应按工程所在地环境保护等部门规定的标准缴纳，按实际计取列入。

(七)税金

建筑安装工程费用中的税金是指按照国家税法规定的应计入建筑安装工程造价内的增值税额，按税前造价乘以增值税税率确定。

1. 采用一般计税方法时增值税的计算

当采用一般计税方法时，建筑业增值税税率为10%。其计算公式为

$$增值税 = 税前造价 \times 10\%$$

税前造价为人工费、材料费、施工机具使用费、企业管理费、利润和规费之和，各费用项目均以不包含增值税可抵扣进项税额的价格计算。

2. 采用简易计税方法时增值税的计算

(1)简易计税的适用范围。根据《营业税改征增值税试点实施办法》以及《营业税改征增值税试点有关事项的规定》的规定，简易计税方法主要适用于以下几种情况：

营业税改征增值税试点实施办法

1)**小规模纳税人发生应税行为适用简易计税方法计税。**小规模纳税人通常是指纳税人提供建筑服务的年应征增值税销售额未超过500万元，并且会计核算不健全，不能按规定报送有关税务资料的增值税纳税人。年应税销售额超过500万元，但不经常发生应税行为的单位也可选择按照小规模纳税人计税。

2)**一般纳税人以清包工方式提供的建筑服务，可以选择适用简易计税方法计税。**以清包工方式提供建筑服务，是指施工一方不采购建筑工程所需的材料或只采购辅助材料，并收取人工费、管理费或者其他费用的建筑服务。

营业税改征增值税试点有关事项的规定

3)**一般纳税人为甲供工程提供的建筑服务，就可以选择适用简易计税方法计税。**甲供工程，是指全部或部分设备、材料、动力由工程发包方自行采购的建筑工程。

4)**一般纳税人为建筑工程老项目提供的建筑服务，可以选择适用简易计税方法计税。**建筑工程老项目包括：《建筑工程施工许可证》注明的合同开工日期在2016年4月30日前的建筑工程项目；未取得《建筑工程施工许可证》的，建筑工程承包合同注明的开工日期在2016年4月30日前的建筑工程项目。

关于建筑服务等营改增试点政策的通知

(2)简易计税的计算方法。当采用简易计税方法时，建筑业增值税税率为3%。其计算公式为

$$增值税 = 税前造价 \times 3\% \quad (1\text{-}30)$$

税前造价为人工费、材料费、施工机具使用费、企业管理费、利润和规费之和，各费用项目均以包含增值税进项税额的含税价格计算。

三、按照工程造价形成划分

建筑安装工程费按照工程造价的形成由分部分项工程费、措施项目费、其他项目费、规费和税金组成。

(一)分部分项工程费

(1)**分部分项工程费组成。**分部分项工程费是指各专业工程的分部分项工程应予列支的各项费用。

1)专业工程。专业工程是指按照现行国家计量规范划分的房屋建筑与装饰工程、仿古建筑工程、通用安装工程、市政工程、园林绿化工程、矿山工程、构筑物工程、城市轨道交通工程、爆破工程等各类工程。

2)分部分项工程。分部分项工程是指按现行国家计量规范对各专业工程划分的项目。如通用安装工程划分的机械设备安装工程，热力设备安装工程，静置设备与工艺金属结构制作安装工程，电气设备安装工程，建筑智能化工程，自动化控制仪表安装工程，通风空调工程，工业管道工程，消防工程，给水排水、采暖、燃气工程，通信设备及线路工程，刷油、防腐蚀、绝热工程等。

(2)**分部分项工程费计算。**其计算公式为

$$\text{分部分项工程费}=\sum(\text{分部分项工程量}\times\text{综合单价}) \tag{1-31}$$

式中，综合单价包括人工费、材料费、施工机具使用费、企业管理费和利润以及一定范围的风险费用(下同)。

(二)措施项目费

1. 措施项目费组成

措施项目费是指为完成建设工程施工，发生于该工程施工前和施工过程中的技术、生活、安全、环境保护等方面的费用。措施项目费包括：

(1)**安全文明施工费。**

1)环境保护费：是指施工现场为达到环保部门要求所需要的各项费用。

2)文明施工费：是指施工现场为了文明施工所需要的各项费用。

3)安全施工费：是指施工现场为了安全施工所需要的各项费用。

4)临时设施费：是指施工企业为进行建设工程施工所必须搭设的生活和生产用的临时建筑物、构筑物和其他临时设施的费用。其包括临时设施的搭设、维修、拆除、清理费或摊销费等。

各项安全文明施工费的具体内容见表1-2。

表1-2　安全文明施工措施费的主要内容

项目名称	工作内容及包含范围
环境保护	现场施工机械设备降低噪声、防扰民措施费用
	水泥和其他易飞扬细颗粒建筑材料密闭存放或采取覆盖措施等费用
	工程防扬尘洒水费用

续表

项目名称	工作内容及包含范围
环境保护	土石方、建筑弃渣外运车辆防护措施费用
	现场污染源的控制、生活垃圾清理外运、场地排水排污措施费用
	其他环境保护措施费用
文明施工	“五牌一图”费用
	现场围挡的墙面美化(包括内外墙粉刷、刷白、标语等)、压顶装饰费用
	现场厕所便槽刷白、贴面砖，水泥砂浆地面或地砖铺砌，建筑物内临时便溺设施费用
	其他施工现场临时设施的装饰装修、美化措施费用
	现场生活卫生设施费用
	符合卫生要求的饮水设置、沐浴、消毒等设施费用
	生活用洁净燃料费用
	防煤气中毒、防蚊虫叮咬等措施费用
	施工现场操作场地的硬化费用
	现场绿化费用、治安综合治理费用
	现场配备医药保健器材、物品费用和急救人员培训费用
	现场工人的防暑降温、电风扇、空调等设备及用电费用
	其他文明施工措施费用
安全施工	安全资料、特殊作业专项方案的编制，安全施工标志的购置及安全宣传费用
	“三宝”(安全帽、安全带、安全网)、“四口”(楼梯口、电梯井口、通道口、预留洞口)、“五临边”(阳台围边、楼板围边、屋面围边、槽坑围边、卸料平台两侧)、水平防护架、垂直防护架、外架封闭等防护费用
	施工安全用电的费用，包括配电箱三级配电、两级保护装置要求、外电防护措施费用
	起重机、塔式起重机等起重设备(含井架、门架)及外用电梯的安全防护措施(含警示标志)及卸料平台的临边防护、层间安全门、防护棚等设施费用
	建筑工地起重机械的检验检测费用
	施工机具防护棚及其围栏的安全保护设施费用
	施工安全防护通道费用
	工人的安全防护用品、用具购置费用
	消防设施与消防器材的配置费用
	电气保护、安全照明设施费
	其他安全防护措施费用
临时设施	施工现场临时建筑物、构筑物的搭设、维修、拆除，如临时宿舍、办公室、食堂、厨房、厕所、诊疗所、临时文化福利用房、临时仓库、加工场、搅拌台、临时简易水塔、水池等费用
	施工现场临时设施的搭设、维修、拆除，如临时供水管道、临时供电管线、小型临时设施等费用
	施工现场规定范围内临时简易道路铺设、临时排水沟、排水设施安装、维修、拆除费用
	其他临时设施搭设、维修、拆除费用

(2)**夜间施工增加费。**夜间施工增加费是指因夜间施工所发生的夜班补助费、夜间施工降效、夜间施工照明设备摊销及照明用电等措施费用。夜间施工增加费由以下各项组成：

1)夜间固定照明灯具和临时可移动照明灯具的设置和拆除费用；

2)夜间施工时，施工现场交通标志，安全标牌，警示灯的设置、移动和拆除费用；

3)夜间照明设备摊销及照明用电、施工人员夜班补助、夜间施工劳动效率降低等费用。

(3)**非夜间施工照明费。**非夜间施工照明费是指为保证工程施工正常进行，在地下室等特殊施工部位施工时所采用的照明设备的安拆、维护及照明用电等费用。

(4)**二次搬运费。**二次搬运费是指因施工管理需要或因场地狭小等原因，导致建筑材料、设备等不能一次搬运到位，必须发生的两次或多次搬运所需的费用。

(5)**冬、雨(风)期施工增加费。**冬、雨(风)期施工增加费是指因冬、雨(风)期天气原因导致施工效率降低加大投入而增加的费用，以及为确保冬、雨(风)期施工质量和安全而采取的保温、防雨等措施所需的费用。冬、雨(风)期施工增加费由以下各项组成：

1)冬、雨(风)期施工时增加的临时设施(防寒保温、防雨、防风设施)的搭设、拆除费用；

2)冬、雨(风)期施工时，对砌体、混凝土等采用的特殊加温、保温和养护措施费用；

3)冬、雨(风)期施工时，施工现场的防滑处理、对影响施工的雨雪的清除费用；

4)冬、雨(风)期施工时增加的临时设施、施工人员的劳动保护用品、冬雨(风)期施工劳动效率降低等费用。

(6)**地上、地下设施和建筑物的临时保护设施费。**在工程施工过程中，对已建成的地上、地下设施和建筑物进行的遮盖、封闭、隔离等必要保护措施所发生的费用。

(7)**已完工程及设备保护费。**竣工验收前，对已完工程及设备采取的覆盖、包裹、封闭、隔离等必要保护措施所发生的费用。

(8)**脚手架费。**脚手架费是指施工需要的各种脚手架搭、拆、运输费用以及脚手架购置费的摊销(或租赁)费用。脚手架费通常包括以下内容：

1)施工时可能发生的场内、外材料搬运费用；

2)搭、拆脚手架及斜道和上料平台费用；

3)安全网的铺设费用；

4)拆除脚手架后材料的堆放费用。

(9)**混凝土模板及支架(撑)费。**混凝土施工过程中需要的各种钢模板、木模板、支架等的支拆、运输费用及模板、支架的摊销(或租赁)费用。混凝土模板及支架(撑)费由以下各项组成：

1)混凝土施工过程中需要的各种模板制作费用；

2)模板安装、拆除、整理堆放及场内、外运输费用；

3)清理模板黏结物及模内杂物、刷隔离剂等费用。

(10)**垂直运输费。**垂直运输费是指现场所用材料、机具从地面运至相应高度以及职工人员上下工作面等所发生的运输费用。垂直运输费由以下各项组成：

1)垂直运输机械的固定装置、基础制作、安装费；

2)行走式垂直运输机械轨道的铺设、拆除、摊销费。

(11)**超高施工增加费。**当单层建筑物檐口高度超过 20 m、多层建筑物超过 6 层时，可计算超高施工增加费，超高施工增加费由以下各项组成：

1)建筑物超高引起的人工工效降低以及由于人工工效降低引起的机械降效费；

2)高层施工用水加压水泵的安装、拆除及工作台班费；

3)通信联络设备的使用及摊销费。

(12)**大型机械设备进、出场及安拆费。**机械整体或分件自停放场地运至施工现场或由一施工地点运至另一施工地点时，所发生的机械进出场运输和转移费用及机械在施工现场进行安装、拆卸所需的人工费、材料费、机具费、试运转费和安装所需的辅助设施的费用。

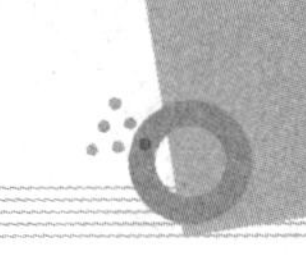

大型机械设备进、出场及安拆费由安拆费和进、出场费组成：

1)安拆费包括施工机械、设备在现场进行安装拆卸所需的人工、材料、机具和试运转费用以及机械辅助设施的折旧、搭设、拆除等费用；

2)进、出场费包括施工机械、设备整体或分件自停放地点运至施工现场或由一施工地点运至另一施工地点所发生的运输、装卸、辅助材料等费用。

(13)**施工排水、降水费。**施工排水、降水费是指将施工期间有碍施工作业和影响工程质量的水排到施工场地以外，以防止在地下水水位较高的地区开挖深基坑出现基坑浸水，使地基承载力下降，在动水压力作用下还可能引起流沙、管涌和边坡失稳等现象，因而必须采取有效的降水和排水措施费用。该项费用由成井和排水、降水两个独立的费用项目组成。

1)成井。成井的费用主要包括：

①准备钻孔机械、埋设护筒、钻机就位，泥浆制作、固壁，成孔、出渣、清孔等费用；

②对接上、下井管(滤管)，焊接，安防，下滤料，洗井，连接试抽等费用。

2)排水、降水。排水、降水的费用主要包括：

①管道安装、拆除，场内搬运等费用；

②抽水、值班、降水设备维修等费用。

(14)**其他。**根据项目的专业特点或所在地区不同，可能会出现其他的措施项目。如工程定位复测费和特殊地区施工增加费等。

2. 措施项目费的计算

按照有关专业工程量计算规范规定，措施项目分为应予计量的措施项目和不宜计量的措施项目两类。

(1)应予计量的措施项目。基本与分部分项工程费的计算方法基本相同，其计算公式为

$$措施项目费=\sum(措施项目工程量\times综合单价) \tag{1-32}$$

不同的措施项目其工程量的计算单位是不同的，其主要内容如下：

1)脚手架费通常按建筑面积或垂直投影面积以“m^2”计算。

2)混凝土模板及支架(撑)费通常是按照模板与现浇混凝土构件的接触面积以“m^2”计算。

3)垂直运输费可根据不同情况用两种方法进行计算：按照建筑面积以“m^2”为单位计算；按照施工工期日历天数以“天”为单位计算。

4)超高施工增加费通常按照建筑物超高部分的建筑面积以“m^2”为单位计算。

5)大型机械设备进、出场及安拆费通常按照机械设备的使用数量以“台”为单位计算。

6)施工排水、降水费可分为两个不同的独立部分计算：成井费用通常按照设计图示尺寸以钻孔深度按“m”计算；排水、降水费用通常按照排、降水日历天数按“昼夜”计算。

(2)不宜计量的措施项目。对于不宜计量的措施项目，通常用计算基数乘以费率的方法予以计算。

1)安全文明施工费。其计算公式为

$$安全文明施工费=计算基数\times安全文明施工费费率(\%) \tag{1-33}$$

计算基数应为定额基价(定额分部分项工程费+定额中可以计量的措施项目费)、定额人工费或定额人工费与施工机具使用费之和，其费率由工程造价管理机构根据各专业工程的特点综合确定。

2)其余不宜计量的措施项目。其余不宜计量的措施项目包括夜间施工增加费，非夜间

施工照明费，二次搬运费，冬、雨期施工增加费，地上、地下设施和建筑物的临时保护设施费，已完工程及设备保护费等。其计算公式为

$$措施项目费=计算基数\times措施项目费费率(\%) \tag{1-34}$$

式(1-34)中的计算基数因为定额人工费或定额人工费与定额施工机具使用费之和，其费率由工程造价管理机构根据各专业工程特点和调查资料综合分析后确定。

(三)其他项目费

1. 暂列金额

暂列金额是指建设单位在工程量清单中暂定并包括在工程合同价款中的一笔款项。用于施工合同签订时尚未确定或者不可预见的所需材料、工程设备、服务的采购，施工中可能发生的工程变更、合同约定调整因素出现时，工程价款调整以及发生的索赔、现场签证确认等的费用。

暂列金额由建设单位根据工程特点，按有关计价规定估算，施工过程中由建设单位掌握使用，扣除合同价款调整后如有余额，归建设单位所有。

2. 计日工

计日工是指在施工过程中，施工单位完成建设单位提出的工程合同范围以外的项目或工作，按照合同中约定的单价计价形成的费用。

计日工由建设单位和施工单位按施工过程中形成的有效签证来计价。

3. 总承包服务费

总承包服务费是指总承包人为配合、协调建设单位进行的专业工程发包，对建设单位自行采购的材料、工程设备等进行保管以及施工现场管理、竣工资料汇总整理等服务所需的费用。

总承包服务费由建设单位在招标控制价中根据总包范围和有关计价规定编制，施工单位投标时自主报价，施工过程中按签约合同价执行。

(四)规费和税金

规费和税金的构成和计算与按费用构成要素划分建筑安装工程费用项目组成部分是相同的。

第四节 工程建设其他费用的构成

工程建设其他费用是指从工程筹建到工程竣工验收交付使用的整个建设期间，除建筑安装工程费用和设备、工器具购置费外，为保证工程建设顺利完成和交付使用后能够正常发挥效用而发生的一些费用。

一、土地使用费

任何一个建设项目都需要固定于一定地点与地面相连接，必须占用一定量的土地，也就必然要发生为获得建设用地而需支付的费用，这就是土地使用费。它是指通过划拨方式取得土地使用权而支付的土地征用及迁移补偿费，或者通过土地使用权出让方式取得土地使用权而支付的土地使用权出让金。

(一)土地取得的基本方式

建设用地的取得，是依法获取国有土地的使用权。根据《中华人民共和国城市房地产管理法》规定，获取国有土地使用权的基本方式有两种：一是出让方式；二是划拨方式。建设土地取得的其他方式还有租赁和转让。

1. 通过出让方式获取国有土地使用权

(1)**国有土地使用权出让最高年限确定。**国有土地使用权出让，是指国家将国有土地使用权在一定年限内出让给土地使用者，由土地使用者向国家支付土地使用权出让金的行为。土地使用权出让最高年限按下列用途确定：

1)居住用地为70年。

2)工业用地为50年。

3)教育、科技、文化、卫生、体育用地为50年。

4)商业、旅游、娱乐用地为40年。

5)综合或者其他用地为50年。

通过出让方式获取国有土地使用权又可以分成两种具体的方式：**一是通过招标、拍卖、挂牌等竞争出让方式获取国有土地使用权；二是通过协议出让方式获取国有土地使用权。**

(2)**通过竞争出让方式获取国有土地使用权。**具体的竞争方式又包括投标、竞拍和挂牌三种。按照国家相关规定，工业(包括仓储用地，但不包括采矿用地)、商业、旅游、娱乐和商品住宅等各类经营性用地，必须以招标、拍卖或者挂牌方式出让；上述规定以外用途的土地的供地计划公布后，同一块地有两个以上意向用地者的，也应当采用招标、拍卖或者挂牌方式出让。

(3)**通过协议出让方式获取国有土地使用权。**按照国家相关规定，出让国有土地使用权，除依照法律、法规和规章的规定采用招标、拍卖或者挂牌方式外，还可采取协议方式。以协议方式出让国有土地使用权的出让金不得低于按国家规定所确定的最低价。协议出让底价不得低于拟出让地块所在区域的协议出让最低价。

2. 通过划拨方式获取国有土地使用权

国有土地使用权划拨，是指县级以上人民政府依法批准，在土地使用者缴纳补偿、安置等费用后将该幅土地交付其使用，或者将土地使用权无偿交付给土地使用者使用的行为。国家对划拨用地有着严格的规定。下列建设用地，经县级以上人民政府依法批准，可以以划拨方式取得：

(1)**国家机关用地和军事用地。**

(2)**城市基础设施用地和公益事业用地。**

(3)**国家重点扶持的能源、交通、水利等基础设施用地。**

(4)**法律、行政法规规定的其他用地。**

依法以划拨方式取得土地使用权的，除法律、行政法规另有规定外，没有使用期限的限制。因企业改制、土地使用权转让或者改变土地用途等不再符合以上第(1)～(4)项内容的，应当实行有偿使用。

(二)土地征用及迁移补偿费

土地征用及迁移补偿费，是指建设项目通过划拨方式取得无限期的土地使用权，依照《中华人民共和国土地管理法》等规定所支付的费用，其总和一般不得超过被征土地年产值的20倍，土地年产值则按该地被征用前3年的平均产量和国家规定的价格计算。土地征用及迁移补偿费包括以下内容：

(1)**土地补偿费。**土地补偿费是对农村集体经济组织因土地被征用而造成的经济损失的一种补偿。征用耕地的补偿费，为该耕地被征用前三年平均年产值的6～10倍。征用其他土地的补偿费标准，由省、自治区、直辖市参照征用耕地的土地补偿费标准制定。征收无收益的土地，不予补偿。土地补偿费归农村集体经济组织所有。

(2)**青苗补偿费和地上附着物补偿费。**青苗补偿费是因征地时，对其正在生长的农作物受到损害而做出的一种赔偿。在农村实行承包责任制后，农民自行承包土地的青苗补偿费应付给本人，属于集体种植的青苗补偿费可纳入当年集体收益。凡在协商征地方案后抢种的农作物、树木等，一律不予补偿。地上附着物是指房屋、水井、树木、涵洞、桥梁、公路、水利设施、林木等地面建筑物、构筑物、附着物等。视协商征地方案前地上附着物价值与折旧情况确定，应根据“拆什么、补什么；拆多少，补多少，不低于原来水平”的原则确定。如附着物产权属于个人，则该项补助费付给个人。地上附着物的补偿标准，由省、自治区、直辖市规定。

(3)**安置补助费。**安置补助费应支付给被征地单位和安置劳动力的单位，作为劳动力安置与培训的支出，以及作为不能就业人员的生活补助。征收耕地的安置补助费，按照需要安置的农业人口数计算。需要安置的农业人口数，按照被征收的耕地数量除以征地前被征收单位平均每人占有耕地的数量计算。每一个需要安置的农业人口的安置补助费标准，为该耕地被征收前三年平均年产值的4～6倍。但是，每公顷被征收耕地的安置补助费，最高不得超过被征收前三年平均年产值的15倍。土地补偿费和安置补助费，尚不能使需要安置的农民保持原有生活水平的，经省、自治区、直辖市人民政府批准，可以增加安置补助费。但是，土地补偿费和安置补助费的总和不得超过土地被征收前三年平均年产值的30倍。

(4)**新菜地开发建设基金。**新菜地开发建设基金是指征用城市郊区商品菜地时支付的费用。这项费用交给地方财政，作为开发建设新菜地的投资。菜地是指城市郊区为供应城市居民蔬菜，连续3年以上常年种菜地或者养殖鱼、虾等的商品菜地和精养鱼塘。一年只种一茬或因调整茬口安排种植蔬菜的，均不作为需要收取开发基金的菜地。征用尚未开发的规划菜地，不缴纳新菜地开发建设基金。在蔬菜产销放开后，能够满足供应，不再需要开发新菜地的城市，不收取新菜地开发基金。

(5)**耕地占用税。**耕地占用税是对占用耕地建房或者从事其他非农业建设的单位和个人征收的一种税收，目的是合理利用土地资源、节约用地，保护农用耕地。耕地占用税征收范围，不仅包括占用耕地，还包括占用鱼塘、园地、菜地及其农业用地建房或者从事其他非农业建设，均按实际占用的面积和规定的税额一次性征收。其中，耕地是指用于种植农作物的土地。占用前三年曾用于种植农作物的土地也视为耕地。

(6)**土地管理费。**土地管理费主要作为征地工作中所发生的办公、会议、培训、宣传、差旅、借用人员工资等必要的费用。土地管理费的收取标准，一般是在土地补偿费、青苗费、地上附着物补偿费、安置补助费四项费用之和的基础上提取2%～4%。如果是征地包干，还应在四项费用之和后再加上粮食价差、副食补贴、不可预见费等费用，在此基础上提取2%～4%作为土地管理费。

(三)拆迁补偿费用

在城市规划区内国有土地上实施房屋拆迁，拆迁人应当对被拆迁人给予补偿、安置。

(1)**拆迁补偿金。**拆迁补偿金的方式可以实行货币补偿，也可以实行房屋产权调换。

1)货币补偿的金额，根据被拆迁房屋的区位、用途、建筑面积等因素，以房地产市场评估价格确定。具体办法由省、自治区、直辖市人民政府制定。

2)实行房屋产权调换，拆迁人与被拆迁人按照计算得到的被拆迁房屋的补偿金额和所调换房屋的价格，结清产权调换的差价。

(2)**搬迁、安置补助费。**拆迁人应当对被拆迁人或者房屋承租人支付搬迁补助费，对于在规定的搬迁期限届满前搬迁的，拆迁人可以付给提前搬家奖励费；在过渡期限内，被拆迁人或者房屋承租人自行安排住处的，拆迁人应当支付临时安置补助费；被拆迁人或者房屋承租人使用拆迁人提供的周转房的，拆迁人不支付临时安置补助费。

搬迁补助费和临时安置补助费的标准，由省、自治区、直辖市人民政府规定。有些地区规定，拆除非住宅房屋，造成停产、停业引起经济损失的，拆迁人可以根据被拆除房屋的区位和使用性质，按照一定标准给予一次性停产停业综合补助费。

(四)出让金、土地转让金

土地使用权出让金为用地单位向国家支付的土地所有权收益，出让金标准一般参考城市基准地价并结合其他因素制定。基准地价由市土地管理局会同市物价局、市国有资产管理局、市房地产管理局等部门综合平衡后报市级人民政府审核通过，它以城市土地综合定级为基础，用某一地价或地价幅度表示某一类别用地在某一土地级别范围的地价，以此作为土地使用权出让价格的基础。

在有偿出让和转让土地时，政府对地价不做统一规定，但应坚持以下原则：即地价对目前的投资环境不产生大的影响；地价与当地的社会经济承受能力相适应；地价要考虑已投入的土地开发费用、土地市场供求关系、土地用途、所在区内、容积率和使用年限等。有偿出让和转让使用权，要向土地受让者征收契税；转让土地如有增值，要向转让者征收土地增值税；土地使用者每年应按规定的标准缴纳土地使用费。土地使用权出让或转让，应先由地价评估机构进行价格评估后，再签订土地使用权出让和转让合同。

土地使用权出让合同约定的使用年限届满，土地使用者需要继续使用土地的，应当最迟于届满前一年申请续期，除根据社会公共利益需要收回该幅土地的，应当予以批准。经批准准予续期的，应当重新签订土地使用权出让合同，依照规定支付土地使用权出让金。

二、与项目建设有关的其他费用

根据项目的不同，与项目建设有关的其他费用的构成也不尽相同，在进行工程估算及概算中可根据实际情况进行计算。一般包括以下各项。

1. 建设单位管理费

建设单位管理费是指建设项目从立项、筹建、建设、联合试运转、竣工验收、交付使用及后评估等全过程管理所需的费用。建设单位管理费包括以下几项：

(1)**建设单位开办费。**建设单位开办费是指新建项目为保证筹建和建设工作正常进行所需办公设备、生活家具、用具、交通工具等的购置费用。

(2)**建设单位经费。**建设单位经费包括工作人员的基本工资、工资性补贴、职工福利费、劳动保护费、劳动保险费、办公费、差旅交通费、工会经费、职工教育经费、固定资产使用费、工具用具使用费、技术图书资料费、生产人员招募费、工程招标费、合同契约公证费、工程质量监督检测费、工程咨询费、法律顾问费、审计费、业务招待费、排污费、竣工交付使用清理费及竣工验收费、后评估等费用，不包括应计入设备、材料预算价格的建设单位采购及保管设备材料所需的费用。

建设单位管理费按照单项工程费用之和(包括设备工、器具购置费和建筑安装工程费用)乘以建设单位管理费费率计算。

$$建设单位管理费=工程费用\times建设单位管理费费率 \tag{1-35}$$

建设单位管理费费率按照建设项目的不同性质、规模来确定。有的建设项目按照建设工期和规定的金额计算建设单位管理费。

2. 勘察设计费

勘察设计费是指为本建设项目提供项目建议书、可行性研究报告及设计文件等所需费用。勘察设计费包括以下几项：

(1)编制项目建议书、可行性研究报告及投资估算、工程咨询、工程评价以及为编制上述文件所进行勘察、设计、研究试验等所需费用。

(2)委托勘察、设计单位进行初步设计、施工图设计及概预算编制等所需费用。

(3)在规定范围内由建设单位自行完成的勘察、设计工作所需费用。

勘察设计费中，项目建议书、可行性研究报告按国家颁布的收费标准计算。设计费按国家颁布的工程设计收费标准计算；勘察费一般民用建筑 6 层以下的按 3～5 元/m^2 计算，高层建筑按 8～10 元/m^2 计算，工业建筑按 10～12 元/m^2 计算。

3. 研究试验费

研究试验费是指为建设项目提供和验证设计参数、数据、资料等所进行的必要的试验费用，以及设计规定在施工中必须进行的试验、验证所需费用。它包括自行或委托其他部门研究试验所需的人工费、材料费、试验设备及仪器使用费等。这项费用按照设计单位根据本工程项目的需要提出的研究试验内容和要求计算。

4. 专项评价及验收费

专项评价及验收费包括环境影响评价费、安全预评价及验收费、职业病危害预评价及控制效果评价费、地震安全性评价费、地质灾害危险性评价费、水土保持评价及验收费、压覆矿产资源评价费、节能评估及评审费、危险与可操作性分析及安全完整性评价费以及其他专项评价及验收费。按照国家发展改革委关于《进一步放开建设项目专业服务价格的通知》(发改价格〔2015〕299 号)规定，这些专项评价及验收费用均实行市场调节价。

(1)**环境影响评价费。**环境影响评价费是指在工程项目投资决策过程中，对其进行环境污染或影响评价所需的费用。它包括编制环境影响报告书(含大纲)、环境影响报告表和评估等所需的费用，以及建设项目竣工验收阶段环境保护验收调查和环境监测、编制环境保护验收报告的费用。

(2)**安全预评价及验收费。**安全预评价及验收费是指为预测和分析建设项目存在的危害因素种类和危险危害程度，提出先进、科学、合理可行的安全技术和管理对策，而编制评价大纲、编写安全评价报告书和评估等所需的费用，以及在竣工阶段验收时所发生的费用。

(3)**职业病危害预评价及控制效果评价费。**职业病危害预评价及控制效果评价费是指建设项目可能产生职业病危害，而编制职业病危害预评价书、职业病危害控制效果评价书和评估所需的费用。

(4)**地震安全性评价费。**地震安全性评价费是指通过对建设场地和场地周围的地震活动与地震、地质环境的分析，而进行的地震活动环境评价、地震地质构造评价、地震地质灾害评价，编制地震安全评价报告书和评估所需的费用。

(5)**地质灾害危险性评价费。**地质灾害危险性评价费是指在灾害易发区对建设项目可能诱发的地质灾害和建设项目本身可能遭受的地质灾害危险程度的预测评价，编制评价报告书和评估所需的费用。

(6)**水土保持评价及验收费。**水土保持评价及验收费是指对建设项目在生产建设过程中可能造成水土流失进行预测，编制水土保持方案和评估所需的费用，以及在施工期间的监测、竣工阶段验收时所发生的费用。

(7)**压覆矿产资源评价费。**压覆矿产资源评价费是指对需要压覆重要矿产资源的建设项目，编制压覆重要矿产评价和评估所需的费用。

(8)**节能评估及评审费。**节能评估及评审费是指对建设项目的能源利用是否科学合理进行分析评估，并编制节能评估报告以及评估所发生的费用。

(9)**危险与可操作性分析及安全完整性评价费。**危险与可操作性分析及安全完整性评价费是指对应用于生产中具有流程性工艺特征的新建、改建、扩建项目进行工艺危害分析和对安全仪表系统的设置水平及可靠性进行定量评估所发生的费用。

(10)**其他专项评价及验收费。**其他专项评价及验收费是指根据国家法律法规，建设项目所在省、直辖市、自治区人民政府有关规定，以及行业规定需进行的其他专项评价、评估、咨询和验收所需的费用。如重大投资项目社会稳定风险评估、防洪评价等。

5. 场地准备及临时设施费

(1)场地准备及临时设施费包括如下内容：

1)建设项目场地准备费是指为使工程项目的建设场地达到开工条件，由建设单位组织进行的场地平整等准备工作而发生的费用。

2)建设单位临时设施费是指建设单位为满足工程项目建设、生活、办公的需要，用于临时设施的建设、维修、租赁、使用所发生或摊销的费用。

(2)场地准备及临时设施费的计算。

1)场地准备及临时设施应尽量与永久性工程统一考虑。建设场地的大型土石方工程应计入工程费用中的总图运输费用中。

2)新建项目的场地准备和临时设施费应根据实际工程量估算，或按工程费用的比例计算。改扩建项目一般只计拆除清理费。其计算公式为

$$场地准备和临时设施费=工程费用\times费率+拆除清理费 \quad (1\text{-}36)$$

3)发生拆除清理费时可按新建同类工程造价或主材费、设备费的比例计算。凡可回收材料的拆除工程采用以料抵工的方式冲抵拆除清理费。

4)此项费用不包括已列入建筑安装工程费用中的施工单位临时设施费用。

6. 工程保险费

工程保险费是指建设项目在建设期间根据需要实施工程保险所需的费用。它包括以各种建筑工程及其在施工过程中的物料、机器设备为保险标的建筑工程一切险，以安装工程中的各种机器、机械设备为保险标的安装工程一切险，以及机器损坏保险等。工程保险费根据不同的工程类别，分别以其建筑、安装工程费乘以建筑、安装工程保险费费率计算。

民用建筑(住宅楼、综合性大楼、商场、旅馆、医院、学校)占建筑工程费的2‰～4‰，其他建筑(工业厂房、仓库、道路、码头、水坝、隧道、桥梁、管道等)占建筑工程费的3‰～6‰，安装工程(农业、工业、机械、电子、电器、纺织、矿山、石油、化学及钢铁工业、钢结构桥梁)占建筑工程费的3‰～6‰。

7. 引进技术和进口设备其他费

引进技术和引进设备其他费是指引进技术和设备发生的但未计入设备购置费中的费用。

(1)引进项目图纸资料翻译复制费、备品备件测绘费。可根据引进项目的具体情况计列或按引进货价(FOB)的比例估列；引进项目发生备品备件测绘费时按具体情况估列。

(2)出国人员费用。出国人员费用包括买方人员出国设计联络，出国考察，联合设计、监造、培训等所发生的差旅费、生活费等。依据合同或协议规定的出国人次、期限以及相应的费用标准计算。生活费按照财政部、外交部规定的现行标准计算，差旅费按中国民航公布的票价计算。

(3)来华人员费用。来华人员费用包括卖方来华工程技术人员的现场办公费用、往返现场交通费用、接待费用等。依据引进合同或协议有关条款及来华技术人员派遣计划进行计算。来华人员接待费用可按每人次费用指标计算。引进合同价款中已包括的费用内容不得重复计算。

(4)银行担保及承诺费。引进项目由国内、外金融机构出面承担风险和责任担保所发生的费用，以及支付贷款机构的承诺费用。应按担保或承诺协议计取，投资估算和概算编制时可以担保金额或承诺金额为基数乘以费率计算。

8. 特殊设备安全监督检验费

特殊设备安全监督检验费是指安全监察部门对在施工现场组装的锅炉挤压力容器、压力管道、消防设备、燃气设备、电梯等特殊设备和设施实施安全检验收取的费用。此项费用按照建设项目所在省(市、自治区)安全监察部门的规定标准计算。无具体规定的，在编制投资估算和概算时可按受检设备现场安装费的比例估算。

9. 市政公用设施费

市政公用设施费是指使用市政公用设施的工程项目，按照项目所在地省级人民政府有关规定建设或缴纳的市政公用设施建设配套费用以及绿化工程补偿费用。此项费用按工程所在地人民政府规定标准计列。

三、与未来生产经营有关的其他费用

1. 联合试运转费

联合试运转费是指新建企业或改建、扩建企业在工程竣工验收前，按照设计的生产工艺流程和质量标准对整个企业进行联合试运转所发生的费用支出与联合试运转期间的收入部分的差额部分。联合试运转费一般根据不同性质的项目按需进行试运转的工艺设备购置费的百分比计算。

2. 专利及专有技术使用费

(1)专利及专有技术使用费的主要内容。

1)国外设计及技术资料费、引进有效专利、专有技术使用费和技术保密费。

2)国内有效专利、专有技术使用费用。

3)商标权、商誉和特许经营权费等。

(2)专利及专有技术使用费的计算。

在专利及专有技术使用费计算时，应注意以下问题：

1)按专利使用许可协议和专有技术使用合同的规定计列。

2)专有技术的界定应以省、部级鉴定批准为依据。

3)项目投资中只计算需在建设期支付的专利及专有技术使用费。协议或合同规定在生产期支付的使用费应在生产成本中核算。

4)一次性支付的商标权、商誉及特许经营权费按协议或合同规定计列。协议或合同规定在生产期支付的商标权或特许经营权费应在生产成本中核算。

5)为项目配套的专用设施投资，包括专用铁路线、专用公路、专用通信设施、送变电站、地下管道、专用码头等，如由项目建设单位负责投资但产权不归属本单位的，应作无形资产处理。

3. 办公和生活家具购置费

办公和生活家具购置费是指为保证新建、改建、扩建项目初期正常生产、使用和管理所必须购置的办公和生活家具、用具的费用。改建、扩建项目所需的办公和生活用具购置费，应低于新建项目。其范围包括办公室、会议室、资料档案室、阅览室、文娱室、食堂、浴室、理发室、单身宿舍和设计规定必须建设的托儿所、卫生所、招待所、中小学校等家具用具购置费。这项费用按照设计定员人数乘以综合指标计算，一般为600～800元/人。

第五节　预备费和建设期利息的计算

一、预备费

按我国现行规定，预备费包括基本预备费和价差预备费。

1. 基本预备费

基本预备费是指在初步设计及概算内难以预料的工程费用，其包括以下几点：

(1)在批准的初步设计范围内，技术设计、施工图设计及施工过程中所增加的工程费用；设计变更、局部地基处理等增加的费用。

(2)一般自然灾害造成的损失和预防自然灾害所采取的措施费用。实行工程保险的工程项目的此项费用应适当降低。

(3)竣工验收时为鉴定工程质量对隐蔽工程进行必要的挖掘和修复费用。

基本预备费是按设备及工、器具购置费，建筑安装工程费用和工程建设其他费用三者之和为计取基础，乘以基本预备费费率进行计算。其计算公式为

基本预备费＝(设备及工、器具购置费＋建筑安装工程费用＋工程建设其他费用)×基本预备费费率　(1-37)

基本预备费费率的取值应执行国家及部门的有关规定。

2. 价差预备费

价差预备费是指建设项目在建设期间内，由于利率、汇率或价格等因素的变化而预留的可能增加的费用，也称为价格变动不可预见费。其费用内容包括：人工、设备、材料、施工机具的价差费，建筑安装工程费及工程建设其他费用调整，利率、汇率调整等增加的费用。

价差预备费的测算方法，一般根据国家规定的投资综合价格指数，按估算年份价格水平的投资额为基数，采用复利方法计算。其计算公式为

$$PF = \sum_{t=1}^{n} I_t[(1+f)^m (1+f)^{0.5} (1+f)^{t-1} - 1] \tag{1-38}$$

式中 PF——价差预备费估算额；

n——建设期年份数；

I_t——建设期中第 t 年的投资计划额，包括工程费用、工程建设其他费用及基本预备费，即第 t 年的静态投资；

f——年均投资价格上涨率。

m——建设前期年限(从编制估算到开放建设，单位：年)

【例 1-3】 某建设项目建安工程费为 5 000 万元，设备购置费为 3 000 万元，工程建设其他费用为 2 000 万元，已知基本预备费费率 5%，项目建设前期年限为 1 年，建设期为 3 年，各年投资计划额为：第一年完成投资的 20%，第二年完成 60%，第三年完成 20%。年均投资价格上涨率为 6%，求建设项目建设期间价差预备费。

【解】 基本预备费=(5 000+3 000+2 000)×5%=500(万元)

静态投资=5 000+3 000+2 000+500=10 500(万元)

建设期第一年完成投资=10 500×20%=2 100(万元)

第一年价差预备费：$PF_1=I_1[(1+f)(1+f)^{0.5}-1]=191.8$(万元)

第二年完成投资=10 500×60%=6 300(万元)

第二年价差预备费：$PF_2=I_2[(1+f)(1+f)^{0.5}(1+f)-1]=987.9$(万元)

第三年完成投资=10 500×20%=2 100(万元)

第三年价差预备费为：$PF_3=I_3[(1+f)(1+f)^{0.5}(1+f)^2-1]=475.1$(万元)

所以，建设期的价差预备费为：$PF=191.8+987.9+475.1=1\,654.8$(万元)

二、建设期利息

建设期贷款利息包括向国内银行和其他非银行金融机构贷款、出口信贷、外国政府贷款、国际商业银行贷款以及在境内、外发行的债券等，在建设期间内应偿还的借款利息。

当总贷款是分年均衡发放时，建设期利息的计算可按当年借款在年中支用考虑，即当年贷款按半年计息，上年贷款按全年计息。其计算公式为

$$q_j = \left(P_{j-1} + \frac{1}{2}A_j\right) \cdot i \tag{1-39}$$

式中 q_j——建设期第 j 年应计利息；

P_{j-1}——建设期第($j-1$)年年末贷款累计金额与利息累计金额之和；

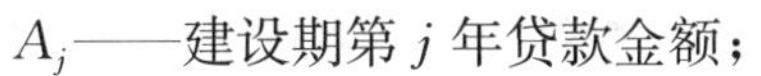

A_j——建设期第 j 年贷款金额；

i——年利率。

在国外贷款利息的计算中，还应包括国外贷款银行根据贷款协议，向贷款方以年利率的方式收取的手续费、管理费、承诺费，以及国内代理机构经国家主管部门批准的以年利率的方式向贷款单位收取的转贷费、担保费和管理费等。

【例 1-4】 某新建项目，建设期为 3 年，分年均衡进行贷款，第一年贷款 300 万元，第二年贷款 600 万元，第三年贷款 400 万元，年利率为 12%，建设期内利息只计息不支付，计算建设期利息。

【解】 在建设期，各年利息计算如下：

$$q_1=\frac{1}{2}A_1 \cdot i=\frac{1}{2}\times 300\times 12\%=18(\text{万元})$$

$$q_2=\left(P_1+\frac{1}{2}A_2\right) \cdot i=\left(300+18+\frac{1}{2}\times 600\right)\times 12\%=74.16(\text{万元})$$

$$q_3=\left(P_2+\frac{1}{2}A_3\right) \cdot i=\left(318+600+74.16+\frac{1}{2}\times 400\right)\times 12\%=143.06(\text{万元})$$

所以，建设期利息 $=q_1+q_2+q_3=18+74.16+143.06=235.22$(万元)

本章小结

工程造价的主要构成部分是建设投资，建设投资是为完成工程项目建设，在建设期内投入且形成现金流出的全部费用。本章主要介绍了基本建设费用的构成和建筑安装工程费用的组成与计算。基本建设费用由建设项目总投资，建筑安装工程费用，设备及工、器具购置费，工程建设其他费用以及预备费等构成。在学习基本建设费用的组成时，应重点掌握建筑安装工程费用的组成与计算。

思考与练习

一、填空题

1. 建设项目投资包含__________和__________两部分。

2. 设备购置费包括__________和__________。

3. __________是针对项目实施过程中可能发生难以预料的支出而事先预留的费用。

4. __________是指在建设期内利率、汇率或价格等因素的变化而预留的可能增加的费用。

5. __________是指设备及工、器具的原价和设备及工器具的运杂费之和。

6. __________是指设备抵达买方边境、港口或车站，交纳完各种手续费、税费后形成的价格。

7. __________是指在施工过程中，施工单位完成建设单位提出的工程合同范围以外的零星项目或工作，按照合同中约定的单价计价形成的费用。

8. 外贸手续费是指按对外经济贸易部门规定的外贸手续费费率计取的费用，外贸手续费费率一般取__________。

二、多项选择题

1. 土地征用及迁移补偿费不包括(　　)。

A. 土地补偿费　　B. 青苗补偿费和地上附着物补偿费

C. 搬迁费用　　D. 耕地占用税

E. 土地管理费

2. 与未来生产经营有关的其他费用包括(　　)。

A. 联合试运转费　　B. 专利及专有技术使用费

C. 办公和生活家具购置费　　D. 市政公用设施费

E. 场地准备及临时设施费

3. 某公司购买一些进口设备，若采用成本加运费方式，则该公司的义务有(　　)。

A. 办理进口清关手续

B. 交纳进口税

C. 承担设备装船后的一切风险

D. 订立运输合同

E. 承担运输风险费用

4. 根据我国现行建筑安装工程费用项目组成，下列属于社会保障费的是(　　)。

A. 住房公积金　　B. 养老保险金

C. 失业保险金　　D. 医疗保险费

E. 危险作业以外伤害保险费

5. 关于预备费的表述，下列正确的是(　　)。

A. 按我国现行规定，预备费包括基本预备费和价差预备费

B. 基本预备费=(工程费用+工程建设其他费用)×基本预备费费率

C. 竣工验收时为鉴定工程质量对隐蔽工程进行必要的挖掘和修复的费用属于预备费

D. 基本预备费是建设项目在建设期间由于材料、人工、设备等价格可能发生变化引起工程造价变化，而事先预留的费用

三、简答题

1. 我国现行建筑安装工程费用由哪几部分构成?

2. 设备购置费由哪几部分构成?

3. 按成本计算估价法分析，非标准设备的原价由哪些组成?

4. 在国际贸易中，较为广泛使用的交易价格有哪些?

5. 什么是进口环节增值税?我国增值税如何征收?

6. 什么是设备运杂费?设备运杂费由哪些构成?

7. 人工费、材料费、施工机具使用费各项费用包括哪些内容?

8. 什么是企业管理费?企业管理费包括哪些内容?

9. 什么是规费?规费包括哪些?

10. 建筑安装工程费按照工程造价的形成由哪几部分组成?

11. 土地取得的基本方式有哪些?

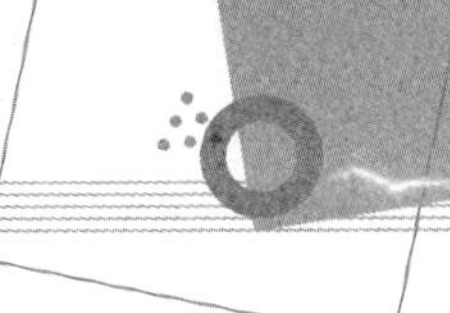

第二章　建设工程计价方法及计价依据

知识目标

1. 了解工程计价的概念；熟悉工程计价标准和依据；掌握工程计价方法。

2. 掌握分部分项工程项目清单的构成、措施项目清单编制的内容；熟悉其他项目清单、规费、税金项目清单的编制。

3. 掌握确定人工定额消耗量、材料消耗量、机械台班定额消耗量的基本方法。

4. 掌握人工日工资单价、材料单价、施工机具台班单价、施工仪器仪表台班单价的组成和确定方法。

5. 了解预算定额、概算定额、概算指标的概念、作用、编制依据；掌握确定预算定额中人工、材料、施工机械消耗量的方法，掌握概算定额的编制方法、概算指标的编制布置。

6. 了解概算定额的概念、作用、原则和依据。

能力目标

1. 具备熟练运用工程造价计价方法的能力。

2. 能熟练使用建筑工程定额及建设工程工程量清单计价规范。

3. 能熟练运用工程造价资料。

第一节　工程计价的方法

一、工程计价的概念

工程计价就是指计算建筑工程造价。建筑工程造价即建筑工程产品的价格。

工程项目造价有两层含义，第一层含义是指建设一项工程的预期开支或实际开支的全部固定资产投资费用。其包括设备及工器具购置费、建筑安装工程费、工程建设其他费、预备费、建设期贷款利息和固定资产投资方向调节税费用。第二层含义是从发承包的角度来定义，工程造价就是工程发承包价格。对于发包方和承包方来说，就是工程发承包范围以内的建造价格。建设项目总发承包有建设项目工程造价，某单项工程的建设任务的发承包有该单项工程的建筑安装工程造价，某工程二次装饰分包有工程造价等。

二、工程计价方法

由于建筑产品价格的特殊性，与一般工业产品价格的计价方法相比，工程造价采用了特殊的计价方法，即按定额计价法和按工程量清单计价法。

1. 定额计价法

定额计价法又称为施工图预算法，是在我国计划经济时期及计划经济向市场经济转型时期所采用的行之有效的计价方法。

定额计价法中的人工费、材料费和机械台班使用费，是分部分项工程的不完全价格。我国有以下两种计价方式：

(1)**单位估价法。**单位估价法是根据国家或地方颁布的统一预算定额规定的消耗量及其单价，以及配套的取费标准和材料预算价格，根据施工图纸计算出相应的工程数量，套用相应的定额单价计算出定额直接费，再在直接费的基础上计算各种相关费用及利润和税金，最后汇总形成建筑产品的造价。用公式表示为

$$\text{建筑工程造价}=[\sum(\text{工程量}\times\text{定额单价})\times(1+\text{各种费用的费率}+\text{利润率})]\times(1+\text{税金率}) \tag{2-1}$$

$$\text{装饰安装工程造价}=[\sum(\text{工程量}\times\text{定额单价})+\sum(\text{工程量}\times\text{定额人工费单价})\times(1+\text{各种费用的费率}+\text{利润率})]\times(1+\text{税金率}) \tag{2-2}$$

(2)**实物估价法。**实物估价法是先根据施工图纸计算工程量，然后套基础定额，计算人工、材料和机械台班消耗量和所有的分部分项工程资源消耗量进行归类汇总，再根据当时、当地的人工、材料、机械单价，计算并汇总人工费、材料费、机械使用费，得出分部分项工程直接费。在此基础上再计算其他直接费、间接费、利润和税金，将直接费与上述费用相加，即可得到单位工程造价(价格)。

预算定额是国家或地方统一颁布的，视为地方经济法规，必须严格遵照执行。在一般概念上讲，尽管计算依据不同，只要不出现计算错误，其计算结果是相同的。

按定额计价方法确定建筑工程造价，由于有预算定额规范消耗量和各种文件规定人工、材料、机械单价及各种取费标准，在一定程度上避免了高估冒算和压级压价，体现了工程造价的规范性、统一性和合理性。但对市场竞争起到了抑制作用，不利于促进施工企业改进技术、加强管理、提高劳动效率和市场竞争力。因此，出现了另一种计价方法——工程量清单计价方法。

2. 工程量清单计价法

工程量清单计价法，是我国在2003年提出的一种与市场经济相适应的投标报价方法，这种计价法是由国家统一项目编码、项目名称、计量单位和工程量计算规则(“四统一”)，由各施工企业在投标报价时根据企业自身的技术装备、施工经验、企业成本、企业定额、管理水平、企业竞争目的及竞争对手情况自主填报单价而进行报价的方法。

工程量清单计价法的实施，实质上是建立了一种强有力且行之有效的竞争机制，由于施工企业在投标竞争中必须报出合理低价才能中标，所以，对促进施工企业改进技术、加强管理、提高劳动效率和市场竞争力起到积极的推动作用。

按照工程量清单计价规范规定，在各相应专业工程计量规范规定的工程量清单项目设置和工程量计算规则基础上，针对具体工程的施工图纸和施工组织设计计算出各个清单项目的工程量，根据规定的方法计算出综合单价，并汇总各清单合价得出工程总价。即

(1)分部分项工程费$=\sum$(分部分项工程量×相应分部分项综合单价)。

(2)措施项目费$=\sum$各措施项目费。

(3)其他项目费=暂列金额+暂估价+计日工+总承包服务费。

(4)单位工程报价=分部分项工程费+措施项目费+其他项目费+规费+税金。

(5)单项工程报价$=\sum$单位工程报价。

(6)建设项目总报价$=\sum$单项工程报价。

式中，综合单价是指完成一个规定清单项目所需的人工费、材料和工程设备费、施工机具使用费和企业管理费、利润以及一定范围内的风险费用。

三、工程计价标准和依据

工程计价标准和依据包括计价活动的相关规章规程、工程量清单计价和工程量计算规范、工程定额和相关造价信息等。

从目前我国现状来看，工程定额主要作为国有资金投资工程编制投资估算、设计概算和最高投标限价(招标控制价)的依据，对于其他工程，在项目建设前期各阶段可以用于建设投资的预测和估计，在工程建设交易阶段，工程定额可以作为建设产品价格形成的辅助依据。工程量清单计价依据主要适用于合同价格形成以及后续的合同价款管理阶段。计价活动的相关规章规程则根据其具体内容可能适用于不同阶段的计价活动。造价信息是计价活动所必需的依据。

1. 计价活动的相关规章规程

现行计价活动相关的规章规程主要包括国家标准：《工程造价术语标准》(GB/T 50875—2013)、《建筑工程建筑面积计算规范》(GB/T 50353—2013)和《建设工程造价咨询规范》(GB/T 51095—2015)，以及中国建设工程造价管理协会标准：建设项目投资估算编审规程、建设项目设计概算编审规程、建设项目施工图预算编审规程、建设工程招标控制价编审规程、建设项目工程结算编审规程、建设项目工程竣工决算编制规程、建设项目全过程造价咨询规程、建设工程造价咨询成果文件质量标准、建设工程造价鉴定规程、建设工程造价咨询工期标准等。

2. 工程量清单计价和工程量计算规范

工程量清单计价和工程量计算规范由《建设工程工程量清单计价规范》(GB 50500—2013)(以下简称“13 计价规范”)、《房屋建筑与装饰工程工程量计算规范》(GB 50854—2013)、《仿古建筑工程工程量计算规范》(GB 50855—2013)、《通用安装工程工程量计算规范》(GB 50856—2013)、《市政工程工程量计算规范》(GB 50857—2013)、《园林绿化工程工程量计算规范》(GB 50858—2013)、《矿山工程工程量计算规范》(GB 50859—2013)、《构筑

物工程工程量计算规范》(GB 50860—2013)、《城市轨道交通工程工程量计算规范》(GB 50861—2013)、《爆破工程工程量计算规范》(GB 50862—2013)(这九本计算规范简称“13计量规范”)等组成。

3. 工程定额

工程定额主要是指国家、地方或行业主管部门制定的各种定额，它包括工程消耗量定额和工程计价定额等。工程消耗量定额主要是指完成规定计量单位的合格建筑安装产品所消耗的人工、材料、施工机具台班的数量标准。工程计价定额是指直接用于工程计价的定额或指标，它包括预算定额、概算定额、概算指标和投资估算指标。另外，部分地区和行业造价管理部门还会颁布工期定额，工期定额是指在正常的施工技术和组织条件下，完成建设项目和各类工程建设投资费用的计价依据。

4. 工程造价信息

工程造价信息是指工程造价管理机构发布的建设工程人工、材料、工程设备、施工机具的价格信息，以及各类工程的造价指数、指标等。

第二节　工程量清单计价及工程量计算规范

工程量清单表示的是建设工程的分部分项工程项目、措施项目、其他项目的名称和相应数量以及规费、税金项目等内容的明细清单。在建设工程发承包及实施过程的不同阶段，又可分别称为“招标工程量清单”“已标价工程量清单”等。

一、工程量清单计价和计量规范概述

1. 工程量清单计价和计量规范的组成

工程量清单计价和计量规范的组成如“第一节　三、2. 工程量清单计价和工程量计算规范”所述。

建设工程工程量清单计价规范

“13计价规范”包括总则、术语、一般规定、招标工程量清单、招标控制价、投标报价、合同价款约定、工程计量、合同价款调整、合同价款期中支付、竣工结算与支付、合同解除的价款结算与支付、合同价款争议的解决、工程计价资料与档案、计价表格及11个附录。

各专业工程量计量规范包括总则、术语、工程计量、工程量清单编制和附录。

2. 工程量清单计价的适用范围

使用国有资金投资的建设工程的发承包，必须采用工程量清单计价；非国有资金投资的建设工程，“13计价规范”鼓励采用工程量清单计价方式，但是否采用，由项目业主自主确定；不采用工程量清单计价的建设工程，应执行“13计价规范”中除工程量清单等专门性规定外的其他规定。

根据“13计价规范”的规定，国有资金投资的工程建设项目包括使用国有资金投资和国家融资投资的工程建设项目。

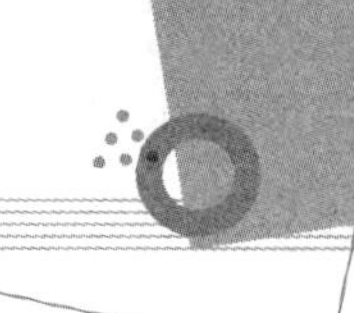

(1)使用国有资金投资的项目的范围包括：

1)使用各级财政预算资金的项目。

2)使用纳入财政管理的各种政府性专项建设资金的项目。

3)使用国有企事业单位自有资金，并且国有资产投资者实际拥有控制权的项目。

(2)国家融资项目的范围包括：

1)使用国家发行债券所筹资金的项目。

2)使用国家对外借款或者担保所筹资金的项目。

3)使用国家政策性贷款的项目。

4)国家授权投资主体融资的项目。

5)国家特许的融资项目。

国有资金(含国家融资资金)为主的工程建设项目是指国有资金占投资总额的50%以上，或虽不足50%但国有投资者实质上拥有控股权的工程建设项目。

二、分部分项工程项目清单

分部分项工程是分部工程与分项工程的总称。分部工程是单位工程的组成部分，是按结构部位及施工特点或施工任务将单位工程划分为若干分部工程。如房屋建筑与装饰工程分为土石方工程，桩基工程，砌筑工程，混凝土及钢筋混凝土工程，门窗工程，楼地面装饰工程，天棚工程，油漆、涂料、裱糊工程等分部工程。分项工程是分部工程的组成部分，是按不同施工方法、材料、工序等将分部工程分为若干个分项或项目的工程。如天棚工程可分为天棚抹灰、天棚吊顶、采光天棚、天棚其他装饰等分项工程。

分部分项工程项目清单必须载明项目编码、项目名称、项目特征描述、计量单位和工程量，这五个要件在分部分项工程项目清单的组成中缺一不可。分部分项工程项目清单必须根据各专业工程计量规范规定的五要件进行编制，其格式见表2-1。分部分项工程和单价措施项目清单与计价表不只是编制招标工程量清单的表式，也是编制招标控制价、投标价和竣工结算的最基本用表。

表2-1 分部分项工程和单价措施项目清单与计价表

工程名称： 标段： 第 页 共 页

序号	项目编码	项目名称	项目特征描述	计量单位	工程量	金额/元		
						综合单价	合价	其中 暂估价
本页小计								
合计								
注：为计取规费等使用，可在表中增设其中：“定额人工费”。								

1. 项目编码

项目编码是分部分项工程和措施项目清单名称的阿拉伯数字标识。清单项目编码以五级编码设置，用十二位阿拉伯数字表示。一、二、三、四级编码为全国统一，即一至九位应按“13计量规范”附录的规定设置；第五级即十至十二位为清单项目编码，应根据拟建工程的工程量清单项目名称设置，不得有重号，这三位清单项目编码由招标人针对招标工程项目具体编制，并应自001起顺序编制。

各级编码代表的含义如下：

(1)**第一级表示专业工程代码(分二位)；**

(2)**第二级表示附录分类顺序码(分二位)；**

(3)**第三级表示分部工程顺序码(分二位)；**

(4)**第四级表示分项工程项目名称顺序码(分三位)；**

(5)**第五级表示清单项目名称顺序码(分三位)。**

项目编码结构如图2-1所示(以房屋建筑与装饰工程为例)。

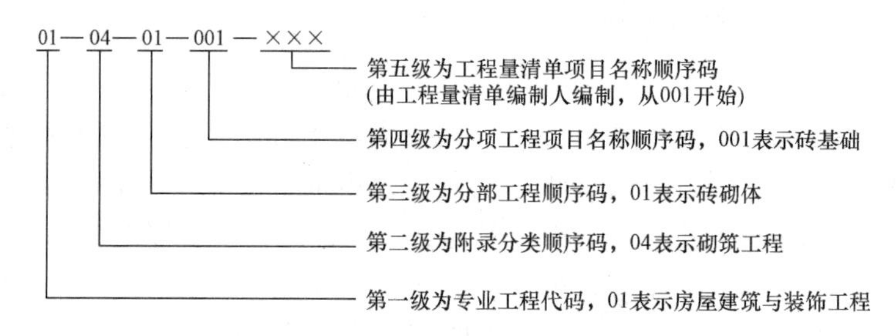

图2-1　工程量清单项目编码结构图

当同一标段(或合同段)的一份工程量清单中含有多个单位工程且工程量清单，并以单位工程为编制对象时，在编制工程量清单时应特别注意对项目编码十至十二位的设置不得有重码的规定。例如，一个标段(或合同段)的工程量清单中含有三个单位工程，每一单位工程中都有项目特征相同的实心砖墙砌体，在工程量清单中又需反映三个不同单位工程的实心砖墙砌体工程量时，则第一个单位工程的实心砖墙的项目编码应为010401003001，第二个单位工程的实心砖墙的项目编码应为010401003002，第三个单位工程的实心砖墙的项目编码应为010401003003，并分别列出各单位工程实心砖墙的工程量。

2. 项目名称

分部分项工程项目清单的项目名称应按“13计量规范”附录的项目名称结合拟建工程的实际确定。附录表中的“项目名称”为分项工程项目名称，是形成分部分项工程项目清单项目名称的基础。即在编制分部分项工程项目清单时，以附录中的分项工程项目名称为基础，考虑该项目的规格、型号、材质等特征要求，结合拟建工程的实际情况，使其工程量清单项目名称具体化、细化，以反映影响工程造价的主要因素。如“门窗工程”中“特种门”应区分“冷藏门”“冷冻闸门”“保温门”“变电室门”“隔声门”“防射线门”“人防门”“金库门”等。清单项目名称应表达详细、准确，各专业工程量计算规范中的分项工程项目名称如有缺陷，招标人可作补充，并报当地工程造价管理机构(省级)备案。

3. 项目特征

项目特征是构成分部分项工程项目、措施项目自身价值的本质特征。项目特征是对项目的准确描述，是确定一个清单项目综合单价不可缺少的重要依据，是区分清单项目的依据，是履行合同义务的基础。分部分项工程项目清单的项目特征应按“13计量规范”附录中规定的项目特征，结合技术规范、标准图集、施工图纸，按照工程结构、使用材质及规格或安装位置等，予以详细而准确的表述和说明。凡是项目特征中未描述到的其他独有特征，由清单编制人视项目具体情况确定，以准确描述清单项目为准。

在“13计量规范”附录中还有关于各清单项目“工程内容”的描述。工程内容是指完成清单项目可能发生的具体工作和操作程序，但应注意的是，在编制分部分项工程项目清单时，工程内容通常无须描述，因为在“13计量规范”中，工程量清单项目与工程量计算规则、工程内容上有一对应关系，当采用“13计量规范”这一标准时，工程内容均有规定。

4. 计量单位

分部分项工程量清单的计量单位应按“13计量规范”附录中的规定确定。如装饰装修工程应按《房屋建筑与装饰工程工程量计算规范》(GB 50854—2013)附录中规定的计量单位确定。规范中的计量单位均为基本单位，与定额中所采用的基本单位扩大一定的倍数不同。如质量以“t”或“kg”为单位，长度以“m”为单位，面积以“m^2”为单位，体积以“m^3”为单位，自然计量的以“个、件、套、组、樘”为单位。当计量单位有两个或两个以上时，应根据所编工程量清单项目的特征要求，选择最适宜表现该项目特征并方便计量的单位。如门窗工程有“樘”和“m^2”两个计量单位，实际工作中，就应该选择最适宜、最方便计量的单位来表示。

不同的计量单位汇总后的有效位数也不同，根据《房屋建筑与装饰工程工程量计算规范》(GB 50854—2013)规定，工程计量时每一项目汇总的有效位数应遵守下列规定：

(1)**以“t”为计量单位的应保留小数点后三位，第四位小数四舍五入。**

(2)**以“m^3”“m^2”“m”“kg”为计量单位，应保留小数点后两位，第三位小数四舍五入。**

(3)**以“樘”“个”等为计量单位的应取整数。**

5. 工程量计算

分部分项工程量清单中所列工程量应按“13计量规范”附录中规定的工程量计算规则计算，这一计算方法避免了因施工方案不同而造成计算的工程量大小各异的情况，为各投标人提供了一个公平的平台。

随着工程建设中新材料、新技术、新工艺等的不断涌现，“13计量规范”附录所列的工程量清单项目不可能包含所有项目。在编制工程量清单时，当出现“13计量规范”附录中未包括的清单项目时，编制人应作补充，并报省级或行业工程造价管理机构备案，省级或行业工程造价管理机构应汇总并报住房和城乡建设部标准定额研究所。

工程量清单项目的补充应涵盖项目编码、项目名称、项目描述、计量单位、工程量计算规则以及包含的工作内容，按“13计量规范”附录中相同的列表方式表述。

补充项目的编码由专业工程代码(工程量计算规范代码)与B和三位阿拉伯数字组成，并应从××B001起顺序编制，同一招标工程的项目不得重码。

措施项目清单的编制依据

三、措施项目清单

措施项目清单应根据“13计量规范”的规定编制，并应根据拟建工程的实际情况列项。

措施项目费用的发生与使用时间、施工方法或两个以上的工序相关，并大都与实际完成的实体工程量的大小关系不大，如安全文明施工，夜间施工，非夜间施工照明，二次搬运，冬雨期施工，地上地下设施、建筑物的临时保护设施，已完工程及设备保护等。措施项目中不能计算工程量的清单，以“项”为计量单位进行编制，见表 2-2。

表 2-2　总价措施项目清单与计价表

工程名称：　　　　　　　　　　　　标段：　　　　　　　　　　　　第　页　共　页

序号	项目编码	项目名称	计算基础	费率/%	金额/元	调整费率/%	调整后金额/元	备注
		安全文明施工费						
		夜间施工增加费						
		二次搬运费						
		冬雨期施工增加费						
		已完工程及设备保护费						
合计								

编制人(造价人员)：　　　　　　　　　　复核人(造价工程师)：

注：1. “计算基础”中安全文明施工费可为“定额基价”“定额人工费”或“定额人工费＋定额机械费”，其他项目可为“定额人工费”或“定额人工费＋定额机械费”。

2. 按施工方案计算的措施费，若无“计算基础”和“费率”的数值，也可只填“金额”数值，但应在备注栏说明施工方案出处或计算方法。

四、其他项目清单

其他项目清单应按照：暂列金额；暂估价，包括材料暂估单价、工程设备暂估单价、专业工程暂估价；计日工；总承包服务费列项。其他项目清单宜按表 2-3 的格式编制，出现上述未列项目，应根据工程实际情况补充。

表 2-3　其他项目清单与计价汇总表

工程名称：　　　　　　　　　　　　　　标段：　　　　　　　　　　　　　　第　页　共　页

序号	项目名称	金额/元	结算金额/元	备注
1	暂列金额			明细详见表-12-1
2	暂估价			
2.1	材料(工程设备)暂估价/结算价	—		明细详见表-12-2
2.2	专业工程暂估价/结算价			明细详见表-12-3
3	计日工			明细详见表-12-4
4	总承包服务费			明细详见表-12-5
5	索赔与现场签证	—		明细详见表-12-6
合计				
注：材料(工程设备)暂估单价计入清单项目综合单价，此处不汇总。				

1. 暂列金额

暂列金额是招标人在工程量清单中暂定并包括在合同价款中的一笔款项。清单计价规范中明确规定暂列金额用于施工合同签订时尚未确定或者不可预见的所需材料、设备、服务的采购，施工中可能发生的工程变更、合同约定调整因素出现时的工程价款调整以及发生的索赔、现场签证确认等费用。

不管采用何种合同形式，工程造价的理想标准是：一份合同的价格就是其最终的竣工结算价格，或者至少两者应尽可能接近。我国规定对政府投资工程实行概算管理，经项目审批部门批复的设计概算是工程投资控制的刚性指标，即使商业性开发项目也有成本的预先控制问题，否则，就无法相对准确预测投资的收益和科学合理地进行投资控制。但工程建设自身的特性决定了工程的设计需要根据工程进展不断地进行优化和调整，业主需求可能会随工程建设的进展出现变化，工程建设过程还会存在一些不能预见和不能确定的因素。消化这些因素必然会产生合同价格的调整，暂列金额正是为这类不可避免的价格调整而设立的，以便达到合理确定和有效控制工程造价的目标。

另外，暂列金额列入合同价格不等于属于承包人所有，即使是总价包干合同，也不等于列入合同价格的所有金额就属于承包人，是否属于承包人的应得金额取决于具体的合同约定，只有按照合同约定程序实际发生后，才能成为承包人的应得金额，纳入合同结算价款中。扣除实际发生金额后的暂列金额，余额仍属于发包人所有。设立暂列金额并不能保证合同结算价格不会再出现超过合同价格的情况，是否超出合同价格完全取决于工程量清单编制人暂列金额预测的准确性，以及工程建设过程是否出现了其他事先未预测到的事件。

暂列金额明细表格样式见表 2-4。

表 2-4　暂列金额明细表

工程名称：　　　　　　　　　　　　　　　　标段：　　　　　　　　　　　　　　　　第　页　共　页

序号	项目名称	计量单位	暂定金额/元	备注
1				
2				
3				
4				
5				
合计			—	
注：此表由招标人填写，如不能详列，也可只列暂定金额总额，投标人应将上述暂列金额计入投标总价中。				

2. 暂估价

暂估价是指从招标阶段直至签订合同协议，招标人在招标文件中提供的用于支付必然发生但暂时不能确定价格的材料以及专业工程的金额。暂估价类似于 FIDIC 合同条款中的 Prime Cost Items，是在招标阶段预见肯定会发生，只是因为标准不明确或者需要由专业承包人完成，暂时无法确定的价格。暂估价数量和拟用项目应当结合工程量清单中的“暂估价表”予以补充说明。

为方便合同管理，需要纳入分部分项工程项目清单综合单价中的暂估价应只有材料、工程设备费，以方便投标人组价。

专业工程的暂估价应是综合暂估价，其包括除规费和税金外的管理费、利润等。总承包招标时，专业工程设计深度往往是不够的，一般需要交由专业设计人员设计，出于提高可建造性的考虑，按国际惯例，一般由专业承包人负责设计，以发挥其专业技能和专业施工经验的优势。这类专业工程交由专业分包人完成是国际工程的良好实践，目前，在我国工程建设领域的应用也已经比较普遍。公开、透明、合理地确定这类暂估价实际开支金额的最佳途径就是通过施工总承包人与工程建设项目招标人共同组织招标。

暂估价中的材料、工程设备暂估单价应根据工程造价信息或参照市场价格估算，列出明细表；专业工程暂估价应根据不同专业，按有关计价规定估算，列出明细表。暂估价可按照表 2-5 和表 2-6 的格式列示。

表 2-5　材料(工程设备)暂估单价及调整表

工程名称：　　　　　　　　　　　　　　　　标段：　　　　　　　　　　　　　　　　第　页　共　页

序号	材料(工程设备)名称、规格、型号	计量单位	数量		暂估/元		确认/元		差额/元		备注
			暂估	确认	单价	合价	单价	合价	单价	合价	
合计											
注：此表由招标人填写“暂估单价”，并在备注栏说明暂估单价的材料、工程设备拟用在哪些清单项目上，投标人应将上述材料、工程设备暂估单价计入工程量清单综合单价报价中。											

表 2-6　专业工程暂估价及结算价表

工程名称：　　　　　　　　　　　　　　　标段：　　　　　　　　　　　　　第　页　共　页

序号	工程名称	工程内容	暂估金额/元	结算金额/元	差额±/元	备注
合计						
注：此表“暂估金额”由招标人填写，招标人应将“暂估金额”计入投标总价中。结算时按合同约定结算金额填写。						

3. 计日工

计日工是为解决现场发生的零星工作的计价而设立的，其为额外工作和变更的计价提供了一个方便快捷的途径。计日工适用于所谓的零星工作，一般是指合同约定之外的或者因变更而产生的、工程量清单中没有相应项目的额外工作，尤其是那些时间不允许事先商定价格的额外工作。计日工以完成零星工作所消耗的人工工时、材料数量、机械台班进行计量，并按照计日工表中填报的适用项目的单价进行计价支付。

国际上常见的标准合同条款中，大多数都设立了计日工(Day work)计价机制。但在我国以往的工程量清单计价实践中，由于计日工项目的单价水平一般要高于工程量清单项目的单价水平，因而经常被忽略。从理论上讲，由于计日工往往是用于一些突发性的额外工作，缺少计划性，承包人在调动施工生产资源方面难免会影响已经计划好的工作，生产资源的使用效率也有一定的降低，客观上会造成超出常规的额外投入。另外，其他项目清单中计日工往往是一个暂定的数量，其无法纳入有效的竞争。所以，合理的计日工单价水平一定要高于工程量清单的价格水平。为获得合理的计日工单价，发包人在其他项目清单中对计日工一定要给出暂定数量，并需要根据经验尽可能估算一个较接近实际的数量。

编制工程量清单时，“项目名称”“计量单位”“暂估数量”由招标人填写；编制招标控制价时，人工、材料、机械台班单价由招标人按有关计价规定填写并计算合价；编制投标报价时，人工、材料、机械台班单价由投标人自主确定，按已给暂估数量计算合价计入投标总价中。

计日工表格样式见表 2-7。

表 2-7　计日工表

工程名称：　　　　　　　　　　　　　　　标段：　　　　　　　　　　　　　第　页　共　页

编号	项目名称	单位	暂定数量	实际数量	综合单价/元	合价/元	
						暂定	实际
一	人工						
1							
2							
3							
人工小计							

续表

编号	项目名称	单位	暂定数量	实际数量	综合单价/元	合价/元	
						暂定	实际
二	材料						
1							
2							
3							
材料小计							
三	施工机械						
1							
2							
3							
施工机械小计							
四	企业管理费和利润						
总计							
注：此表项目名称、暂定数量由招标人填写，编制招标控制价时，单价由招标人按有关规定确定；投标时，单价由投标人自主确定，按暂定数量计算合价并计入投标总价中；结算时，按发承包双方确定的实际数量计算合价。							

4. 总承包服务费

总承包服务费是为了解决招标人在法律、法规允许的条件下进行专业工程发包以及自行供应材料、工程设备，并需要总承包人对发包的专业工程提供协调和配合服务，对甲方供给的材料、工程设备提供收、发和保管服务以及进行施工现场管理时发生的并向总承包人支付的费用。招标人应预计该项费用，并按投标人的投标报价向投标人支付该项费用。

总承包服务费应列出服务项目及其内容等。编制招标工程量清单时，招标人应将拟定进行专业分包的专业工程、自行采购的材料设备等决定清楚，填写项目名称、服务内容，以便投标人决定报价；编制招标控制价时，招标人按有关计价规定计价；编制投标报价时，由投标人根据工程量清单中的总承包服务内容，自主决定报价；办理竣工结算时，发承包双方应按承包人已标价工程量清单中的报价计算，发承包双方确定调整的，按调整后的金额计算。

总承包服务费计价表格样式见表 2-8。

表 2-8 总承包服务费计价表

工程名称： 标段： 第 页 共 页

序号	项目名称	项目价值/元	服务内容	计算基础	费率/%	金额/元
1	发包人发包专业工程					
2	发包人提供材料					

续表

序号	项目名称	项目价值/元	服务内容	计算基础	费率/%	金额/元
	合计	—	—		—	
注：此表项目名称、服务内容由招标人填写，编制招标控制价时，费率及金额由招标人按有关计价规定确定；投标时，费率及金额由投标人自主报价，计入投标总价中。						

五、规费、税金项目清单

根据住房和城乡建设部、财政部印发的《建筑安装工程费用项目组成》(建标〔2013〕44 号)的规定，规费包括工程排污费、社会保险费(养老保险、失业保险、医疗保险、工伤保险、生育保险)、住房公积金。规费是政府和有关权力部门规定的必须缴纳的费用，编制人对《建筑安装工程费用项目组成》未包括的规费项目，在编制规费项目清单时应根据省级政府或省级有关权力部门的规定列项。

根据住房和城乡建设部、财政部印发的《建筑安装工程费用项目组成》的规定，**目前我国税法规定应计入建筑安装工程造价的税种包括营业税、城市建设维护税、教育费附加和地方教育附加。**如国家税法发生变化，税务部门依据职权增加了税种，应对税金项目清单进行补充。

规费、税金项目计价表格样式见表 2-9。

表 2-9　规费、税金项目计价表

工程名称：　　　　　　　　　　　　　标段：　　　　　　　　　　　　　第　页　共　页

序号	项目名称	计算基础	计算基数	计算费率/%	金额/元
1	规费	定额人工费			
1.1	社会保险费	定额人工费			
(1)	养老保险费	定额人工费			
(2)	失业保险费	定额人工费			
(3)	医疗保险费	定额人工费			
(4)	工伤保险费	定额人工费			
(5)	生育保险费	定额人工费			
1.2	住房公积金	定额人工费			
1.3	工程排污费	按工程所在地环境保护部门收取标准，按实计入			
2	税金	分部分项工程费＋措施项目费＋其他项目费＋规费－按规定不计税的工程设备金额			
合计					
编制人：		复核人(造价工程师)：			

第三节　建筑安装工程人工、材料及机械台班定额消耗量

一、确定人工定额消耗量的基本方法

时间定额和产量定额是人工定额的两种表现形式。拟定出时间定额，也就可以计算出产量定额。

在全面分析各种影响因素的基础上，通过计时观察资料，可以获得定额的各种必须消耗时间。将这些时间进行归纳，有的是经过换算，有的是根据不同的工时规范附加，最后将各种定额时间加以综合和类比就是整个工作过程的人工消耗的时间定额。

(一)确定工序作业时间

根据计时观察资料的分析和选择，可以获得各种产品的基本工作时间和辅助工作时间，将这两种时间合并，称之为工序作业时间。它是各种因素的集中反映，决定着整个产品的定额时间。

1. 拟定基本工序时间

基本工序时间在必须消耗的工作时间所占的比重最大。在确定基本工作时间时，必须细致、精确。基本工作时间消耗一般应根据计时观察资料来确定。其做法是：首先确定工作过程每一组成部分的工时消耗，然后再总额出工作过程的工时消耗。如果组成部分的产量计量单位和工作过程的产品计量单位不符，就需先求出不同计量单位的换算系数，进行产品计量单位的换算，然后再相加，求得工作过程的工时消耗。

(1)各组成部分与最终产品单位一致时的基本工作时间计算。此时，单位产品基本工作时间就是施工过程各个组成部分作业时间的总和。其计算公式为

$$T_1 = \sum_{i=1}^{n} t_i \tag{2-3}$$

式中　T_1——单位产品基本工作时间；

t_i——各组成部分的基本工作时间；

n——各组成部分的个数。

(2)各组成部分单位与最终产品单位不一致时的基本工作时间计算。此时，各组成部分基本工作时间应分别乘以相应的换算系数。其计算公式为

$$T_1 = \sum_{i=1}^{n} k_i \times t_i \tag{2-4}$$

式中　k_i——对应于 t_i 的换算系数。

【例 2-1】　砌砖墙勾缝的计量单位是平方米，但若将勾缝作为砌砖墙施工过程的一个组成部分对待，即将勾缝时间按砌墙厚度按砌体体积计算，设每平方米墙面所需的勾缝时间为 10 min，试求各种不同墙厚每立方米砌体所需的勾缝时间。

【解】　(1)一砖厚的砖墙，其每立方米砌体墙面面积的换算系数为 $\frac{1}{0.24}=4.17(\mathrm{m}^2)$

则每立方米砌体所需的勾缝时间是：4.17×10=41.7(min)

(2)标准砖规格为 240 mm×115 mm×53 mm，灰缝宽为 10 mm，

故一砖半墙的厚度=0.24+0.115+0.01=0.365(m)。

一砖半厚的砖墙，其每立方米砌体墙面面积的换算系数为$\frac{1}{0.365}=2.74(m^2)$，

则每立方米砌体所需的勾缝时间是：2.74×10=27.4(min)。

2. 拟定辅助工作时间

辅助工作时间的确定方法与基本工作时间相同。如果在计时观察时不能取得足够的资料，也可采用工时规范或经验数据来确定。如具有现行的工时规范，可以直接利用工时规范中规定的辅助工作时间的百分比来计算。

(二)确定规范时间

规范时间包括工序作业时间以外的准备与结束时间、不可避免的中断时间以及拟定休息时间。

1. 确定准备与结束时间

准备与结束工作时间可分为班内和任务两种。任务的准备与结束时间通常不能集中在某一个工作日中，而要采取分摊计算的方法，分摊在单位产品的时间定额里。

如果在计时观察资料中不能取得足够的准备与结束时间的资料，也可根据工时规范或经验数据来确定。

2. 确定不可避免的中断时间

在确定不可避免中断时间的定额时，必须注意由工艺特点所引起的不可避免中断才可列入工作过程的时间定额。

不可避免中断时间也需要根据测时资料通过整理分析获得，也可以根据经验数据或工时规范，以占工作日的百分比表示此项工时消耗的时间定额。

3. 拟定休息时间

休息时间应根据工作班作息制度、经验资料、计时观察资料，以及对工作的疲劳程度做全面分析来确定。同时，应考虑尽可能利用不可避免中断时间作为休息时间。

(三)拟定定额时间

确定的基本工作时间、辅助工作时间、准备与结束工作时间、不可避免中断时间与休息时间之和，就是劳动定额的时间定额。根据时间定额可计算出产量定额，时间定额和产量定额互成倒数。

利用工时规范，可以计算劳动定额的时间定额。其计算公式如下：

$$\text{工序作业时间}=\text{基本工作时间}+\text{辅助工作时间} \tag{2-5}$$

$$\text{规范时间}=\text{准备与结束工作时间}+\text{不可避免的中断时间}+\text{休息时间} \tag{2-6}$$

$$\text{工序作业时间}=\text{基本工作时间}+\text{辅助工作时间}=\frac{\text{基本工作时间}}{1-\text{辅助工作时间}\%} \tag{2-7}$$

$$\text{定额时间}=\frac{\text{工序作业时间}}{1-\text{规范时间}\%} \tag{2-8}$$

【例 2-2】 通过计时观察资料得知：人工挖二类土 1 m^3的基本工作时间为 6 h，辅助工作时间占工序作业时间的 2%。准备与结束工作时间、不可避免的中断时间、休息时间分别

占工作时间的3%、2%、18%。求该人工挖二类土的时间定额是多少?

【解】 基本工作时间=6 h=0.75(工日/m^3)

工序作业时间=0.75/(1-2%)=0.765(工日/m^3)

定额时间=0.765/(1-3%-2%-18%)=0.994(工日/m^3)

二、确定材料定额消耗量的基本方法

材料消耗定额是指在先进合理的施工条件和合理使用材料的情况下，生产质量合格的单位产品所必须消耗的建筑安装材料的数量标准。施工中材料的消耗可分为必需的材料消耗和损失的材料两类。

必需的材料消耗是指在合理用料的条件下，生产合格产品所需消耗的材料。它包括直接用于建筑和安装工程的材料、不可避免的施工废料和不可避免的材料损耗。必需的材料消耗属于施工正常消耗，是确定材料消耗定额的基本数据。其中，直接用于建筑和安装工程的材料，编制材料净用量定额；不可避免的施工废料和材料损耗，编制材料损耗定额。

材料各种类型的损耗量之和称为材料损耗量，除去损耗量后净用于工程实体上的数量称为材料净用量，材料净用量与材料损耗量之和称为材料总消耗量，损耗量与总消耗量之比称为材料损耗率，它们的关系用公式表示为

$$损耗率=\frac{损耗量}{总消耗量}\times 100\% \tag{2-9}$$

$$总消耗量=\frac{净用量}{1-损耗率} \tag{2-10}$$

或

$$总消耗量=净用量+损耗量 \tag{2-11}$$

为了简便，通常将损耗量与净用量之比，作为损耗率。即

$$损耗率=\frac{损耗量}{净用量}\times 100\% \tag{2-12}$$

$$总消耗量=净用量\times(1+损耗率) \tag{2-13}$$

材料消耗定额必须在充分研究材料消耗规律的基础上制定，是通过施工生产过程中对材料消耗进行观测、试验以及根据技术资料的统计与计算等方法制定的。

1. 观测法

观测法也称为现场测定法，是指在合理和节约使用材料的前提下，在现场对施工过程进行观察，记录数据，测定哪些是不可避免的损耗材料，应该记入定额之中，哪些是可以避免的损耗材料，不应记入定额之中。通过现场观测，确定出合理的材料消耗量，最后得出，在一定的施工过程中，单位产品的材料消耗定额。

观测法的首要任务是选择典型的工程项目，其施工技术、组织及产品质量均要符合技术规范的要求；材料的品种、型号、质量也应符合设计要求；产品检验合格，操作工人能合理使用材料和保证产品质量。

观测法是在现场实际施工中进行的。在观测前要充分做好准备工作，如选用标准的运输工具和衡量工具，采取减少材料损耗措施等。观测的结果，要取得材料消耗的数量和产品数量的数据资料。对观测取得的数据资料要进行分析研究，区分哪些是合理的，哪些是不合理的，哪些是不可避免的，以制定出在一般情况下都可以达到的材料消耗定额。

利用现场测定法主要是编制材料损耗定额，也可以提供编制材料净用量定额的数据。其优点是能通过现场观察、测定，取得产品产量和材料消耗的情况，为编制材料定额提供技术根据。

2. 试验法

试验法又称为试验室试验法，其是由专门从事材料试验的专业技术人员，使用试验仪器来测定材料消耗定额的一种方法。这种方法可以较详细地研究各种因素对材料消耗的影响，且数据准确，但仅适用于在试验室内测定砂浆、混凝土、沥青等建筑材料的消耗定额。例如，以各种原材料为变量因素，求得不同强度等级混凝土的配合比，从而计算出每立方米混凝土的各种材料耗用量。

利用试验法，主要是编制材料净用量定额。通过试验，能够对材料的结构、化学成分和物理性能以及按强度等级控制的混凝土、砂浆配合比做出科学的结论，为编制材料消耗定额提供有技术根据的、比较精确的计算数据。

试验室试验必须符合国家有关标准规范，计量要使用标准容器和称量设备，质量要符合施工与验收规范要求，以保证获得可靠的定额编制依据。但是，试验法不能取得在施工现场实际条件下，由于各种客观因素对材料耗用量影响的实际数据，这是该法的不足之处。

3. 统计法

统计法是指对分部(分项)工程拨付一定的材料数量，对竣工后剩余的材料数量以及完成合格建筑产品的数量，进行统计计算而编制材料消耗定额的方法。这种方法不能区分施工中的合理材料损耗和不合理材料损耗，所以，得出的材料消耗定额的准确性偏低。

采用统计法，必须保证统计和测算的耗用材料和相应产品一致。在施工现场中的某些材料，往往难以区分用在各个不同部位上的准确数量。因此，要有意识地加以区分，才能得到有效的统计数据。

用统计法制定材料消耗定额一般采取以下两种方法：

(1)经验估算法。经验估算法是指以有关人员的经验或以往同类产品的材料实耗统计资料为依据，通过研究分析并考虑在有关影响因素的基础上制定材料消耗定额的方法。

(2)统计法。统计法是对某一确定的单位工程拨付一定的材料，待工程完工后，根据已完成产品数量和领退材料的数量，进行统计和计算的一种方法。由统计得到的定额，虽有一定的参考价值，但其准确程度较差，应对其分析研究后才能采用。

对积累的各分部分项工程结算的产品所耗用材料的统计分析，是根据各分部分项工程拨付材料数量、剩余材料数量及总共完成产品数量来进行计算。

4. 理论计算法

理论计算法又称为计算法，它是根据施工图纸，运用一定的数学公式计算材料的耗用量。理论计算法只能计算出单位产品的材料净用量，材料的损耗量还要在现场通过实测取得。

理论计算法是材料消耗定额制定方法中比较先进的方法，适用于不易产生损耗且容易确定废料的材料，如木材、钢材、砖瓦、预制构件等材料。因为这些材料根据施工图纸和技术资料，从理论上都可以计算出来，不可避免的损耗也有一定的规律可循。

材料的分类

三、确定机械台班定额消耗量的基本方法

(一)机械定额的分类

机械台班消耗定额，也称为机械台班使用定额，是指在正常的施工机械生产条件下，为生产单位合格工程施工产品或某项工作所必需消耗的机械工作时间标准，或者在单位时间内应用施工机械所应完成的合格工程施工产品的数量。机械台班定额以台班为单位，每一台班按8小时计算。其表达形式有机械时间定额和机械产量定额两种。

1. 机械时间定额

机械时间定额是指在合理劳动组织与合理使用机械的条件下，完成单位合格产品所必需的工作时间，包括有效工作时间(正常负荷下的工作时间和降低负荷下的工作时间)、不可避免的中断时间、不可避免的无负荷工作时间。机械时间定额以“台班”表示，即一台机械工做一个作业班的时间。一个作业班时间为8小时。其计算公式为

$$\text{机械时间定额(台班)}=\frac{1}{\text{台班产量}} \tag{2-14}$$

由于机械必须由工人小组配合，所以完成单位合格产品的时间定额，需同时列出人工时间定额。即

$$\text{人工时间定额(工日)}=\frac{\text{小组成员总人数}}{\text{台班产量}} \tag{2-15}$$

2. 机械产量定额

机械产量定额是指在合理劳动组织与合理使用机械条件下，机械在每个台班时间内应完成合格产品的数量。其计算公式为

$$\text{机械台班产量定额}=\frac{1}{\text{机械时间定额(台班)}} \tag{2-16}$$

机械时间定额和机械产量定额互为倒数关系。

复式表示法有如下形式：

$$\left.\frac{\text{人工时间定额}}{\text{机械台班产量}}\right|\text{台班车次} \tag{2-17}$$

(二)机械台班定额消耗量的确定方法

1. 确定正常的施工条件

拟定机械正常工作条件，主要是拟定工作地点的合理组织和拟定合理的工人编制。

(1)工作地点的合理组织，就是对施工地点机械和材料的放置位置、工人从事操作的场所做出科学合理的平面布置和空间安排。它要求施工机械和操纵机械的工人在最小范围内移动，但又不阻碍机械运转和工人操作；应使机械的开关和操纵装置尽可能集中地装置在操纵工人的近旁，以节省工作时间和减轻劳动强度；应最大限度地发挥机械的效能，减少工人的手工操作。

(2)拟定合理的工人编制，就是根据施工机械的性能和设计能力、工人的专业分工和劳动工效，合理确定操纵机械的工人和直接参加机械化施工过程的工人的编制人数。拟定合理的工人编制，应要求保持机械的正常生产率和工人正常的劳动工效。

2. 确定机械1小时纯工作正常生产率

确定机械正常生产率时，必须首先确定出机械纯工作1小时的正常生产率。

机械纯工作时间，就是指机械的必需消耗时间。机械 1 小时纯工作正常生产率，就是在正常施工组织条件下，具有必需的知识和技能的技术工人操纵机械 1 小时的生产率。

根据机械工作特点的不同，机械 1 小时纯工作正常生产率的确定方法也有所不同。对于循环动作机械，确定机械纯工作 1 小时正常生产率的计算公式如下：

$$\text{机械一次循环的正常延续时间}=\sum\left(\frac{\text{循环各组成部分}}{\text{正常延续时间}}\right)-\text{交叠时间} \tag{2-18}$$

$$\text{机械纯工作 1 小时循环次数}=\frac{60\times 60(\text{s})}{\text{一次循环的正常延续时间}} \tag{2-19}$$

$$\text{机械纯工作 1 小时正常生产率}=\text{机械纯工作 1 小时正常循环次数}\times\text{一次循环生产的产品数量} \tag{2-20}$$

从式(2-18)～式(2-20)中可以看出，计算循环机械纯工作 1 小时正常生产率的步骤是：首先根据现场观察资料和机械说明书确定各循环组成部分的延续时间；将各循环组成部分的延续时间相加，减去各组成部分之间的交叠时间，求出循环过程的正常延续时间；再计算机械纯工作1 小时的正常循环次数；最后计算循环机械纯工作 1 小时的正常生产率。

对于连续动作机械，确定机械纯工作 1 小时正常生产率要根据机械的类型和结构特征，以及工作过程的特点来进行。其计算公式如下：

$$\text{连续动作机械纯工作 1 小时正常生产率}=\frac{\text{工作时间内生产的产品数量}}{\text{工作时间(小时)}} \tag{2-21}$$

工作时间内的产品数量和工作时间的消耗，要通过多次现场观察和阅读机械说明书来取得数据。

对于同一机械进行作业属于不同的工作过程，如挖掘机所挖土壤的类别不同，碎石机所破碎的石块硬度和粒径不同，均需分别确定其纯工作 1 小时的正常生产率。

3. 确定施工机械的正常利用系数

确定施工机械的正常利用系数是指机械在工作班内对工作时间的利用率。机械的利用系数和机械在工作班内的工作状况有着密切的关系。所以，要确定机械的正常利用系数，首先要拟定机械工作班，保证合理利用工时的正常工作状况。

确定机械正常利用系数，要计算工作班正常状况下准备与结束工作，机械启动、机械维护等工作所必需消耗的时间，以及机械有效工作的开始与结束时间，从而进一步计算出机械在工作班内的纯工作时间和机械正常利用系数。机械正常利用系数的计算公式如下：

$$\text{机械正常利用系数}=\frac{\text{机械在一个工作班内纯的工作时间}}{\text{一个工作班的延续时间(8 小时)}} \tag{2-22}$$

4. 计算施工机械台班定额

计算施工机械台班定额是编制机械定额工作的最后一步。在确定了机械工作正常条件、机械 1 小时纯工作正常生产率和机械正常利用系数之后，采用下列公式计算施工机械的台班产量定额：

$$\text{施工机械台班产量定额}=\text{机械 1 小时纯工作正常生产率}\times\text{工作班纯工作时间} \tag{2-23}$$

或

$$\text{施工机械台班产量定额}=\text{机械 1 小时纯工作正常生产率}\times\text{工作班延续时间}\times\text{机械正常利用系数} \tag{2-24}$$

$$\text{施工机械时间定额}=\frac{1}{\text{施工机械台班产量定额指标}} \tag{2-25}$$

【例 2-3】 某毛石护坡工程，每 10 m³ 需 M5.0 的水泥砂浆 4.31 m³，经现场测试数据如下：200 L 砂浆搅拌机一次循环工作所需时间为装料 60 s，搅拌 120 s，卸料 40 s，不可避免中断 20 s，机械利用系数为 0.75，机械幅度差为 15%，求每 10 m³ 砌体的机械台班消耗量是多少？

【解】 砂浆搅拌机每小时循环次数为 60×60/(60+120+40+20)=15(次)

台班产量定额=15×8×0.2×0.75=18(台班)

单位产品机械时间定额=1/18=0.056(台班)

每立方米砂浆机械台班消耗量=0.056×(1+15%)=0.064 4(台班)

每 10 m³ 毛石护坡机械台班消耗量=0.064 4×4.31=0.278(台班)

第四节　建筑安装工程人工、材料及机具台班单价

一、人工日工资单价的组成和确定方法

人工单价又称为人工工日单价，是指一个建筑安装生产工人工作一个工作日(一个工作日的工作时间为 8 小时)应得的劳动报酬[本人衣、食、住、行和生、老、病、死等基本生活的需要以及精神文化的需要，还应包括本人基本供养人口(父母及子女)的需要]，即企业使用工人的技能、时间所给予的补偿。

1. 人工日工资单价组成内容

人工日工资单价由计时工资或计件工资、奖金、津贴补贴以及特殊情况下支付的工资组成。

(1)**计时工资或计件工资。**按计时工资标准和工作时间或对已做工作按计件单价支付给个人的劳动报酬。

(2)**奖金。**对超额劳动和增收节支支付给个人的劳动报酬。如节约奖、劳动竞赛奖等。

(3)**津贴补贴。**为了补偿职工特殊或额外的劳动消耗和因其他原因支付给个人的津贴，以及为了保证职工工资水平不受物价影响支付给个人的物价补贴。如流动施工津贴、特殊地区施工津贴、高温(寒)作业临时津贴、高空津贴等。

(4)**特殊情况下支付的工资。**根据国家法律、法规和政策规定，因病、工伤、产假、计划生育假、婚丧假、事假、探亲假、定期休假、停工学习、执行国家或社会义务等原因按计时工资标准或计件工资标准的一定比例支付的工资。

2. 人工单价的确定

(1)年平均每月法定工作日。由于人工日工资单价是每一个法定工作日的工资总额，因此，需要对年平均每月法定工作日进行计算。其计算公式如下：

年平均每月法定工作日=(全年日历日－法定假日)÷12　　(2-26)

式(2-26)中，法定假日指双休日和法定节日。

(2)日工资单价的计算。确定年平均每月法定工作日后，将上述工资总额进行分摊，即形成了人工日工资单价。其计算公式如下：

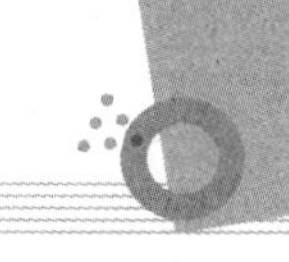

$$日工资单价=\frac{\begin{array}{c}生产工人平均工资\\(计时、计件)\end{array}+平均月(奖金+津贴补贴+特殊情况下支付的工资)}{年平均每月法定工作日}$$

(2-27)

(3)日工资单价的管理。虽然施工企业投标报价时可以自主确定人工费，但由于人工日工资单价在我国具有一定的政策性，因此，工程造价管理机构确定日工资单价应根据工程项目的技术要求，通过市场调查并参考实物的工程量人工单价综合分析确定。发布的最低日工资单价不得低于工程所在地人力资源和社会保障部门所发布的最低工资标准：普工 1.3 倍、一般技工 2 倍、高级技工 3 倍。

3. 影响人工日工资单价的因素

影响人工日工资单价的因素很多，归纳起来有以下几个方面：

(1)**社会平均工资水平。**建筑安装工人的人工日工资单价必然和社会平均工资水平趋同。社会平均工资水平取决于经济发展水平。由于经济的增长，社会平均工资也会增长，从而影响人工日工资单价的提高。

(2)**生活消费指数。**生活消费指数的提高会影响人工日工资单价的提高，以减少生活水平的下降，或维持原来的生活水平。生活消费指数的变动决定了物价的变动，也决定了生活消费品物价的变动。

(3)**人工日工资单价的组成内容。**《建筑安装工程费用项目组成》(建标[2013]44 号)将职工福利费和劳动保护费从人工日工资单价中删除，这也必然影响人工日工资单价的变化。

(4)**劳动力市场供需变化。**劳动力市场如果需求大于供给，人工日工资单价就会提高；供给大于需求，市场竞争激烈，人工日工资单价就会下降。

(5)**政府推行的社会保障和福利政策也会影响人工日工资单价的变动。**

二、材料单价的组成和确定

在建筑工程中，材料费占总造价的 60%～70%，在金属结构工程中所占比重还要更大，是工程直接费的主要组成部分。

材料价格是指材料(包括构件、成品或半成品)从其来源地(或交货地点)到达施工现场工地仓库后出库的综合平均价格。

合理确定材料价格构成，正确计算材料价格，有利于合理确定和有效控制工程造价。

1. 材料价格的组成

材料价格一般由材料原价、材料运杂费、运输损耗费、采购及保管费组成。

(1)**材料原价。**材料原价也称为材料供应价，一般包括货价和供销部门手续费两部分，它是材料价格组成部分中最重要的部分。

(2)**材料运杂费。**材料运杂费是指材料由来源地(或交货地点)至施工仓库地点的运输过程中所发生的全部费用。它包括车船运输费、调车和驳船费、装卸费、过境过桥费和附加工作费等。

(3)**运输损耗费。**运输损耗费是指材料在装卸和运输过程中所发生合理的损耗费用。

(4)**采购及保管费。**采购及保管费是指在组织材料采购、供应和保管过程中需要支付的各项费用。它包括采购及保管部门人员工资和管理费、工地材料仓库的保管费、货物过秤费及材料在运输和储存中的损耗费用等。

材料价格的四项费用之和即为材料预算价格。其计算公式如下：

材料价格=(供应价格+运杂费)×(1+运输损耗率)×(1+采购及保管费费率)-包装品回收价值 (2-28)

2. 材料价格的分类

材料价格按适用范围划分，有地区材料价格和某项工程使用的材料价格。地区材料价格是按地区(城市或建设区域)编制，供该地区所有工程使用；某项工程(一般指大中型重点工程)使用的材料价格，是以一个工程为编制对象，专供该工程项目使用。

地区材料价格与某项工程使用的材料价格的编制原理和方法是一致的，只是在材料来源地、运输数量、权数等具体数据上有所不同。

3. 材料价格的确定方法

(1)**材料原价的确定。**材料原价是指国内采购材料的出厂价格，国外采购材料抵达买方边境、港口或车站并交纳完各种手续费、税费(不含增值税)后形成的价格。在确定原价时，凡同一种材料因来源地、交货地、供货单位、生产厂家不同，而有几种价格(原价)时，根据不同来源地供货数量比例，采取加权平均的方法确定其综合原价。其计算公式如下：

$$加权平均原价=\frac{K_1C_1+K_2C_2+\cdots+K_nC_n}{K_1+K_2+\cdots+K_n} \quad (2-29)$$

式中 K_1，K_2，…，K_n——各不同供应地点的供应量或各不同使用地点的需要量；

C_1，C_2，…，C_n——各不同供应地点的原价。

若材料供货价格为含税价格，则材料原价应以购进货物适用的税率(17%或11%)或征收率(3%)扣减增值税进项税额。

(2)**材料运杂费的确定。**材料运杂费用应按国家有关部门和地方政府交通运输部门的规定计算。材料运杂费的多少与运输工具、运输距离、材料装载率等因素都有直接关系。

材料运杂费一般按**外埠运杂费**和**市内运杂费**两种计算。外埠运杂费是指材料从来源地(或交货地)至本市中心仓库或货站的全部费用，包括调车(驳船)费、运输费、装卸费、过桥过境费、入库费以及附加工作费；市内运杂费是指材料从本市中心仓库或货站运至施工工地仓库的全部费用，包括出库费、装卸费和运输费等。

同一品种的材料如有若干个来源地，其运杂费根据每个来源地的运输里程、运输方法和运输标准，用加权平均的方法计算运杂费。即

$$加权平均运杂费=\frac{K_1T_1+K_2T_2+\cdots+K_nT_n}{K_1+K_2+\cdots+K_n} \quad (2-30)$$

式中 K_1，K_2，…，K_n——各不同供应点的供应量或各不同使用地点的需求量；

K_1，T_2，…，T_n——各不同运距的运杂费。

若运输费用为含税价格，则需要按“两票制”和“一票制”两种支付方式分别调整。

1)**“两票制”支付方式。**所谓“两票制”材料，是指材料供应商就收取的货物销售价款和运杂费向建筑业企业分别提供货物销售和交通运输两张发票的材料。在这种方式下，运杂费以接受交通运输与服务适用税率10%扣减增值税进项税额。

2)**“一票制”支付方式。**所谓“一票制”材料，是指材料供应商就收取的货物销售价款和运杂费合计金额向建筑业企业仅提供一张货物销售发票的材料。在这种方式下，运杂费采用与材料原价相同的方式扣减增值税进项税额。

(3)**材料运输损耗费的确定。**在材料的运输中应考虑一定的场外运输损耗费用。即指材料在运输装卸过程中不可避免的损耗的费用。运输损耗费的计算公式为

$$运输损耗费=(材料原价+运杂费)\times相应材料损耗率 \tag{2-31}$$

(4)**采购及保管费。**采购及保管费是指为组织采购、供应和保管材料过程中所需要的各项费用，它包括采购费、仓储费、工地保管费和仓储损耗。

采购及保管费一般按照材料到库价格以费率取定。材料采购及保管费计算公式为

$$采购及保管费=材料运到工地仓库价格\times采购及保管费费率 \tag{2-32}$$

或 $$采购及保管费=(材料原价+运杂费+运输损耗费)\times采购及包管费费率(\%)$$

综上所述，材料单价的一般计算公式为

$$材料单价=\{(供应价格+运杂费)\times[1+运输损耗率(\%)]\times[1+采购及保管费费率(\%)]\} \tag{2-33}$$

由于我国幅员广阔，建筑材料产地与使用地点的距离各地差异很大，采购、保管和运输方式也不尽相同，因此，材料单价原则上按地区范围编制。

4. 影响材料单价变动的因素

(1)市场供需变化。材料原价是材料单价中最基本的组成部分。在市场上，当供大于求时，价格就会下降；反之，价格则上升。从而影响材料单价的涨落。

(2)材料生产成本的变动将直接影响材料单价的波动。

(3)流通环节的多少和材料供应体制也会影响材料单价。

(4)运输距离和运输方法的改变也会影响材料运输费用的增减，进而影响材料单价。

(5)国际市场行情会对进口材料单价产生影响。

三、施工机械台班单价的组成和确定

施工机械使用费是根据施工中耗用的机械台班数量和机械台班单价确定的。施工机械台班耗用量按有关定额规定计算，施工机械台班单价是指一台施工机械，在正常运转条件下一个工作班中所发生的全部费用，每台班按8小时工作制计算。正确制定施工机械台班单价是合理确定和控制工程造价的重要方面。

根据《建设工程施工机械台班费用编制规则》的规定，施工机械划分为十二个类别，包括土石方及筑路机械、桩工机械、起重机械、水平运输机械、垂直运输机械、混凝土及砂浆机械、加工机械、泵类机械、焊接机械、动力机械、地下工程机械和其他机械。

施工机械台班单价由七项费用组成，包括折旧费、检修费、维护费、安拆费及场外运费、人工费、燃料动力费和其他费用。

(一)折旧费的组成及确定

折旧费是指施工机械在规定的耐用总台班内，陆续收回其原值的费用。计算公式为

$$台班折旧费=\frac{机械预算价格\times(1-残值率)}{耐用总台班}\times贷款利息系数 \tag{2-34}$$

1. 机械预算价格

(1)**国产施工机械的预算价格。**国产施工机械预算价格按照机械原值、相关手续费和一次运杂费以及车辆购置税之和计算。

1)机械原值。机械原值应按下列途径询价和采集：

①编制期施工企业购进施工机械的成交价格；

②编制期施工机械展销会发布的参考价格；

③编制期施工机械生产厂、经销商的销售价格；

④其他能反映编制期施工机械价格水平的市场价格。

2)相关手续费和一次运杂费应按实际费用综合取定，也可按其占施工机械原值的百分率确定。

3)车辆购置税的计算。车辆购置税应按下列公式计算：

$$车辆购置税=计取基数\times车辆购置税税率(\%) \tag{2-35}$$

其中，计取基数=机械原值+相关手续费和一次运杂费

车辆购置税率应按编制期间国家有关规定计算。

(2)**进口施工机械的预算价格。**进口施工机械的预算价格按照到岸价格、关税、消费税、相关手续费和国内一次运杂费、银行财务费、车辆购置税之和计算。

1)进口施工机械原值应按下列方法取定：

①进口施工机械原值应按“到岸价格+关税”取定，到岸价格应按编制期施工企业签订的采购合同、外贸与海关等部门的有关规定及相应的外汇汇率计算取定；

②进口施工机械原值应按不含标准配置以外的附件及备用零配件的价格取定。

2)关税、消费税及银行财务费应执行编制期国家有关规定，并参照实际发生的费用计算。也可按占施工机械原值的百分率取定。

3)相关手续费和国内一次运杂费应按实际费用综合取定，也可按其占施工机械原值的百分率确定。

4)车辆购置税应按下列公式计算，即

$$车辆购置税=计税价格\times车辆购置税税率 \tag{2-36}$$

其中，计税价格=到岸价格+关税+消费税，车辆购置税税率应执行编制期间国家有关规定计算。

2. 残值率

残值率是指机械报废时回收其残余价值占施工机械预算价格的百分数。残值率应按编制期国家有关规定确定，目前各类施工机械均按5%计算。

3. 耐用总台班

耐用总台班是指施工机械从开始投入使用至报废前使用的总台班数，应按相关技术指标取定。

年工作台班是指施工机械在一个年度内使用的台班数量。年工作台班应在编制期制度工作日基础上扣除检修、维护天数及考虑机械利用率等因素综合取定。

机械耐用总台班的计算公式为

$$耐用总台班=折旧年限\times年工作台班=检修间隔台班\times检修周期 \tag{2-37}$$

检修间隔台班是指机械自投入使用起至第一次检修止或自上一次检修后投入使用起至下一次检修止，应达到的使用台班数。

检修周期是指机械正常的施工作业条件下，将其寿命期(即耐用总台班)按规定的检修次数划分为若干个周期。其计算公式为

$$检修周期=检修次数+1 \tag{2-38}$$

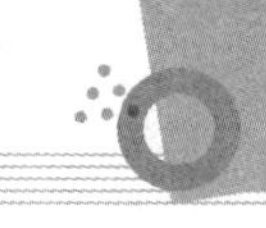

(二)检修费的组成及确定

检修费是指施工机械在规定的耐用总台班内，按规定的检修间隔进行必要的检修，以恢复其正常功能所需的费用。检修费是机械使用期限内全部检修费之和在台班费用中的分摊额，它取决于一次检修费、检修次数和耐用总台班的数量。其计算公式为

$$台班检修费=\frac{一次检修费\times检修次数}{耐用总台班}\times除税系数 \tag{2-39}$$

(1)一次检修费是指施工机械进行一次检修所发生的工时费、配件费、辅料费、油燃料费等。一次检修费应按施工机械的相关技术指标和参数为基础，结合编制期市场价格综合确定。可按其占预算价格的百分率取定。

(2)检修次数是指施工机械在其耐用总台班内的检修次数。检修次数应按施工机械的相关技术指标取定。

(3)除税系数的计算公式为

$$除税系数=(自行检修比例+委外检修比例)/(1+税率) \tag{2-40}$$

自行检修比例、委外检修比例是指施工机械自行检修、委托专业修理修配部门检修占检修费比例。具体比值应结合本地区(部门)施工机械检修实际综合取定。税率按增值税修理修配劳务适用税率计取。

(三)维护费的组成及确定

维护费是指施工机械在规定的耐用总台班内，按规定的维护间隔进行各级维护和临时故障排除所需的费用。保障机械正常运转所需替换与随机配备工具、附具的摊销和维护费用，机械运转及日常保养维护所需润滑与擦拭的材料费用及机械停滞期间的维护费用等。各项费用分摊到台班中，即维护费。其计算公式为

$$台班维护费=\frac{\sum(各级维护一次费用\times除税系数\times各级维护次数)+临时故障排除费}{耐用总台班}$$

当维护费计算公式中各项数值难以确定时，也可按下列公式计算：

$$台班维护费=台班检修费\times K \tag{2-41}$$

式中　K——维护费系数，指维护费占检修费的百分数。

(1)各级维护一次费用应按施工机械的相关技术指标，结合编制期市场价格综合取定。

(2)各级维护次数应按施工机械的相关技术指标取定。

(3)临时故障排除费可按各级维护费用之和的百分数取定。

(4)替换设备及工具附具台班摊销费应按施工机械的相关技术指标，结合编制期市场价格综合取定。

(5)除税系数。除税系数是指考虑一部分维护可以购买服务，从而需扣除维护费中包括的增值税进项税额。其计算公式为

$$除税系数=(自行维护比例+委外维护比例)/(1+税率) \tag{2-42}$$

自行维护比例、委外维护比例是指施工机械自行维护、委托专业修理修配部门维护占维护费的比例。具体比值应结合本地区(部门)施工机械检修实际综合取定。税率按增值税修理修配劳务适用税率计取。

(四)安拆费及场外运费的组成和确定

安拆费是指施工机械在现场进行安装与拆卸所需的人工、材料、机械和试运转费用以及

机械辅助设施的折旧、搭设、拆除等费用；场外运费是指施工机械整体或分件自停放地点运至施工现场或由一个施工地点运至另一个施工地点的运输、装卸、辅助材料及架线等费用。

安拆费及场外运费根据施工机械的不同可分为计入台班单价、单独计算和不需计算三种类型。

(1)安拆简单、移动需要起重及运输机械的轻型施工机械，其安拆费及场外运费计入台班单价。安拆费及场外运费应按下列公式计算：

$$台班安拆费及场外运费=\frac{一次安拆费及场外运费\times年平均安拆次数}{年工作台班} \tag{2-43}$$

1)一次安拆费应包括施工现场机械安装和拆卸一次所需的人工费、材料费、机械费、安全监测部门的检测费及试运转费；

2)一次场外运费应包括运输、装卸、辅助材料和回程等费用；

3)年平均安拆次数按施工机械的相关技术指标，结合具体情况综合确定；

4)运输距离均按平均 30 km 计算。

(2)单独计算的情况包括以下内容：

1)安拆复杂、移动需要起重及运输机械的重型施工机械，其安拆费及场外运费单独计算；

2)利用辅助设施移动的施工机械，其辅助设施(包括轨道和枕木)等的折旧、搭设和拆除等费用可单独计算。

(3)不需要计算的情况包括以下内容：

1)不需要安拆的施工机械，不计算一次安拆费；

2)不需要相关机械辅助运输的自行移动机械，不计算场外运费；

3)固定在车间的施工机械，不计算安拆费及场外运费。

(4)自升式塔式起重机、施工电梯安拆费的超高起点及其增加费，各地区、部门可根据具体情况确定。

(五)人工费的组成及确定

人工费是指机上司机(司炉)和其他操作人员的人工费。按下列公式计算：

$$台班人工费=人工消耗量\times\left(1+\frac{年制度工作日-年工作台班}{年工作台班}\right)\times人工单价 \tag{2-44}$$

(1)人工消耗量是指机上司机(司炉)和其他操作人员工日消耗量。

(2)年制度工作日应执行编制期国家有关规定。

(3)人工单价应执行编制期工程造价管理机构发布的信息价格。

(六)燃料动力费的组成和确定

燃料动力费是指施工机械在运转作业中所耗用的燃料及水、电等费用。其计算公式如下：

$$台班燃料动力费=\sum(燃料动力消耗量\times燃料动力单价) \tag{2-45}$$

(1)燃料动力消耗量应根据施工机械技术指标等参数及实测资料综合确定。可采用下列公式计算：

$$台班燃料动力消耗量=\frac{(实测数\times4+定额平均值+调查平均值)}{6} \tag{2-46}$$

(2)燃料动力单价应执行编制期工程造价管理机构发布的不含税信息价格。

（七）其他费用的组成和确定

其他费用是指施工机械按照国家规定应缴纳的车船税、保险费及检测费等。其计算公式为

$$台班其他费=\frac{年车船税+年保险费+年检测费}{年工作台班} \tag{2-47}$$

（1）年车船税、年检测费应执行编制期国家及地方政府有关部门的规定。

（2）年保险费应执行编制期国家及地方政府有关部门强制性保险的规定，非强制性保险不应计算在内。

四、施工仪器仪表台班单价的组成和确定方法

根据《建设工程施工仪器仪表台班费用编制规则》的规定，施工仪器仪表划分为七个类别，分别为自动化仪表及系统、电工仪器仪表、光学仪器、分析仪表、试验机、电子和通信测量仪器仪表、专用仪器仪表。

施工仪器仪表台班单价由折旧费、维护费、校验费和动力费四项费用组成。施工仪器仪表台班单价中的费用组成不包括检测软件的相关费用。

1. 折旧费

施工仪器仪表台班折旧费是指施工仪器仪表在耐用总台班内，陆续收回其原值的费用。其计算公式为

$$台班折旧费=\frac{施工仪器仪表原值\times(1-残值率)}{耐用总台班} \tag{2-48}$$

（1）施工仪器仪表原值应按以下方法取定：

1）对从施工企业采集的成交价格，各地区、部门可结合本地区、部门实际情况，综合确定施工仪器仪表原值；

2）对从施工仪器仪表展销会采集的参考价格或从施工仪器仪表生产厂、经销商采集的销售价格，各地区、部门可结合本地区、部门实际情况，测算价格调整系数取定施工仪器仪表原值；

3）对类别、名称、性能规格相同而生产厂家不同的施工仪器仪表，各地区、部门可根据施工企业实际购进情况，综合取定施工仪器仪表原值；

4）对进口与国产施工仪器仪表性能规格相同的，应以国产施工仪器仪表为准取定施工仪器仪表原值；

5）进口施工仪器仪表原值应按编制期国内市场价格取定；

6）施工仪器仪表原值应按不含一次运杂费和采购保管费的价格取定。

（2）残值率是指施工仪器仪表报废时，回收其残余价值占施工仪器仪表原值的百分比。残值率应按国家有关规定取定。

（3）耐用总台班是指施工仪器仪表从开始投入使用至报废前所积累的工作总台班数量。耐用总台班应按相关技术指标取定。其计算公式为

$$耐用总台班=年工作台班\times折旧年限 \tag{2-49}$$

1）年工作台班是指施工仪器仪表在一个年度内使用的台班数量。其计算公式为

$$年工作台班=年制度工作日\times年使用率 \tag{2-50}$$

年制度工作日应按国家规定制度工作日执行，年使用率应按实际使用情况综合取定。

2)折旧年限是指施工仪器仪表逐年计提折旧费的年限。折旧年限应按国家有关规定取定。

2. 维护费

施工仪器仪表台班维护费是指施工仪器仪表各级维护、临时故障排除所需的费用及为保证仪器仪表正常使用所需备件(备品)的维护费用。其计算公式如下：

$$台班维护费=\frac{年维护费}{年工作台班} \tag{2-51}$$

年维护费是指施工仪器仪表在一个年度内发生的维护费用。年维护费应按相关技术指标，结合市场价格综合取定。

3. 校验费

施工仪器仪表台班校验费是指按国家与地方政府规定的标定与检验的费用。其计算公式如下：

$$台班校验费=\frac{年校验费}{年工作台班} \tag{2-52}$$

年校验费是指施工仪器仪表在一个年度内发生的校验费用；年校验费应按相关技术指标取定。

4. 动力费

施工仪器仪表台班动力费是指施工仪器仪表在施工过程中所耗用的电费。其计算公式如下：

$$台班动力费=台班耗电量\times电价 \tag{2-53}$$

(1)台班耗电量应根据施工仪器仪表类别不同，按相关技术指标综合取定。

(2)电价应执行编制期工程造价管理机构发布的信息价格。

第五节　工程计价定额

工程计价定额是指工程定额中直接用于工程计价的定额或指标。其包括预算定额、概算定额、概算指标和投资估算指标等。工程计价定额主要用来在建设项目的不同阶段作为确定和计算工程造价的依据。

一、预算定额编制

(一)预算定额的概念和作用

1. 预算定额的概念

预算定额是指规定一定计量单位的分项工程或结构构件所必需消耗的劳动力、材料和机械台班的数量标准，是国家及地区编制和颁发的一种法令性指标。

预算定额是确定单位分项工程或结构构件单价的基础，因此，它体现了国家、建设单位和施工企业之间的一种经济关系。建设单位按预算定额为拟建工程提供必要的资金供应；

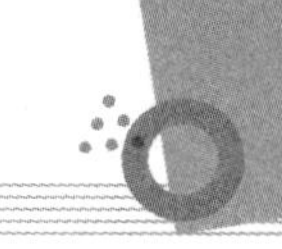

施工企业则在预算定额范围内，通过建筑施工活动，按质、按量、按期地完成工程任务。

2. 预算定额的作用

预算定额在我国建筑工程中具有以下重要作用：

(1)**预算定额是编制施工图预算的基本依据，是确定工程预算造价的依据；**

(2)**预算定额是对设计方案进行技术经济比较，对新结构、新材料进行技术经济分析的依据；**

(3)**预算定额是施工企业编制人工、材料、机械台班需要量计划，统计完成工程量，考核工程成本，实行经济核算的依据；**

(4)**预算定额是在建筑工程招标、投标中确定标底或招标控制价，实行招标承包制的重要依据；**

(5)**预算定额是建设单位和建设银行拨付工程价款、建设资金贷款和竣工结(决)算的依据；**

(6)**预算定额是编制地区单位估价表、概算定额和概算指标的基础资料。**

(二)预算定额的编制依据

编制预算定额主要依据下列资料：

(1)现行全国统一劳动定额、机械台班使用定额和材料消耗定额；

(2)现行的设计规范、施工质量验收规范、质量评定标准和安全操作规程；

(3)通用的标准图集和定型设计图纸以及具有代表性的典型设计图纸和图集；

(4)新技术、新工艺、新结构、新材料和先进施工经验的资料；

(5)有关科学试验、技术测定、统计资料和经验数据；

(6)国家和各地区已颁发的预算定额及其基础资料；

(7)现行的工资标准和材料市场与预算价格。

(三)预算定额的编制步骤

编制预算定额一般可分为以下三个阶段进行：

(1)**准备阶段。**准备阶段的任务是成立编制机构、拟订编制方案、确定定额项目、全面收集各项依据资料。预算定额的编制工作不但工作量大，而且政策性强，组织工作复杂。在编制准备阶段应做好以下几项工作：

1)建筑业的深化改革对预算定额编制的要求；

2)确定预算定额的适用范围、用途和水平；

3)确定编制机构的人员组成，安排编制工作的进度；

4)确定定额的编制形式、项目内容、计量单位及小数位数；

5)确定人工、材料和机械台班消耗量的计算资料。

(2)**编制预算定额初稿，测试定额水平阶段。**在这个阶段，根据确定的定额项目和基础资料，进行反复分析和测算；编制定额项目劳动力计算表、材料及机械台班计算表，制定工程量计算规则，并附注工作内容及有关计算规则说明；汇总编制预算定额项目表，即预算定额初稿。

编制出预算定额初稿后，要将新编定额与现行定额进行测算对比，测算出新编定额的水平，并分析比现行定额提高或降低的原因，写出定额水平测算工作报告。

(3)**审查定稿阶段。**在这个阶段，将新编定额初稿及有关编制说明和定额水平测算情况等资料，印发至各地区、各有关部门，或组织有关基本建设单位和施工企业座谈讨论，广泛征求意见。最后，送上级主管部门批准、颁发执行。

(四)预算定额的编制

1. 定额项目的划分

因建筑产品结构复杂，形体庞大，所以要就整个产品来计价是不可能的。但可根据不同部位、不同消耗或不同构件，将庞大的建筑产品分解成各种不同的较为简单、适当的计量单位(称为分部分项工程)，作为计算工程量的基本构造要素，在此基础上编制预算定额项目。确定定额项目时要求：**便于确定单位估价表；便于编制施工图预算；便于进行计划、统计和成本核算工作。**

2. 工程内容的确定

基础定额子目中人工、材料消耗量和机械台班使用量是直接由工程内容确定的，所以，工程内容范围的规定是十分重要的。

3. 确定预算定额的计量单位

预算定额与施工定额计量单位往往不同。施工定额的计量单位一般按工序或施工过程确定；而预算定额的计量单位主要是根据分部分项工程和结构构件的形体特征及其变化确定。由于工作内容综合，预算定额的计量单位也具有综合的性质。工程量计算规则的规定应确切反映定额项目所包含的工作内容。

预算定额的计量单位关系到预算工作的繁简和准确性。因此，要正确地确定各分部分项工程的计量单位，一般依据以下建筑结构构件的形状特点确定：

(1)凡是物体的截面有一定的形状和大小，但有不同长度时(管道、电缆、导线等分项工程)，应当以延长米为计量单位。

(2)当物体有一定的厚度，而面积不固定时(通风管、油漆、防腐等分项工程)，应当以平方米作为计量单位。

(3)如果物体的长、宽、高都变化不定时(土方、保温等分项工程)，应当以立方米为计量单位。

(4)有的分项工程虽然体积、面积相同，但质量和价格差异很大，或者是不规则或是难以度量的实体(金属结构、非标准设备制作等分项工程)，应当以质量作为计量单位。

(5)凡是物体无一定规格，而其构造又较复杂时，可采用自然单位(阀门、机械设备、灯具、仪表等分项工程)，常以个、台、套、件等作为计量单位。

(6)定额项目中工料计量单位及小数位数的取定。

1)计量单位：按法定计量单位取定：

①长度：mm、cm、m、km；

②面积：mm^2、cm^2、m^2；

③体积和容积：cm^3、m^3；

④质量：kg、t。

2)数值单位与小数位数的取定。

①人工：以“工日”为单位，取两位小数；

②主要材料及半成品：木材以“m^3”为单位取三位小数，钢板、型钢以“t”为单位取三位

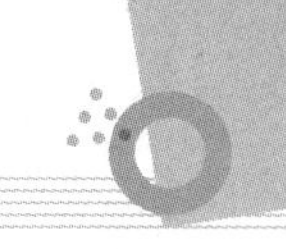

小数，管材以“m”为单位取两位小数，通风管用薄钢板以“m^2”为单位，导线、电缆以“m”为单位，水泥以“kg”为单位，砂浆、混凝土以“m^3”为单位等；

③单价以“元”为单位，取两位小数；

④其他材料费以“元”为单位，取两位小数；

⑤施工机械以“台班”为单位，取两位小数。

定额单位确定之后，往往会出现人工、材料或机械台班量很小，即小数点后好几位的情况。为了减少小数位数和提高预算定额的准确性，采取扩大单位的办法，将 1 m^3、1 m^2、1 m 扩大 10 倍、100 倍、1 000 倍。这样，相应的消耗量也加大了倍数，取一定小数位四舍五入后，可达到相对的准确性。

4. 确定施工方法

编制预算定额所取定的施工方法，必须选用正常的、合理的施工方法，用以确定各专业的工程和施工机械。

(五)确定预算定额中人工、材料、施工机械消耗量

1. 预算定额中人工工日消耗量的计算

预算定额中的人工工日消耗量可以有两种确定方法，一种是以劳动定额为基础确定；另一种是以现场观察测定资料为基础计算。主要用于遇到劳动定额缺项时，采用现场工作日写实等测时方法测定和计算定额的人工耗用量。

预算定额中人工工日消耗量是指在正常施工条件下，生产单位合格产品所必需消耗的人工工日数量，是由分项工程所综合的各个工序劳动定额包括的基本用工、其他用工两部分组成。

(1)**基本用工。**基本用工是指完成一定计量单位的分项工程或结构构件的各项工作过程的施工任务所必需消耗的技术工种用工。按技术工种相应劳动定额工时定额计算，以不同工种列出定额工日。基本用工包括以下内容：

1)**完成定额计量单位的主要用工。**按综合取定的工程量和相应劳动定额进行计算。其计算公式为

$$\text{基本用工} = \sum(\text{综合取定的工程量} \times \text{劳动定额}) \tag{2-54}$$

例如，工程实际中的砖基础，有 1 砖厚、1 砖半厚和 2 砖厚之分，用工各不相同，在预算定额中由于不区分厚度，需要按照统计的比例，加权平均得出综合的人工消耗。

2)**按劳动定额规定应增(减)计算的用工量。**例如，在砖墙项目中，分项工程的工作内容包括了附墙烟囱孔、垃圾道、壁橱等零星组合部分，其人工消耗量相应增加附加人工消耗。由于预算定额是在施工定额子目的基础上综合扩大的，其包括的工作内容较多，施工的工效视具体部位而不同，所以，需要另外增加人工消耗，而这种人工消耗也可以列入基本用工内。

(2)**其他用工。**其他用工是辅助基本用工消耗的工日，它包括超运距用工、辅助用工和人工幅度差用工。

1)**超运距用工。**超运距是指劳动定额中已包括的材料、半成品场内水平搬运距离与预算定额所考虑的现场材料、半成品堆放地点到操作地点的水平运输距离之差。其计算公式如下：

$$\text{超运距} = \text{预算定额取定运距} - \text{劳动定额已包括的运距} \tag{2-55}$$

$$超运距用工=\sum(超运距材料数量\times时间定额) \tag{2-56}$$

需要指出，实际工程现场运距超过预算定额取定运距时，可另行计算现场二次搬运费。

2)**辅助用工。**辅助用工是指技术工种劳动定额内不包括而在预算定额内又必须考虑的用工。例如机械土方工程配合用工，材料加工(筛砂、洗石、淋化石膏)，电焊点火用工等。其计算公式如下：

$$辅助用工=\sum(材料加工数量\times相应的加工劳动定额) \tag{2-57}$$

3)**人工幅度差用工。**即预算定额与劳动定额的差额，主要是指在劳动定额中未包括而在正常施工情况下不可避免但又很难准确计量的用工和各种工时损失。其内容包括以下各项：

①各工种间的工序搭接及交叉作业相互配合或影响所发生的停歇用工；

②施工过程中，移动临时水电线路而造成的影响工人操作的时间；

③工程质量检查和隐蔽工程验收工作而影响工人操作的时间；

④同一现场内单位工程之间因操作地点转移而影响工人操作的时间；

⑤工序交接时对前一工序不可避免的修整用工；

⑥施工中不可避免的其他零星用工。

人工幅度差计算公式为

$$人工幅度差=(基本用工+辅助用工+超运距用工)\times人工幅度差系数 \tag{2-58}$$

人工幅度差系数一般为10%～15%。在预算定额中，将人工幅度差的用工量列入其他用工量中。

2. 预算定额中材料消耗量的计算

材料消耗量计算方法主要有以下内容：

(1)凡是有标准规格的材料，按规范要求计算定额计量单位的耗用量，如砖、防水卷材、块料面层等。

(2)凡是设计图纸标注尺寸及下料要求的，按设计图纸尺寸计算材料净用量，如门窗制作用材料、方、板料等。

(3)换算法。各种胶结、涂料等材料的配合比用料，可以根据要求条件换算，得出材料用量。

(4)测定法。测定法包括实验室试验法和现场观察法。它是指各种强度等级的混凝土及砌筑砂浆配合比的耗用原材料数量的计算，须按照规范要求试配，经过试验合格以后并经过必要的调整后得出的水泥、砂子、石子、水的用量。对新材料、新结构又不能用其他方法计算定额消耗用量时，须用现场测定方法来确定，根据不同条件可以采用写实记录法和观察法，得出定额的消耗量。

材料损耗量是指在正常条件下不可避免的材料损耗，如现场内材料运输及施工操作过程中的损耗等。其关系式如下：

$$材料损耗率=\frac{材料损耗量}{材料净用量}\times100\%$$

$$材料损耗量=材料净用量\times损耗率(\%) \tag{2-59}$$

$$材料消耗量=材料净用量+损耗量 \tag{2-60}$$

或

$$材料消耗量=材料净用量\times[1+损耗率(\%)] \tag{2-61}$$

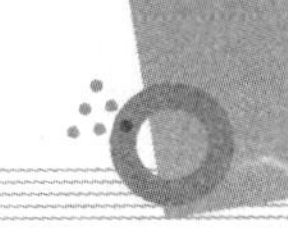

3. 预算定额中机具台班消耗量的计算

预算定额中的机具台班消耗量是指在正常施工条件下，生产单位合格产品(分部分项工程或结构构件)必需消耗的某种型号施工机具的台班数量。下面主要介绍机械台班消耗量的计算。

(1)根据施工定额确定机械台班消耗量的计算。这种方法是指用施工定额中机械台班产量加机械幅度差计算预算定额的机械台班消耗量。

机械台班幅度差是指在施工定额中所规定的范围内没有包括，而在实际施工中又不可避免产生的影响机械或使机械停歇的时间。其内容包括以下几项：

1)施工机械转移工作面及配套机械相互影响损失的时间；

2)在正常施工条件下，机械在施工中不可避免的工序间歇；

3)工程开工或收尾时工作量不饱满所损失的时间；

4)检查工程质量影响机械操作的时间；

5)临时停机、停电影响机械操作的时间；

6)机械维修引起的停歇时间。

综上所述，预算定额的机械台班消耗量可按下式计算

预算定额机械台班消耗量＝施工定额机械台班耗用×(1＋机械幅度差系数)　(2-62)

(2)以现场测定资料为基础确定机械台班消耗量。如遇到施工定额缺项者，则需要依据单位时间完成的产量测定。具体方法可参见本章第三节。

【例 2-4】 已知某挖土机挖土，一次正常循环工作时间是 40 s，每次循环平均挖土量为 0.3 m^2，机械时间利用系数为 0.8，机械幅度差系数为 25%。求该机械挖土方 1 000 m^3 的预算定额机械耗用台班量。

【解】 机械纯工作 1 小时循环次数＝3 600/40＝90(次/台时)。

机械纯工作 1 小时正常生产率＝90×0.3＝27(m^3/台时)

施工机械台班产量定额＝27×8×0.8＝172.8(m^3/台班)

施工机械台班时间定额＝1/172.8＝0.005 79(台班/m^3)

预算定额机械耗用台班＝0.005 79×(1＋25%)＝0.007 24(台班/m^3)

挖土方 1 000 m^3 的预算定额机械耗用台班量＝1 000×0.007 24＝7.24(台班)

(六)预算定额基价编制

预算定额基价就是预算定额分项工程或结构构件的单价，它只包括人工费、材料费和机具使用费，也称工料单价。

预算定额基价一般通过编制单位估价表、地区单位估价表及设备安装价目表确定单价，用于编制施工图预算。在预算定额中列出的“预算价值”或“基价”，应视作该定额编制时的工程单价。

预算定额基价的编制方法，简单说就是人工、材料、机具使用的消耗量和人工、材料、机具使用单价的结合过程。其中，人工费是由预算定额中每一分项工程各种用工数乘以地区人工工日单价之和算出；材料费是由预算定额中每一分项工程的各种材料消耗量乘以地区相应材料预算价格之和算出；施工机具使用费是由预算定额中每一分项工程的各种机械台班消耗量乘以地区相应施工机械台班预算价格之和，以及仪器仪表使用费汇总后算出。上述单价均为不含增值税进项税额的价格。

分项工程预算定额基价的计算公式为

$$分项工程预算定额基价=人工费+材料费+机具使用费 \tag{2-63}$$

其中 $人工费=\sum(现行预算定额中各种人工工日用量\times人工日工资单价)$

$$材料费=\sum(现行预算定额中各种材料耗用量\times相应材料单价)$$

$$机具使用费=\sum(现行预算定额中机械台班用量\times机械台班单价)+\sum(仪器仪表台班用量\times仪器仪表台班单价)$$

预算定额基价是根据现行定额和当地的价格水平编制的，具有相对的稳定性。但是为了适应市场价格的变动，在编制预算时，必须根据工程造价管理部门发布的调价文件对固定的工程预算单价进行修正。修正后的工程单价乘以根据图纸计算出来的工程量，就可以获得符合实际市场情况的人工、材料和机具费用。

【例 2-5】 某预算定额基价的编制过程见表 2-10。其中定额子目 3-1 的定额基价计算过程为

定额人工费=42×11.790=495.18(元)

定额材料费=230×5.236+0.32×649.000+37.15×2.407+3.85×3.137=1 513.46(元)

定额机具使用费=70.89×0.393=27.86(元)

定额基价=495.18+1 513.46+27.86=2 036.50(元)

表 2-10　某预算定额计价表(计量单位：10 m^3)

定额编号				3-1		3-2		3-4	
项目		单位	单价/元	砖基础		混水砖墙			
				数量	合价	1/2 砖		3/4 砖	
						数量	合价	数量	合价
基价				2 036.50		2 382.93		2 353.03	
其中	人工费			495.18		845.88		824.88	
	材料费			1513.46		1514.01		1502.98	
	机具费			27.86		23.04		25.17	
名称		单位	单价	数量					
综合工日		工日	42.00	11.790	495.180	20.140	845.880	19.640	824.880
材料	水泥砂浆 M5	m^3	—	—	—	(1 950)	—	(2 130)	—
	水泥砂浆 M10	m^3	—	(2 360)	—	—	—	—	—
	标准砖	千块	230.00	5.236	1 204.280	5.641	1 297.430	5.510	1 267.300
	水泥 32.5 级	kg	0.32	649.000	207.680	409.500	131.040	447.300	143.136
	中砂	m^3	37.15	2.407	89.420	1.989	73.891	2.173	80.727
	水	m^3	3.85	3.137	12.077	3.027	11.654	3.075	11.839
机械	灰浆搅拌机 200 L	台班	70.89	0.393	27.860	0.325	23.040	0.355	25.166

二、概算定额编制

(一)概算定额的概念

概算定额是指生产一定计量单位的经扩大的建筑工程结构构件或分部分项工程所需要的人工、材料和机械台班的消耗数量及费用的标准。

概算定额是在预算定额的基础上，根据有代表性的建筑工程通用图和标准图等资料，进行综合、扩大和合并而成。因此，建筑工程概算定额，也称“扩大结构定额”。

概算定额与预算定额的相同处，都是以建(构)筑物各个结构部分和分部分项工程为单位表示的，其内容也包括人工、材料和机械台班使用量定额三个基本部分，并列有基准价。概算定额表达的主要内容、表达的主要方式及基本使用方法都与综合预算定额相近。

概算定额与预算定额的不同之处在于项目划分和综合扩大程度上的差异；同时，概算定额主要用于设计概算的编制。由于概算定额综合了若干分项工程的预算定额，因此，使概算工程量计算和概算表的编制，都比施工图预算的编制要简便。

编制概算定额时，应考虑到能适应规划、设计、施工各阶段的要求。概算定额与预算定额应保持水平一致，即在正常条件下，反映大多数企业的设计、生产及施工管理水平。

概算定额的内容和深度是以预算定额为基础的综合与扩大。在合并中不得遗漏或增加细目，以保证定额数据的严密性和正确性。概算定额务必简化、准确和适用。

(二)概算定额的作用

(1)概算定额是扩大初步设计阶段编制概算、技术设计阶段编制修正概算的主要依据。

(2)概算定额是编制建筑安装工程主要材料申请计划的基础。

(3)概算定额是进行设计方案技术经济比较和选择的依据。

(4)概算定额是编制概算指标的计算基础。

(5)概算定额是确定基本建设项目投资额、编制基本建设计划、实行基本建设大包干、控制基本建设投资和施工图预算造价的依据。

因此，**正确、合理地编制概算定额对提高设计概算的质量，加强基本建设经济管理，合理使用建设资金，降低建设成本，充分发挥投资效果等方面，都具有重要的作用。**

(三)概算定额编制的原则和依据

1. 概算定额编制的原则

为了提高设计概算质量，加强基本建设经济管理，合理使用国家建设资金，降低建设成本，充分发挥投资效果，在编制概算定额时必须遵循以下原则：

(1)使概算定额适应设计、计划、统计和拨款的要求，更好地为基本建设服务。

(2)概算定额水平的确定应与预算定额的水平基本一致，必须是反映正常条件下大多数企业的设计、生产及施工管理水平。

(3)概算定额的编制深度要适应设计深度的要求。项目划分应坚持简化、准确和适用的原则。以主体结构分项为主，合并其他相关部分，进行适当综合扩大；概算定额项目计量单位的确定与预算定额要尽量一致；应考虑统筹法及应用电子计算机编制的要求，简化工程量和概算的计算编制。

(4)为了稳定概算定额水平，统一考核尺度和简化计算工程量，编制概算定额时，原则上不留活口；对于设计和施工变化多而影响工程量多、价差大的，应根据有关资料进行测算，综合取定常用数值；对于其中还包括不了的个性数值，可适当留些活口。

2. 概算定额的编制依据

概算定额编制的依据主要有以下内容：

(1)现行的全国通用的设计标准、规范和施工质量验收规范。

(2)现行的预算定额。

(3)标准设计和有代表性的设计图纸。

(4)过去颁发的概算定额。

(5)现行的人工工资标准、材料预算价格和施工机械台班单价。

(6)有关施工图预算和结算资料。

(四)概算定额的编制方法

(1)**概算定额计量单位确定。**概算定额计量单位基本上按预算定额的规定执行，仍用 m、m^2 和 m^3 等，但是单位的内容扩大。

(2)**确定概算定额与预算定额的幅度差。**由于概算定额是在预算定额的基础上进行适当的合并与扩大而形成的，因此，在工程量取值、工程的标准和施工方法确定上需综合考虑，且定额与实际应用必然会产生一些差异。对于这种差异，国家允许预留一个合理的幅度差，以便依据概算定额编制的设计概算能控制施工图预算。概算定额与预算定额之间的幅度差，国家规定一般控制在5%以内。

(3)**概算定额小数取位。**概算定额小数取位与预算定额相同。

(五)概算定额的内容

概算定额的内容由文字说明和定额表两部分组成。

(1)文字说明部分包括总说明和各章节的说明。

1)在总说明中，主要对编制的依据、用途、适用范围、工程内容、有关规定、取费标准和概算造价计算方法等进行阐述。

2)在各章说明中，包括分部工程量的计算规则、说明、定额项目的工程内容等。

(2)定额表格式。定额表头注有定额的工作内容，定额的计量单位(或在表格内)。表格内有基价、人工、材料和机械费，主要材料消耗量等。

(六)概算定额基价的编制

概算定额基价和预算定额基价一样，都只包括人工费、材料费和施工机具使用费，是通过编制扩大单位估价表所确定的单价，用于编制设计概算。概算定额基价和预算定额基价的编制方法相同，单价均为不含增值税进项税额的价格，概算定额基价见表2-11。

$$\text{概算定额基价}=\text{人工费}+\text{材料费}+\text{施工机具使用费} \tag{2-64}$$

其中：

$$\text{人工费}=\text{现行概算定额中人工工日消耗量}\times\text{人工单价}$$

$$\text{材料费}=\sum(\text{现行概算定额中材料消耗量}\times\text{相应材料单价})$$

$$\text{施工机具使用费}=\sum(\text{现行概算定额中机械台班消耗量}\times\text{相应机械台班单价})+\sum(\text{仪器仪表台班用量}\times\text{仪器仪表台班单价})$$

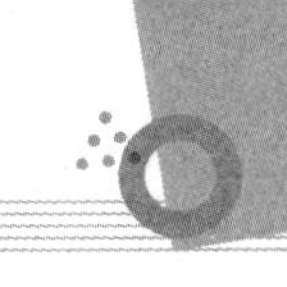

表 2-11　某现浇钢筋混凝土柱概算定额基价表

概算定额编号				4-3		4-4	
项　目		单位	单位/元	矩形柱			
				周长 1.8 m 以内		周长 1.8 m 以外	
				数量	合价	数量	合价
合计工		工日		19 200.76		17 662.06	
其中	人工费	元		7 888.40		6 443.56	
	材料费	元		10 272.03		10 361.83	
	机具费	元		1 040.33		856.67	
合计工		工日	82.00	96.20	7 888.40	78.58	6 443.56
材料	中(粗)砂(天然)	t	35.81	9.494	339.98	8.817	315.74
	碎石 5～20 mm	t	36.18	12.207	441.65	12.207	441.65
	石灰膏	m^2	98.89	0.221	20.75	0.155	14
	普通木成材	m^3	1 000.00	0.302	302.00	0.187	187.00
	圆钢(钢筋)	t	3 000.00	2.188	6 564.00	2.407	7 221.00
	组合钢模板	kg	4.00	64.416	257.66	39.848	159.39
	钢支撑(钢管)	kg	4.85	34.165	165.70	21.134	102.50
	零星卡具	kg	4.00	33.954	135.82	21.004	84.02
	铁钉	kg	5.96	3.091	18.42	1.912	11.40
	镀锌钢丝 22 号	kg	8.07	8.368	67.53	9.206	74.29
	电焊条	kg	7.84	15.644	122.65	17.212	134.94
	803 涂料	kg	1.45	22.901	33.21	16.038	23.26
	水	m^3	0.99	12.700	12.57	12.300	12.21
	水泥 42.5 级	kg	0.25	664.459	166.11	517.117	129.28
	水泥 52.5 级	kg	0.30	4 141.200	1 242.36	4 141.200	1 242.36
机械	脚手架	元			628.00		90.60
	其他材料费	元			412.33		346.67

三、概算指标及其编制

(一)概算指标的概念与作用

概算指标是以一个建筑物或构筑物为对象，按各种不同的结构类型，确定以每 100 m^2 或 1 000 m^3 和每座为计量单位的人工、材料和机械台班(机械台班一般不以量列出，用系数计入)的消耗指标(量)或每万元投资额中各种指标的消耗数量。

概算指标比概算定额更加综合扩大，因此，它是编制初步设计或扩大初步设计概算的依据。

(1)在初步设计阶段概算指标可作为编制建筑工程设计概算的依据。这是指在没有条件计算工程量时，只能使用概算指标。

(2)在建筑方案设计阶段，概算指标是进行方案设计技术经济分析和估算的依据。

(3)在建设项目的可行性研究阶段，概算指标可作为编制项目投资估算的依据。

(4)在建设项目规划阶段，概算指标可作为估算投资和计算资源需要量的依据。

(二)概算指标的编制原则和依据

1. 概算指标的编制原则

(1)**按平均水平确定概算指标的原则。**在我国社会主义市场经济条件下，概算指标作为确定工程造价的依据，同样必须遵照价值规律的客观要求，在编制时必须按社会必要劳动时间，贯彻平均水平的编制原则。只有这样才能使概算指标合理确定和控制工程造价的作用得到充分发挥。

(2)**概算指标的内容与表现形式要简明适用。**为适应市场经济的客观要求，概算指标的项目划分应根据用途的不同，确定其项目的综合范围，并遵循粗而不漏、适应面广的原则，体现综合扩大的性质。概算指标从形式到内容应该简明易懂，以便于在采用时根据工程的具体情况进行必要的调整换算，能在较大范围内满足不同用途的需要。

(3)**概算指标的编制依据必须具有代表性。**概算指标所依据的工程设计资料，应具有代表性，在技术上是先进的，经济上是合理的。

2. 概算指标的编制依据

(1)标准设计图纸和各类工程典型设计。

(2)国家颁发的建筑标准、设计规范、施工规范等。

(3)各类工程造价资料。

(4)现行的概算定额和预算定额及补充定额。

(5)人工工资标准、材料预算价格、机械台班预算价格及其他价格资料。

(三)概算指标的编制步骤

(1)**准备阶段。**主要是收集资料，确定指标项目，研究编制概算指标的有关方针、政策和技术性的问题。

(2)**编制阶段。**主要是选定图纸，并根据图纸资料计算工程量和编制单位工程预算书，以及按编制方案确定的指标项目和人工及主要材料消耗指标，填写概算指标表格。

(3)**审核定案及审批。**概算指标初步确定后要进行审查、比较，并作必要的调整后，送国家授权机关审批。

(四)概算指标的应用

概算指标的应用比概算定额的应用灵活性强，由于它是一种综合性很强的指标，不可能与拟建工程的建筑特征、结构特征、自然条件和施工条件完全一致，因此，在选用概算指标时要十分慎重，选用的指标与设计对象在各个方面应尽量一致或接近，不一致的地方要进行换算，以提高准确性。

概算指标的应用一般有两种情况：一种是如果设计对象的结构特征与概算指标一致，可以直接套用；另一种是如果设计对象的结构特征与概算指标的规定局部不同，要对指标的局部内容进行调整后再套用。

(1)每 100 m^2 造价调整。调整的思路同定额换算一样，即从原每 100 m^2 概算造价中，减去每 100 m^2 建筑面积需换出结构构件的价值，加上每 100 m^2 建筑面积需换入结构构件的价值，即得每100 m^2 修正概算造价调整指标，再将每100 m^2 造价调整指标乘以设计对象的建筑面积，即得出拟建工程的概算造价。

(2)每100 m^2 工料数量的调整。调整的思路是从所选定指标的工料消耗量中，换出与拟建工程不同的结构构件的工料消耗量，换入所需结构构件的工料消耗量。

关于换入换出的工料数量，是根据换入换出结构构件的工程量乘以相应的概算定额中工料消耗指标得到的。根据调整后的工料消耗量和地区材料预算价格、人工工资标准、机械台班预算单价，计算每100 m^2 的概算基价，然后根据有关取费规定，计算每100 m^2 的概算造价。

概算定额与概算指标的主要区别

这种方法主要适用于不同地区的同类工程编制概算。用概算指标编制工程概算，工程量的计算工作很小，也节省了大量的定额套用和工料分析工作，因此，比用概算定额编制工程概算的速度要快，但是准确性会差一些。

四、投资估算指标编制

(一)投资估算指标的概念及其作用

投资估算指标用于编制投资估算，往往以独立的单项工程或完整的工程项目为计算对象，其主要作用是为项目决策和投资控制提供依据。投资估算指标比其他各种计价定额具有更大的综合性和概括性。依据投资估算指标的综合程度可分为建设项目指标、单项工程指标和单位工程指标。

建设项目投资估算指标有两种：一是工程总投资或总造价指标；二是以生产能力或其他计量单位为计算单位的综合投资指标。单项工程投资估算指标一般以生产能力等为计算单位，其包括建筑安装工程费、设备及工器具购置费以及应计入单项工程投资的其他费用。单位工程投资估算指标一般以“m^2”“m^3”“座”等为单位。

估算指标应列出工程内容、结构特征等资料，以便应用时依据实际情况进行必要的调整。投资估算指标的作用如下：

(1)投资估算指标在编制项目建议书和可行性研究报告阶段时是正确编制投资估算，合理确定项目投资额，进行正确的项目投资决策的重要基础。

(2)投资估算指标是投资决策阶段计算建设项目主要材料需用量的基础。

(3)投资估算指标是编制固定资产长远规划投资额的参考依据。

(4)投资估算指标在项目实施阶段是限额设计和控制工程造价的依据。

(二)投资估算指标的编制原则

(1)**项目确定的原则。**投资估算指标的确定，应当考虑若干年以后编制项目建议书和可行性研究投资估算的需要。

(2)**坚持能分能合、有粗有细、细算粗编的原则。**投资估算指标既是国家进行项目投资控制与指导的一项重要经济指标，也是编制投资估算的重要依据。因此，要求它能合能分、有粗有细、细算粗编，既要能反映一个建设项目全部投资及其构成，又要有组成建设项目投资的各个单项工程投资及具体分解指标，以使指标具有较强的实用性，扩大投资估算的覆盖面。

(3)**投资估算指标的编制内容要具有更大的综合性、概括性和全面性。**投资估算指标的编制不仅要反映不同行业、不同项目和不同工程的特点，而且还要反映在项目建设和投产期间的静态、动态投资额，因此，比一般定额要有更大的综合性、概括性和全面性。

(4)**坚持技术上先进可行、经济上合理的原则。**投资估算的编制内容，典型工程的选取，必须符合国家的产业发展方向和技术经济政策。对建设项目的建设标准、工艺标准、建筑标准、占地标准、劳动定员标准等的确定，尽可能做到立足国情、立足发展、立足工程实际，坚持技术上的先进可行和经济上的低耗、合理，力争以较少的投入取得最大的效益。

(5)**坚持与项目建议书和可行性研究报告的编制深度相适应的原则。**投资估算指标的分类、项目划分、项目内容、表现形式等要结合各专业实际，并且要与项目建议书和可行性研究报告的编制深度相适应。

(三)投资估算指标的内容

投资估算指标是确定和控制建设项目全过程各项投资支出的技术经济指标，其范围涉及建设前期、建设实施期和竣工验收交付使用期等各个阶段的费用支出，内容因行业不同而各异，一般可分为建设项目综合指标、单项工程指标和单位工程指标三个层次。

(1)**建设项目综合指标。**建设项目综合指标是指按规定应列入建设项目总投资地从立项筹建开始至竣工验收交付使用的全部投资额。其主要包括单项工程投资、工程建设其他费用和预备费等。

建设项目综合指标一般以项目的综合生产能力单位投资表示，如“元/t”“元/kW”，或以使用功能表示，如(医院床位)元/床。

(2)**单项工程指标。**单项工程指标是指按规定应列入能独立发挥生产能力或使用效益的单项工程内的全部投资额，其包括建筑工程费、安装工程费、设备与生产工具购置费和其他费用。其组成如图 2-2 所示。

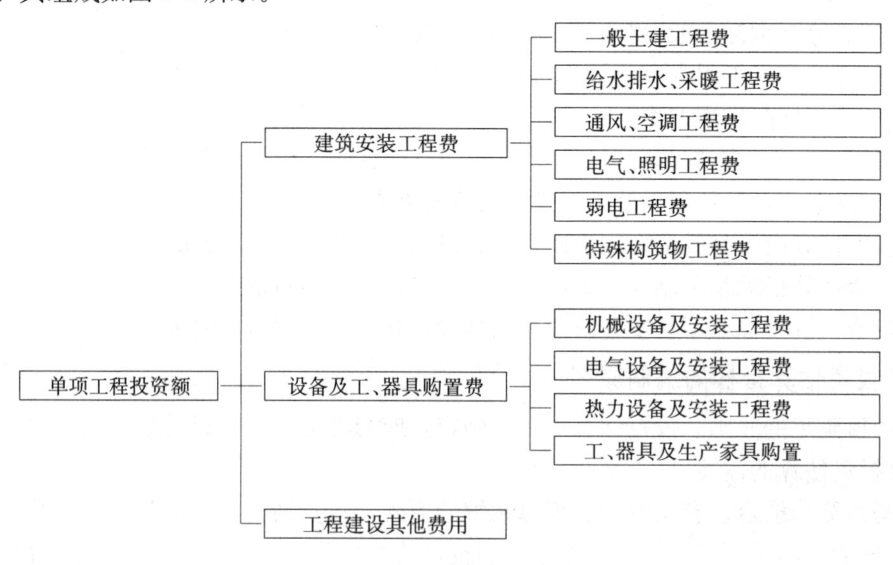

图 2-2　单项工程投资估算指标

(3)**单位工程指标。**单位工程指标按规定应列入能独立设计、施工的工程项目的费用，即建筑安装工程费用。

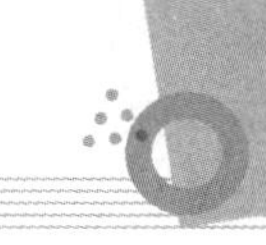

单位工程指标一般以如下方式表示：房屋区别于不同结构形式以“元/m^2”表示；道路区别于不同结构层、面层以“元/m^2”表示；水塔区别于不同结构层，容积以“元/座”表示；管道区别于不同材质、管径以“元/m”表示。

(四)投资估算指标的编制步骤

投资估算的编制是一项系统工程，它渗透的方面相当多，如产品规模、方案、工艺流程、设备选型、工程设计和技术经济等。因此，编制一开始就必须成立由专业人员和专家及相关领导参加的编制小组，制订一个包括编制原则、编制内容、指标的层次项目划分、表现形式、计量单位、计算、平衡和审查程序等内容的编制方案，具体指导编制工作。

投资估算指标编制工作一般可分为以下三个阶段进行：

(1)**收集整理资料阶段。**收集整理已建成或正在建设的，符合现行技术政策和技术发展方向的、有可能重复采用的、有代表性的工程设计施工图和设计标准以及相应的竣工决算或施工图预算资料等。这些资料是编制工作的基础，资料收集得越广泛，反映的问题也就越多，编制工作考虑得越全面，就越有利于提高投资估算指标的实用性和覆盖面。同时，对调查收集到的资料要选择占投资比重大、相互关联多的项目进行认真的分析整理，由于已建成或正在建设的工程的设计意图、建设时间和地点、资料的基础等不同，相互之间的差异很大，需要去粗取精、去伪存真地加以整理，才能重复利用。将整理后的数据资料按项目划分栏目加以归类，按照编制年度的现行定额、费用标准和价格，调整成编制年度的造价水平及相互比例。

(2)**平衡调整阶段。**由于调查收集的资料来源不同，虽然经过一定的分析整理，但难免会由于设计方案、建设条件和建设时间上的差异带来的某些影响，使数据失准或漏项等，必须对有关资料进行综合平衡调整。

(3)**测算审查阶段。**测算是将新编的指标和选定工程的概预算，在同一价格条件下进行比较，检验其“量差”的偏离程度是否在允许偏差的范围之内，如偏差过大，则要查找原因，并进行修正，以保证指标的确切、实用。测算同时也是对指标编制质量进行的一次系统检查，应由专人进行，以保持测算口径的统一，在此基础上组织有关专业人员予以全面审查定稿。

第六节　工程造价信息

一、工程造价信息及其主要内容

工程造价信息是一切有关工程造价的特征、状态及其变动的消息的组合。工程造价信息主要包括价格信息、工程造价指数和已完工程信息等。

1. 价格信息

价格信息包括材料、人工工资、施工机械等的最新市场价格。这些信息是比较初级的，一般没有经过系统的加工处理，也可以称其为数据。

(1)**材料价格信息。**在材料价格信息的发布中，应披露材料类别、规格、单价、供货地区、供货单位以及发布日期等信息。

(2)**人工价格信息。**根据《关于开展建筑工程实物工程量与建筑工种人工成本信息测算和发布工作的通知》(建办标函〔2006〕765号)中的规定，开展人工成本信息发布工作是引导建筑劳务合同双方合理确定建筑工人(农民工)工资水平的基础，是建筑业企业合理支付工人劳动报酬的依据，也是工程招标投标中评定成本的依据。

(3)**施工机械价格信息。**施工机械价格信息包括设备市场价格信息和设备租赁市场价格信息两部分。相对而言，后者对于工程计价更为重要，发布的机械价格信息应包括机械种类、规格型号、供货厂商名称、租赁单价和发布日期等内容。

2. 工程造价指数

(1)工程造价指数的概念与作用。工程造价指数(造价指数信息)是反映一定时期价格变化对工程造价影响程度的一种指数，它是调整生产要素价差的依据。它包括各种单项价格指数、设备及工器具价格指数、建筑安装工程造价指数、建设项目或单项工程造价指数。

根据已建工程竣工结算或竣工决算的造价资料和工程造价指数，可以编制拟建工程的投资估算、工程概算和工程预算，也可编制招标控制价、投标报价和调整工程造价价差，合理进行工程价款动态控制和动态结算等。工程造价指数反映了报告期与基期相比的价格变动程度和趋势，在工程造价管理中，工程造价指数具有以下作用：

1)分析价格变动趋势及原因。

2)估计工程造价变化对宏观经济的影响。

3)合理进行工程估价、编制招标控制价、投标报价和调整价差，合理进行工程价款动态控制与结算。

(2)工程造价指数的分类。工程造价指数有不同的分类方式。

1)按工程范围、类别和用途分类。

①单项价格指数是分别反映各类工程的人工、材料、施工机械及主要设备报告期与基期价格变化程度的指标。可利用其研究主要单项价格变化情况及趋势，如人工费价格指数、主要材料价格指数、施工机械价格指数等。

②综合价格指数是综合反映分部分项工程、单位工程、单项工程和建设项目的人工费、材料费、施工机械费和设备费等报告期对基期价格变化而影响工程造价的程度的指标，是研究造价总水平变动趋势和程度的主要依据，如分部分项工程直接费造价指数、措施费造价指数、间接费造价指数、单位建筑安装工程造价指数、单项工程造价指数和建设项目综合造价指数等。

2)按造价资料期限长短分类。

①时点造价指数是指不同时点价格对基期价格计算的相对数。

②月指数是指不同月份价格对基期价格计算的相对数。

③季指数是指不同季度价格对基期价格计算的相对数。

④年指数是指不同年度价格对基期价格计算的相对数。

3)按不同基期分类。

①定基指数是指各时期价格与某固定时期的价格对比计算后编制的指数。

②环比指数是指各时期价格都以其前一时期价格为基础计算的造价指数。例如，与上月对比计算的指数，为环比指数。

3. 已完工程信息

已完或在建工程的各种造价信息，可以为拟建工程或在建工程造价提供依据。这种信息也可称为是工程造价资料。

二、工程造价资料的积累、分析和运用

1. 工程造价资料及其分类

工程造价资料是指已竣工和在建的有使用价值的，并具有代表性的工程设计概算、施工图预算、招标投标价格、工程竣工结算、竣工决算、单位工程施工成本以及新材料、新结构、新设备和新施工工艺等建筑安装工程分部分项的单价分析等资料，特别是已建成工程的竣工结算、竣工决算资料。累积、分析的运用，对计算类似工程造价和编制有关定额等具有重要的作用。

工程造价信息的特点

工程造价资料可以分为以下几类：

(1)工程造价资料按照其不同工程类型(厂房、铁路、住宅、公建和市政工程等)进行划分，并分别列出其包含的单项工程和单位工程。

(2)工程造价资料按照其不同阶段，一般可分为项目可行性研究投资估算、初步设计概算、施工图预算、招标控制价、投标报价、竣工结算和竣工决算等。

(3)工程造价资料按照其组成特点，一般可分为建设项目、单项工程和单位工程造价资料，同时也包括有关新材料、新工艺、新设备和新技术的分部分项工程造价资料。

2. 工程造价资料积累的内容

工程造价资料积累的内容应包括主要工程量、人工工日量、材料量、机械台班量和价格，还包括对工程造价有重要影响的技术经济条件，如工程的概况和建设条件等。

(1)建设项目和单项工程造价资料。

1)对造价有主要影响的技术经济条件，如项目建设标准、建设工期和建设地点等。

2)主要的工程量、主要的材料量和主要设备的名称、型号、规格和数量等。

3)投资估算、概算、预算、竣工决算及造价指数等。

(2)单位工程造价资料。单位工程造价资料包括工程的内容、建筑结构特征、主要工程量、主要材料的用量和单价、人工工日用量和人工费、机械台班用量和机械费，以及相应的造价等。

(3)其他。其他主要包括有关新材料、新工艺、新设备、新技术分部分项工程的人工工日、主要材料用量和机械台班用量。

3. 工程造价资料的管理

(1)建立造价资料积累制度。1991 年 11 月，原建设部印发了关于《建立工程造价资料积累制度的几点意见》的文件，标志着我国的工程造价资料积累制度的正式建立，工程造价资料积累工作正式开展。建立工程造价资料积累制度是工程造价计价依据极其重要的基础性工作。全面系统地积累和利用工程造价资料，建立稳定的造价资料积累制度，对于我国加强工程造价管理，合理确定和有效控制工程造价具有十分重要的意义。

工程造价资料积累的工作量非常大，牵涉面也非常广，应当依靠各级政府有关部门和行业组织进行组织管理。

(2)资料数据库的建立和网络化管理。大力推广使用计算机建立工程造价资料数据库，开发通用的工程造价资料管理程序，有效地提高了工程造价资料的适用性和可靠性。要建立造价资料数据库，首要的问题是工程的分类与编码。由于不同的工程在技术参数和工程造价组成方面有较大的差异，必须将同类型工程合并在一个数据库文件中，而将另一类型工程合并到另一数据库文件中。为了便于进行数据的统一管理和信息交流，必须设计出一套科学、系统的编码体系。

有了统一的工程分类与相应的编码之后，就可进行数据的搜集、整理和输入工作，从而得到不同层次的造价资料数据库。工程造价资料数据库的建立必须严格遵守统一的标准和规范。

(3)工程造价资料信息化建设。工程造价资料信息化是以工程造价资料为基础，以计算机技术、通信技术等现代信息技术在工程造价活动中的应用为主要内容，以工程造价信息专门技术的研发和专门人才培养为支撑，实现工程造价活动由传统信息的获取、加工、处理和纸上信息等方式向现代电子、网络方式转变，实现工程造价信息资源深度开发和利用的过程。

4. 工程造价资料的运用

(1)**作为编制固定资产投资计划的参考，用以进行建设成本分析。**由于基建支出不是一次性投入，一般是分年逐次投入，因此，可以采用下面的公式把各年发生的建设成本折合为现值：

$$z=\sum_{k=1}^{n}T_k(1+i)^{-k} \tag{2-65}$$

式中 z——建设成本现值；

T_k——建设期间第 k 年投入的建设成本；

k——实际建设工期年限；

i——折现率。

在这个基础上，还可以用下式计算出建设成本节约额和建设成本降低率(当二者为负数时，表明的是成本超支的情况)：

$$建设成本节约额=批准概算现值-建设成本现值$$

$$建设成本降低率=\frac{建设成本节约额}{批准概算}\times100\% \tag{2-66}$$

还可以按建设成本构成将实际数与概算数加以对比。对建筑安装工程投资，要分别从实物工程量和价格两个方面对实际数与概算数进行对比。对设备、工器具投资，则要从设备规格数量、设备实际价格等方面与概算进行对比。将各种比较的结果综合在一起，可以比较全面地描述项目投入实施的情况。

(2)**进行单位生产能力投资分析。**单位生产能力投资的计算公式为

$$单位生产能力投资=\frac{全部投资完成额(现值)}{全部新增生产能力(使用能力)} \tag{2-67}$$

在其他条件相同的情况下，单位生产能力投资越小则投资效益越好。计算的结果可与类似的工程进行比较，从而评价该建设工程的效益。

(3)**作为编制投资估算的重要依据。**有了工程造价资料数据库，设计人员可以从中挑选

出所需要的典型工程，运用计算机进行适当的分解与换算，加上设计人员的经验和判断，最后得出较为可靠的工程投资估算额。

(4)**作为编制初步设计概算和审查施工图预算的重要依据。**可以从造价资料中选取类似资料，将其造价与施工图预算进行比较，从中发现施工图预算是否存在偏差和遗漏。由于设计变更、材料调价等因素所带来的造价变化，在施工图预算阶段往往无法事先估计到，此时参考以往类似工程的数据，有助于预见到这些因素发生的可能性。

(5)**作为确定招标控制价和投标报价的参考资料。**工程造价资料可以向甲、乙双方指明类似工程的实际造价及其变化规律，使得甲、乙双方都可以对未来将发生的造价进行预测和准备，从而避免招标控制价和报价的盲目性。尤其是在工程量清单计价方式下，投标人自主报价，没有统一的参考标准，除根据有关政府机构颁布的人工、材料、机械价格指数外，更大程度上依赖于企业已完工程的历史经验。

(6)**作为编制各类定额的基础资料。**通过分析不同分部分项工程造价，造价管理部门就可以发现原有定额是否符合实际情况，从而提出修改方案。

三、工程造价指数的编制

(一)指数的概念

指数是用来统计研究社会经济现象数量变化幅度和趋势的一种特有的分析方法和手段。指数有广义和狭义之分，广义的指数是指反映社会经济现象变动与差异程度的相对数，如产值指数、产量指数、出口额指数等；而从狭义上说，统计指数是用来综合反映社会经济现象复杂总体数量变动状况的相对数。所谓复杂总体，是指数量上不能直接加总的总体。例如，不同的产品和商品，有不同的使用价值和计量单位，不同商品的价格也以不同的使用价值和计量单位为基础，都是不同度量的事物，是不能直接相加的。但通过狭义的统计指数就可以反映出不同度量的事物所构成的特殊总体变动或差异程度。如物价总指数、成本总指数等。

(二)各种单项价格指数的编制

1. 各种单项价格指标的编制

(1)**人工费、材料费、施工机具使用费等价格指数的编制。**这种价格指数的编制可以直接用报告期价格与基期价格相比后得到。其计算公式如下：

$$人工费(材料费、施工机具使用费)价格指数=\frac{P_1}{P_0} \tag{2-68}$$

式中　P_0——基期人工日工资单价(材料价格、施工机具台班单价)；

P_1——报告期人工日工资单价(材料价格、施工机具台班单价)。

(2)**企业管理费及工程建设其他费等费率指数的编制。**其计算公式如下：

$$企业管理费(工程建设其他费)费率指数=\frac{P_1}{P_0} \tag{2-69}$$

式中　P_0——基期企业管理费(工程建设其他费)费率；

P_1——报告期企业管理费(工程建设其他费)费率。

2. 设备、工器具价格指数的编制

综上所述，设备、工器具价格指数是用综合指数形式表示的总指数。运用综合指数计算总指数时，一般要涉及两个因素，一个是指数所要研究的对象，叫作指数化因素；另一个是将不能同度量现象过渡为可以同度量现象的因素，叫作同度量因素。当指数化因素是数量指标时，这时计算的指数称为数量指标指数；当指数化因素是质量指标时，这时的指数称为质量指标指数。很明显，在设备、工器具价格指数中，指数化因素是设备、工器具的采购价格，同度量因素是设备工器具的采购数量。因此，设备、工器具价格指数是一种质量指标指数。

(1)同度量因素的选择。既然已经明确了设备、工器具价格指数是一种质量指标指数，那么同度量因素应该是数量指标，即设备、工器具的采购数量。那么就会面临一个新的问题，就是应该选择基期计划采购数量为同度量因素，还是选择报告期实际采购数量为同度量因素。因同度量因素选择的不同，可分为拉斯贝尔体系和派许体系。拉斯贝尔体系主张采用基期指标作为同度量因素，而派许体系主张采用报告期指标作为同度量因素。根据统计学的一般原理，确定同度量因素的一般原则是质量指标指数应当以报告期的数量指标作为同度量因素，即使用派氏公式，派氏质量指标指数 K_p 的计算公式为

$$K_p = \frac{\sum q_1 p_1}{\sum q_1 p_0} \tag{2-70}$$

而数量指标指数则应以基期的质量指标作为同度量因素，即使用拉氏公式，拉氏数量指标指数 K_q，其计算公式为

$$K_q = \frac{\sum q_1 p_0}{\sum q_0 p_0} \tag{2-71}$$

(2)设备、工器具价格指数的编制。考虑到设备、工器具的采购品种很多，为简化起见，计算价格指数时可选择其中用量大、价格高、变动多的主要设备、工器具的购置数量和单价进行计算，按照派氏公式进行计算如下：

$$\text{设备、工器具价格指数} = \frac{\sum(\text{报告期设备、工器具单价} \times \text{报告期购置数量})}{\sum(\text{基期设备、工器具单价} \times \text{报告期购置数量})} \tag{2-72}$$

3. 建筑安装工程价格指数

与设备、工器具价格指数类似，建筑安装工程价格指数也属于质量指标指数，所以也应用派氏公式计算。但考虑到建筑安装工程价格指数的特点，所以，用综合指数的变形即平均数指数的形式表示。

(1)平均数指数。从理论上说，综合指数是计算总指数比较理想的形式，因为它不仅可以反映事物变动的方向与程度，还可以用分子与分母的差额直接反映事物变动的实际经济效果。然而，在利用派氏公式计算质量指标指数时，需要掌握 $\sum p_0 q_1$（基期价格乘以报告期数量之积的和），这是比较困难的。而相对来说，基期和报告期的费用总值（$\sum p_0 q_0$，$\sum p_1 q_1$）却是比较容易获得的资料。因此，可以在不违反综合指数的一般原则的前提下，改变公式的形式而不改变公式的实质，利用容易掌握的资料来推算不容易掌握的资料，从而计算指数，在这种背景下所计算的指数即为平均数指数。利用派氏综合指数进行变形后计算得出的平均数指数称为加权调和平均数指数。其计算过程如下：

设 $K = p_1/p_0$ 表示个体价格指数，则派式综合指数

$$派式价格指数=\frac{\sum q_1 p_1}{\sum q_1 p_0}=\frac{\sum q_1 p_1}{\sum \frac{1}{K} q_1 p_1} \tag{2-73}$$

其中，$\frac{\sum q_1 p_1}{\sum \frac{1}{K} q_1 p_1}$ 即为派式综合指数变形后的加权调和平均数指数。

(2)建筑安装工程造价指数的编制。根据加权调和平均数指数的推导公式，得到建筑安装工程造价指数的编制如下(由于利润率、税率和规费费率通常不会变化，可以认为其单项价格指数为1)：

$$建筑安装工程造价指数=报告期建筑安装工程费/\left(\frac{报告期人工费}{人工费指标}+\frac{报告期材料费}{材料费指标}+\frac{报告期施工机具使用费}{施工机具使用费指数}+\frac{报告期企业管理费}{企业管理费指标}+利润+规费+税金\right) \tag{2-74}$$

4. 建设项目或单项工程造价指数的编制

建设项目或单项工程造价指数是由建筑安装工程造价指数及设备、工器具价格指数和工程建设其他费用指数综合而成的。与建筑安装工程造价指数相类似，其计算也应采用加权调和平均数指数的推导公式，具体的计算过程如下：

$$建设项目或单项工程指数=报告期建设项目或单项工程造价/\left(\frac{报告期建筑安装工费}{建筑安装工程造价指标}+\frac{报告期设备、工器具费}{设备、工器具价格指标}+\frac{报告期工程建设其他费用}{工程建设其他费用指标}\right) \tag{2-75}$$

本章小结

建设工程造价控制在不同阶段的表现形式分别为投资估算、设计概算、施工图预算、投标报价和竣工决算价等。采用何种建设工程造价的计算方法和表现形式，主要取决于对建设工程的了解程度与建设工作的深度。因此，本章重点阐述的是建设工程计价方法及计价依据，即进行建设工程投资确定所必需的基础数据和资料，主要包括工程计价的方法、工程计价标准和依据(计价活动的相关规章规程、工程量清单计价和计量规范、工程定额、工程造价信息)等。

思考与练习

一、填空题

1. 分部分项工程项目清单必须载明的项目有__________、__________、__________、__________和__________。

2. __________是招标人在工程量清单中暂定并包括在合同价款中的一笔款项。

3. __________是指从招标阶段直至签订合同协议，招标人在招标文件中提供的用于支付必然要发生但暂时不能确定价格的材料以及专业工程的金额。

4. __________是为解决现场发生的零星工作的计价而设立的，其为额外工作和变更的计价提供了一个方便快捷的途径。

5. __________和__________是人工定额的两种表现形式。

6. 机械定额按其表达形式有__________和__________两种。

7. 材料价格一般由__________、__________、__________、__________组成。

8. __________是指机械报废时回收其残余价值占施工机械预算价格的百分数。

二、多项选择题

1. 影响材料单价变动的因素有(　　)。

A. 市场环境变化

B. 材料生产成本的变动直接影响材料单价的波动

C. 流通环节的多少和材料供应体制也会影响材料单价

D. 运输距离和运输方法的改变会影响材料运输费用的增减，从而也会影响材料单价

E. 国际市场行情会对进口材料单价产生影响

2. 工程量清单计价模式所采用的综合单价有(　　)。

A. 管理费　　B. 利润　　C. 措施费　　D. 风险费

E. 间接费

3. 为了便于措施项目费的确定和调整，通常采用分部分项工程量清单方式编制的措施项目有(　　)。

A. 脚手架工程　　B. 垂直运输工程

C. 二次搬运工程　　D. 已完工程及设备保护

E. 施工排水降水

4. 编制建筑安装工程造价指数所需的数据有(　　)。

A. 报告期人工费　　B. 基期材料费

C. 报告期利润指数　　D. 基期施工机械使用费

E. 报告期企业管理费

5. 建设项目或单项工程造价指数的计算公式中包含有(　　)。

A. 各类单项价格指标　　B. 设备、工器具价格指数

C. 建筑安装工程造价指数　　D. 工程建设其他费用指数

E. 各类单位工程价格指数

三、简答题

1. 建筑工程计价有哪几种计价方法？具体如何计价？

2. 建设工程计价的标准和依据有哪些？

3. 工程量清单计价的适用范围是怎样规定的？

4. 确定材料定额消耗量的基本方法有哪些？

5. 简述材料价格的确定方法。

6. 简述预算定额的概念和作用。

7. 编制预算定额一般可分为哪三个阶段进行？

8. 概算定额与预算定额的区别有哪些？

第三章　建设项目决策阶段造价控制与管理

知识目标

1. 了解项目决策的概念和标准，熟悉项目决策与工程造价的关系、项目决策阶段影响工程造价的主要因素。

2. 了解可行性研究的概念，熟悉可行性研究的阶段划分，基本工作的步骤、划分，掌握可行性研究报告的内容和编制方法。

3. 了解投资估算的含义及作用、内容；熟悉投标估算的阶段划分和精度要求；掌握投资估算的编制方法。

4. 了解财务评价的概念及作用、基本原则；熟悉财务评价的程序、财务评价指标体系。

能力目标

1. 能清楚地划分可行性研究的阶段，并能独立编制可行性研究报告。

2. 能结合我国实际情况和现行的有关规定设计，对建设项目财务进行评价。

3. 能独立编制投资估算。

第一节　建设项目决策概述

一、项目决策的概念和标准

1. 决策的概念

决策是为了更有效地进行资源(物资资源、人力资源和货币资源等)配置和利用，能在可供选择的方案中做出有利的抉择。决策必须在多方案基础上进行，仅一个方案供选择，也就无所谓决策。同时，决策不是一个瞬间的动作，而是一个过程。一个合理的决策过程包含的基本步骤如图 3-1 所示。

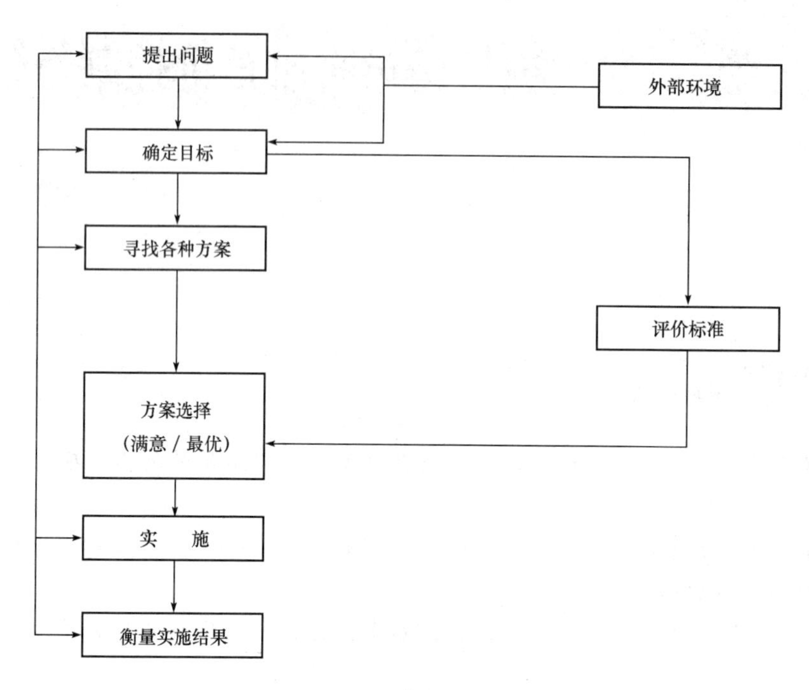

图 3-1 决策步骤示意

2. 决策的标准

决策标准是令人满意的标准，而不是最优标准。

(1)令人满意的标准。令人满意的标准有一个上限和下限，只要选择和确定了上限和下限，那么在上限和下限范围内，就都是可以被接受的。

(2)令人满意的近似解。令人满意的近似解是指要设法找到一个令人满意且符合要求的解，而不一定是最优解。近似解是现实世界中的令人满意的解。在现实世界中，只有少数的情况是比较简单的，涉及的变量是比较少的，只有在这种场合，才能用微积分的方法求极大值和极小值。而在大多数情况下，现实世界中所适用的不是这种最优解而是近似解。

二、项目决策与工程造价的关系

1. 项目决策的正确性是工程造价合理性的前提

项目决策正确，意味着对项目建设做出科学的决断，以及在建设的前提下，选出最佳投资行动方案，从而达到资源的合理配置。这样才能合理地估计和计算工程造价，并且在实施最优投资方案的过程中，能有效地控制工程造价。项目决策的失误，主要体现在对不该建设的项目进行投资建设，或者项目建设地点的选择错误，或者投资方案的确定不合理等。诸如此类的决策失误，会直接带来不必要的资金投入和人力、物力及财力的浪费，甚至造成不可弥补的损失。在这种情况下，合理地进行工程造价的确定与控制已经毫无意义了。因此，要达到工程造价的合理性，就要保证项目决策的正确性，来避免决策失误。

2. 项目决策的内容是决定工程造价的基础

工程造价的确定与控制贯穿于项目建设全过程，但决策阶段各项技术经济决策，对该项目的工程造价有重大影响，特别是建设标准水平的确定、建设地点的选择、工艺的评选和设备选用等，将直接关系到工程造价的高低。据有关资料统计，在项目建设各个阶段中，投资决策阶段影响工程造价的程度最高，即达到80%～90%。因此，决策阶段项目决策的内容是决定工程造价的基础，直接影响着决策阶段之后的各个建设阶段工程造价的确定与控制是否科学、合理的问题。

3. 项目决策的深度影响投资估算的精确度，也影响工程造价的控制效果

投资决策过程，是一个由浅入深、不断深化的过程，依次分为若干工作阶段，不同阶段决策的深度不同，投资估算的精确度也不同。如投资机会及项目建议书阶段，是初步决策的阶段，投资估算的误差率应在±30%以内；而详细可行性研究阶段，是最终决策阶段，投资估算误差率应在±10%以内。另外，由于在项目建设各阶段中，即决策阶段、初步设计阶段、技术设计阶段、施工图设计阶段、工程招标投标及承发包阶段、施工阶段以及竣工验收阶段，通过工程造价的确定与控制，相应形成投资估算、设计概算、修正概算、施工图预算、承包合同价、结算价及竣工决算。这些造价形式之间存在着前者控制后者、后者补充前者的相互作用关系。按照“前者控制后者”的制约关系，意味着投资估算对其后面的各种形式造价起着制约作用，是限额目标。由此可见，只有加强项目决策的深度，采用科学的估算方法和可靠的数据资料，合理地计算投资估算，保证将投资估算打足，才能保证其他阶段的造价被控制在合理范围，避免“三超”现象的发生，最终实现投资控制目标。

4. 造价高低、投资多少也影响项目决策

决策阶段的投资估算是进行投资方案选择的重要依据之一，同时，也是决定项目是否可行及主管部门进行项目审批的参考依据。

三、项目决策阶段影响工程造价的主要因素

1. 项目合理规模的确定

项目合理规模的确定，就是要合理选择拟建项目的生产规模，解决“生产多少”的问题。每一个建设项目都存在着一个合理规模的选择问题。生产规模过小，使资源得不到有效配置，单位产品成本较高，经济效益低下；生产规模过大，超过了项目产品市场的需求量，则会导致开工不足、产品积压或降价销售，致使项目经济效益也会低下。因此，项目规模的合理选择关系着项目的成败，决定了工程造价合理与否。在确定项目规模时，不仅要考虑项目内部各因素之间的数量匹配、能力协调，还要使所有生产力因素共同形成的经济实体(项目)在规模上大小适应。这样可以合理确定和有效控制工程造价，提高项目的经济效益。但同时也需要注意，规模扩大所产生的效益不是无限的，它受到技术进步、管理水平、项目经济技术环境等多种因素的制约。当超过一定限度，规模效益将不再出现，甚至可能出现单位成本递增和收益递减的现象。项目规模合理化的制约因素有：

(1)**市场因素。**市场因素是项目规模确定中需考虑的首要因素。其中，项目产品的市场需求状况是确定项目生产规模的前提。一般情况下，项目的生产规模应以市场预测的需求量为限，并根据项目产品市场的长期发展趋势做相应调整。除此之外，还要考虑原材料市

场、资金市场和劳动力市场等，它们也对项目规模的选择起着不同程度的制约作用。如项目规模过大可能导致材料供应紧张和价格上涨，项目所需投资资金的筹集困难和资金成本上升等。

(2)**技术因素。**先进的生产技术及技术装备是项目规模效益赖以生存的基础，而相应的管理技术水平则是实现规模效益的保证。若与经济规模生产相适应的先进技术及其装备的来源没有保障，或获取技术的成本过高，或管理水平跟不上，则不仅预期的规模效益难以实现，还会给项目的生存和发展带来危机，导致项目投资效益低下，工程支出浪费严重。

(3)**环境因素。**项目的建设、生产和经营离不开一定的社会经济环境，项目规模的确定需考虑的主要因素有政策因素、燃料动力供应、协作及土地条件、运输及通信条件。其中，政策因素包括产业政策、投资政策、技术经济政策，以及国家、地区与行业经济发展规划等。特别是为了取得较好的规模效益，国家对部分行业的新建项目规模的下限做了规定，选择项目规模时，应予以遵照执行。

2. 建设标准水平的确定

建设标准是指包括建设规模、占地面积、工艺装备、建筑标准、配套工程、劳动定员等方面的标准或指标。建设标准是编制、评估、审批建设项目可行性研究、设计任务书和初步设计的重要依据，是有关部门监督检查的客观尺度。建设标准水平的高低，应发扬我国艰苦奋斗、勤俭节约的精神，贯彻执行国家的经济方针和技术经济政策，从我国的经济建设方针水平出发，区别不同地区、不同规模、不同等级、不同功能来合理地确定。标准水平过高，会脱离国情和财力、物力的承受能力，增加造价，甚至浪费投资；标准水平过低，会妨碍技术进步，影响国民经济发展和人民生活水平的改善。根据我国目前的情况，大多建设项目以采用中等适用标准为宜。对于少数引进国外先进技术和设备的项目、少数有特殊要求的项目以及高新技术项目，标准可适当高些。建筑标准目前应坚持适用、经济、安全和朴实的原则。建设规模大小应按照规模经济效益的原则来确立，使资源和生产力得到合理的配置，确保资源的综合利用，充分发挥规模效益，促进经济由粗放型向集约型转变。真正克服过去那种各自为政、规模过小、同类产品生产的企业过多，重复建设，不顾经济规模和规模效益，浪费资源和人力、财力的现象。

3. 建设地区及建设地点(厂址)的选择

一般情况下，确定某个建设项目的具体地址(或厂址)，需要经过建设地区选择和建设地点选择(厂址选择)这样两个不同层次的、相互联系又相互区别的工作阶段。这两个阶段是一种递进关系。其中，建设地区选择是指在几个不同地区之间对拟建项目适宜配置在哪个区域范围的选择；建设地点选择是指对项目具体坐落位置的选择。

(1)**建设地区的选择。**建设地区选择得合理与否，在很大程度上决定着拟建项目的命运，影响着工程造价的高低、建设工期的长短和建设质量的好坏，还影响到项目建成后的经营状况。因此，建设地区的选择要充分考虑各种因素的制约，要具体考虑的有以下因素：

1)要符合国民经济发展战略规划、国家工业布局总体规划和地区经济发展规划的要求。

2)要根据项目的特点和需要，充分考虑原材料条件、能源条件、水源条件、各地区对项目产品需求及运输条件等。

3)要综合考虑气象、地质和水文等建厂的自然条件。

4)要充分考虑劳动力来源、生活环境、协作、施工力量和风俗文化等社会环境因素的影响。因此，在综合考虑上述因素的基础上，建设地区的选择要遵循以下两个基本原则：

①靠近原料、燃料提供地和产品消费地的原则。满足这一要求，在项目建成投产后，可以避免原料、燃料和产品的长期远途运输，减少费用，降低产品的生产成本，并缩短流通时间，加快流动资金的周转速度。但这一原则并不是意味着项目安排在距原料、燃料提供地和产品消费地的等距离范围内，而是根据项目的技术经济特点和要求，具体对待。例如，对农产品、矿产品的初步加工项目，由于消耗大量原料，应尽可能靠近原料产地；对于能耗高的项目，如铝厂、电石厂等，宜靠近电厂，它们所取得廉价电能和减少电能运输损失所获得的利益，通常大大超过原料、半成品调运中的劳动耗费；而对于技术密集型的建设项目，由于大、中城市工业和科学技术力量雄厚，协作配套条件完备、信息灵通，所以，其选址宜在大、中城市。

②工业项目适当聚集的原则。在工业布局中，通常是一系列相关的项目聚成适当规模的工业基地和城镇，从而有利于发挥“集聚效益”。

集聚效益形成的客观基础是：第一，现代化生产是一个复杂的分工合作体系，只有相关企业集中配置，才能对各种资源和生产要素进行充分利用，便于形成综合生产能力，尤其对那些具有密切投入产出链环关系的项目，集聚效益尤为明显；第二，现代产业需要有相应的生产性和社会性基础设施相配合，其能力和利用效率才能充分发挥，企业布点适当集中，才有可能统一建设比较齐全的基础设施，避免重复建设，节约投资，提高这些设施的效益；第三，企业布点适当集中，才能为不同类型的劳动者提供多种就业机会。

但是，工业布局的聚集程度，并非越高越好。当工业聚集超越客观条件时，也会带来许多弊端，促使项目投资增加，经济效益下降。这主要是因为三种情况：第一，各种原料、燃料需要量增加，原料、燃料和产品的运输距离延长，流通过程中的劳动耗费增加；第二，城市人口相应集中，形成对各种农副产品的大量需求，势必增加城市农副产品供应的费用；第三，生产和生活用水量大增，在本地水源不足时，需要开辟新水源，进行远距离引水，耗资巨大；第四，大量的生产和生活排泄物集中排放，势必造成环境污染、破坏生态平衡，利用自然界自净能力净化“三废”的可能性相对下降。为保证环境质量，不得不花费巨资兴建各种人工净化处理设施，增加环境保护费用。当产业集聚带来的“外部经济性”的总和超过生产集聚带来的利益时，综合经济效益反而下降，这表明集聚程度已超过经济合理的界限。

(2)**建设地点(厂址)的选择。**建设地点的选择是一项极为复杂的技术经济综合性很强的系统工程，它不仅涉及项目建设条件、产品生产要素、生态环境和未来产品销售等重要问题，受到社会、政治、经济和国防等多种因素的制约；而且还直接影响到项目建设投资、建设速度和施工条件，以及未来企业的经营管理及所在地点的城乡建设规划和发展。因此，必须从国民经济和社会发展的全局出发，运用系统观点和方法分析决策。

1)选择建设地点的要求：

①节约土地。项目的建设应尽可能节约土地，尽量将建设地点放在荒地或不可耕种的

地点，应避免大量占用耕地，节省土地的补偿费用。

②应尽量选在工程地质、水文地质条件较好的地段，土壤耐压力应满足拟建厂的要求，严禁选在断层、熔岩、流砂层与有用矿床上以及洪水淹没区、已采矿坑塌陷区、滑坡区。建设地点的地下水水位应尽可能低于地下建筑物的基准面。

③厂区土地面积与外形能满足厂房与各种构筑物的需要，并适用于按科学的工艺流程布置厂房与构筑物。

④厂区地形力求平坦且略有坡度(一般以5%～10%为宜)，以减少平整土地的土方工程量，节约投资，又便于地面排水。

⑤应靠近铁路、公路、水路，以缩短运输距离，减少建设投资。

⑥应便于供电、供热和其他协作条件的取得。

⑦应尽量减少对环境的污染。对于排放大量有害气体和烟尘的项目，不能建在城市的上风口，以免对整个城市造成污染；对于噪声大的项目，厂址应选在距离居民集中地区较远的地方，同时，要设置一定宽度的绿化带，以减弱噪声的干扰。上述条件能否满足，不仅关系到建设工程造价的高低和建设期限，对项目投产后的运营状况也有很大影响。因此，在确定厂址时，也应进行方案的技术经济分析、比较，选择最佳厂址。

2)厂址选择时的费用分析。在进行厂址多方案技术经济分析时，除比较上述厂址条件外，还应从以下两个方面进行分析：

①项目投资费用。项目投资费用主要包括土地征购费、拆迁补偿费、土石方工程费、运输设施费、排水及污水处理设施费、动力设施费、生活设施费、临时设施费和建材运输费等。

②项目投产后生产经营费用。项目投产后生产经营费用主要包括原材料、燃料运入及产品运出费用，给水、排水、污水处理费用，动力供应费用等。

4. 生产工艺方案的确定

工艺流程是从原料(精矿)到产品(金属制品)的全部工序的生产过程。在可行性研究阶段就得确定工艺方案或工艺流程。随后的各项设计都是围绕工艺流程而展开的，所以，选定的工艺流程是否合理，直接关系到企业建成后的经济效益。工艺先进适用、经济合理是选择工艺流程的基本标准。所选定的工艺流程必须在确保产品符合国家要求的同时，力求技术先进适用、经济合理，最大限度地提高金属回收率、劳动生产率和设备利用率，最大限度地保护环境卫生、生态平衡，防止“三废”(废水、废气、废渣)污染，缩短生产流程、强化生产过程、节约基建投资和降低生产成本，为企业谋求最大的经济效益。

(1)**先进适用。**这是评定工艺的最基本的标准。先进与适用，是对立统一的。保证工艺的先进性是首先要满足的，它能够带来产品质量、生产成本的优势。但是不能单独强调先进而忽视适用，还要考察工艺是否符合我国的国情和国力，以及是否符合我国的技术发展政策。就引进先进的工艺技术来讲，世界上最先进的工艺，往往由于其对原材料的要求过高，而国内设备不配套或技术不容易掌握等原因使之不适合我国的实际需要。因此，一般来说，引进的工艺和技术既要比国内现有的工艺先进，又要注意在我国的适用性，并不是越先进越好。有的引进项目，可以在主要工艺上采用先进技术，而其他部分则采用适用技术。总之，要根据国情和建设项目的经济效益，综合考虑先进与适用的关系。对于拟采用的工艺，除必须保证能用指定的原材料按时生产出符合数量、质量要求的产品外，还要考虑与企业的生产和销售条件(原有设备能否配套，技术和管理水平、市场需求、原材料种类等)是否相适应，特别是要考虑到原有设备能否利用，技术和管理水平能否跟上等。

(2)**经济合理。**经济合理是指所用的工艺应尽可能以最小的消耗获得最大的经济效果，要求综合考虑所用工艺所能产生的经济效益和国家的经济承受能力。在可行性研究中，常提出多种工艺方案，各方案的投资数量、能源消耗量、动力需要和各项技术经济指标不尽相同，产品质量和产品成本也不一样，经济效果有好有坏。我们要对各方案进行比较、分析，综合评价出最合理的工艺。力求少投入、多产出，谋求最佳经济效益和社会效益，从而推荐出价值系数最大的工艺。经济合理还应结合国情，从实际出发。一般来说，自动化程度高的工艺，一般能产出质量好的产品，人工耗费也少，但需要的投资较大，在我国资金缺乏、劳动力多、工资低的情况下，不一定经济合理。特别是中、小型企业中，可能还是采用自动化程度稍低，又能生产优质产品的工艺更为经济合理。在能源紧张地区，可取低能耗工艺。

5. 主要设备的选用

设备的选择要根据工艺要求和进行技术经济比较来选定，并应注意以下几点：

(1)**尽量选用国产设备。**目前有不少先进设备国内确实不能生产，根据需要可向国外引进。为了节省外汇和促进国内机械制造业的发展，在选用设备时，要注意以下几点：

1)凡是国内能够制造或进口一些技术资料便能仿制的设备就不必引进。

2)只引进关键设备就能由国内配套使用的，就不必成套引进。

3)已引进设备并根据引进设备或资料能仿制的，一般就不需要再重复引进。

总之，要立足国内，尽量选用国产设备。当然，必须要引进的，应向国外采购真正先进的设备。

(2)**要注意进口设备之间以及国内、外设备之间的衔接配套问题。**一个项目从国外引进设备时，为了考虑各供应厂家的设备特长和价格等问题，可能分别向几家制造厂购买。这时，就必须注意各厂所供设备之间技术、效率等方面的衔接配套问题。为了避免各厂所供设备不能配套衔接，引进时最好采用总承包的方式。还有一些项目，其中一部分为进口国外设备，另一部分由国内制造。这时，也必须注意国、内外设备之间的衔接配套问题。

(3)**要注意进口设备与原有国产设备、厂房之间的配套问题。**主要应注意本厂原有国产设备的质量、性能与引进设备是否配套，以免因国内外设备能力不平衡而影响生产。有的项目利用原有厂房安装引进设备，就应把原有厂房的结构、面积、高度以及原有设备的情况了解清楚，以免设备到厂后安装不下或互不适应而造成浪费。

(4)**要注意进口设备与原材料、备品备件及维修能力之间的配套问题。**应尽量避免引进的设备所用主要原料需要进口。如果必须从国外引进时，应安排国内有关厂家尽快研制这种原料。在备品备件供应方面，随机引进的备品备件数量往往有限，有些备件在厂家输出技术或设备之后不久就被淘汰。因此，采用进口设备还必须同时组织国内研制所需备品备件，以保证设备长期发挥作用。另外，对于进口的设备，还必须懂得如何操作和维修，否则不能发挥设备的先进性。在外商派人调试安装时，可培训国内技术人员及时学会操作，必要时也可派人出国培训。

第二节　建设工程项目可行性研究

一、可行性研究的概念

可行性研究是指对某工程项目在做出是否投资的决策之前，先对与该项目有关的技术、经济、社会和环境等所有方面进行调查研究，对项目各种可能的拟建方案认真地进行技术经济分析论证，研究项目在技术上的先进性、适宜性和适用性，在经济上的合理、有利、合算性和建设上的可能性，对项目建成投产后的经济效益、社会效益和环境效益等进行科学的预测和评价，据此提出该项目是否应该投资建设，以及选定最佳投资建设方案等结论性意见，为项目投资决策部门提供进行决策的依据。

可行性研究是项目建设前期工作的重要组成部分，其主要作用有以下几项内容：

(1)**作为建设项目投资决策的依据。**由于可行性研究对与建设项目有关的各个方面都进行了调查研究和分析，并以大量数据论证了项目的先进性、合理性、经济性，以及其他方面的可行性，这是建设项目投资建设的首要环节，项目主管机关主要是根据项目可行性研究的评价结果，并结合国家的财政经济条件和国民经济发展的需要，对此项目是否应该投资和如何进行投资做出决定。

(2)**作为筹集资金和向银行申请贷款的依据。**银行通过审查项目可行性研究报告，确认了项目的经济效益水平和偿还能力，并不会承担过大风险时，银行才能同意贷款。这对合理利用资金，提高投资的经济效益具有积极作用。

(3)**作为该项目的科研试验、机构设置、职工培训和生产组织的依据。**根据批准的可行性研究报告，进行与建设项目有关的科技试验，设置相应的组织机构，进行职工培训，以及合理地组织生产等工作安排。

(4)**作为向当地政府、规划部门、环境保护部门申请建设执照的依据。**可行性研究报告经审查，符合市政当局的规定或经济立法，对污染处理得当，不造成环境污染时，方能发给建设执照。

(5)**作为该项目工程建设的基础资料。**建设项目的可行性研究报告，是项目工程建设的重要基础资料。项目建设过程中的技术性更改，应认真分析其对项目经济效益指标的影响程度。

(6)**作为对该项目考核的依据。**建设项目竣工，正式投产后的生产考核，应以可行性研究所制订的生产纲领、技术标准以及经济效果指标作为考核标准。

二、可行性研究的阶段划分

对于投资额较大、建设周期较长、内外协作配套关系较多的建设工程，可行性研究的工作期限也较长。为了节省投资，减少资源浪费，避免对早期就应淘汰的项目做无效研究，一般将可行性研究分为机会研究、初步可行性研究和可行性研究(有时也称为详细可行性研究)三个阶段。机会研究证明效果不佳的项目，就不再进行初步可行性研究。同样，如果初步可行性研究结论为不可行，则不必再进行可行性研究。

可行性研究各阶段的深度要求可参见表 3-1。

表 3-1　可行性研究各阶段的深度要求

可行性研究阶段划分	工作深度	基础数据估算精度/%	研究费用占投资总额的/%	所需时间/月
机会研究	在若干个可能的投资机会中进行鉴别和筛选	±30	0.1～1.0	1～2
初步可行性研究	对选定的投资项目进行市场分析，进行初步技术经济评价，确定是否需要进行更深入的研究	±20	0.25～1.25	2～3
可行性研究	对需要进行更深入可行性研究的项目进行更细致的分析，减少项目的不确定性，对可能出现的风险制定防范措施	±10	大项目 0.2～1.0 小项目 1.0～3.0	3～6 或更长

初步可行性研究完成后，一般要向主管部门提交项目建议书；可行性研究完成后，合作方、合资方、主管部门或银行要组织专家对可行性研究报告进行评估，据此对可行性研究报告进行审批，进一步提高决策的科学性。

三、建设项目可行性研究的基本工作步骤

可行性研究的基本工作步骤(图 3-2)大致可以概括为以下几项：

(1)签订委托协议；

(2)组建工作小组；

(3)制订工作计划；

(4)市场调查与预测；

(5)方案编制与优化；

(6)项目评价；

(7)编写可行性研究报告；

(8)与委托单位交换意见。

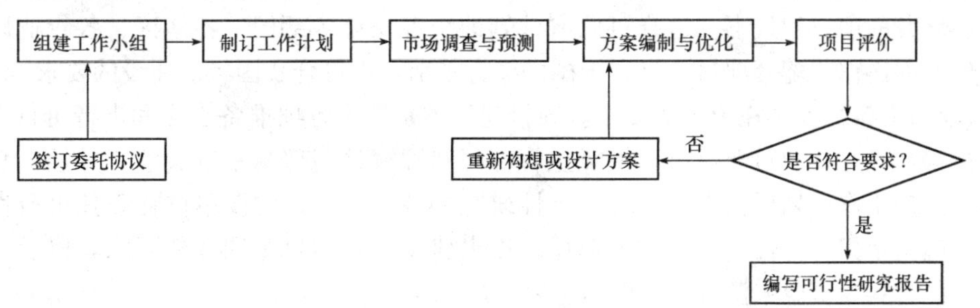

图 3-2　可行性研究的基本工作步骤

四、项目可行性研究的内容

项目可行性研究主要是研究和论证拟建项目在以下几个方面的可行性：

(1)拟建什么项目?

(2)为什么要建？建多大规模?

(3)在什么地区和地点建设?

(4)选用何种工艺和技术？选用什么规格、型号的设备?

(5)需要多少投资费用(投资估算)？资金如何筹措(提交一份融资方案)?

(6)建造工期多长?

(7)经济上的可行性和营利性如何?

(8)对环保生态有无负面影响，甚至造成严重后果(这个问题对大型项目尤其重要)?

因此，可行性研究的内容主要是对投资项目进行四个方面的研究，即市场研究、技术研究、经济研究和环保生态研究。

(1)**市场研究。**通过市场研究来论证项目拟建的必要性、拟建规模、建造地区和建造地点、需要多少投资以及资金如何筹措等。

(2)**技术研究。**选定了拟建规模、确定了投资额和融资方案之后，就应该选择技术、工艺和设备。选择的原则包括：尽量立足于国内技术和国产设备，必要时应考虑是选用国内技术和国产设备，还是选用引进技术和进口设备；是采用中等适用的工艺技术，还是选用先进可行的工艺技术。这都取决于项目具体需要、资金状况等条件。

(3)**经济研究。**经济研究是可行性研究的核心内容，通过经济研究论证拟建项目经济上的营利性、合理性以及对国民经济可持续发展的可行性。经济上的营利性与合理性是根据下文中各项经济评价指标来分析的。

(4)**环保生态研究。**国内、外已建大、中型项目在环保生态方面的失误，甚至造成不可挽回的人为灾害，给人类敲起了警钟。从整体系统论分析的观点看，环保生态研究目前急需重视，认真开展，绝不可走过场。

五、可行性研究报告的编制

1. 可行性研究报告的编制依据

对建设项目进行可行性研究，编制可行性研究报告的主要依据有以下内容：

(1)**国民经济发展的长远规划、国家经济建设的方针、任务和技术经济政策。**按照国民经济发展的长远规划和国家经济建设的方针确定基本建设的投资方向和规模，提出需要进行可行性研究的项目建议书。这样可以有计划地统筹安排各部门、各地区、各行业以及企业产品生产的协作与配套项目，有利于搞好综合平衡，也符合我国经济建设的要求。

(2)**项目建议书和委托单位的要求。**项目建议书是作为各项准备工作和进行可行性研究的重要依据，只有在项目建议书经上级主管部门和国家计划部门审查同意，并经汇总平衡纳入建设前期工作计划后，方可进行可行性研究的各项工作。建设单位在委托可行性研究任务时，应向承担可行性研究工作的单位，提出建设项目的目标和其他要求，以及说明有关市场、原材料、资金来源等。

(3)**有关的基础资料。**进行建设地点选择、工程设计、技术经济分析，需要可靠的地理、气象、地质等自然、经济、社会等基础资料和数据。

(4)**有关的技术经济方面的规范、标准、定额等指标。**承担可行性研究的单位必须具备这些资料，因为这些资料都是进行项目设计和技术经济评价的基本依据。

(5)**有关项目经济评价的基本参数和指标。**例如，基准收益率、社会折现率、固定资产折旧率、外汇汇率、价格水平、工资标准以及同类项目的生产成本等，这些参数和指标都是进行项目经济评价的基准和依据。

2. 建设项目可行性研究报告的编制要求

编制可行性研究报告的主要要求有以下内容：

(1)**确保可行性研究报告的真实性和科学性。**可行性研究是一项技术性、经济性和政策性很强的工作。编制单位必须站在公正的立场上，并保持独立性，遵照事物的客观经济规律和科学研究工作的客观规律办事，在调查研究的基础上，按照客观实际情况，实事求是地进行技术经济论证、技术方案比较和评价，切忌主观臆断、行政干预、画框框、定调子，以保证可行性研究的严肃性、客观性、真实性、科学性和可靠性，确保可行性研究的质量。

(2)**编制单位必须具备承担可行性研究的条件。**建设项目可行性研究报告的内容涉及面广，还有一定的深度要求。因此，需要由具备一定的技术力量、技术装备、技术手段和相当实践经验等条件的工程咨询公司、设计院等专门单位来承担。参加可行性研究的成员应由工业经济专家、市场分析专家、工程技术人员、机械工程师、土木工程师、企业管理人员、财会人员等组成，必要时可聘请地质、土壤等方面的专家短期协助工作。

(3)**可行性研究的内容和深度及计算指标必须达到标准要求。**不同行业、不同性质、不同特点的建设项目，其可行性研究的内容和深度及计算指标，必须满足作为项目投资决策和进行设计的要求。

(4)**可行性研究报告必须经过签证与审批。**可行性研究报告编完之后，应有编制单位的行政、技术和经济方面的负责人签字，并对研究报告的质量负责。另外，还需要上报主管部门审批。通常大中型项目的可行性研究报告，由各主管部门、各省、市、自治区或全国性专业公司负责预审，报国家发展与改革委员会审批，或由国家发展与改革委员会委托有关单位审批。小型项目的可行性研究报告，按隶属关系由各主管部门、各省、市、自治区审批。重大和特殊建设项目的可行性研究报告，由国家发展与改革委员会会同有关部门预审，报国务院审批。可行性研究报告的预审单位，对预审结论负责。可行性研究报告的审批单位，对审批意见负责。若发现工作中有弄虚作假现象，应追究有关负责人的责任。

3. 可行性研究报告的编制内容

根据国家发展与改革委员会批复的有关规定，项目可行性研究报告，一般应按以下结构和内容编写：

(1)**总论。**主要说明项目提出的背景、概况以及问题和建议。

(2)**市场分析。**市场分析包括市场调查和市场预测，是可行性研究的重要环节。其内容包括：市场现状调查、产品供需预测、价格预测、竞争力分析、市场风险分析。

(3)**资源条件评价。**主要内容包括：资源可利用量、资源品质情况、资源储存条件、资源开发价值。

(4)**建设规模与产品方案。**主要内容包括：建设规模与产品方案构成、建设规模与产品方案比选；推荐的建设规模与产品方案、技术改造项目与原有设施利用情况等。

(5)**场址选择。**主要内容包括：场址现状、场址方案比选、推荐的场址方案、技术改造项目当前场址的利用情况。

(6)**技术方案、设备方案和工程方案。**主要内容包括：技术方案选择、主要设备方案选择、工程方案选择、技术改造项目改造前后的比较。

(7)**原材料及燃料供应。**主要内容包括：主要原材料供应方案、燃料供应方案。

(8)**总图、运输与公用辅助工程。**主要内容包括：总图布置方案、场内外运输方案、公用工程与辅助工程方案、技术改造项目现有公用辅助设施利用情况。

(9)**节能措施。**主要内容包括：节能措施、能耗指标分析。

(10)**节水措施。**主要内容包括：节水措施、水耗指标分析。

(11)**环境影响评价。**主要内容包括：环境条件调查、影响环境因素分析、环境保护措施。

(12)**劳动安全卫生与消防。**主要内容包括：危险因素和危害程度分析、安全防范措施、卫生保健措施、消防设施。

(13)**组织机构与人力资源配置。**主要内容包括：组织机构设置及其适应性分析、人力资源配置、员工培训。

(14)**项目实施进度。**主要内容包括：建设工期、实施进度安排、技术改造项目建设与生产的衔接。

(15)**投资估算。**主要内容包括：建设投资估算、流动资金估算、投资估算表。

(16)**融资方案。**主要内容包括：融资组织形式、资本金筹措、债务资金筹措、融资方案分析。

(17)**财务评价。**主要内容包括：财务评价基础数据与参数选取、销售收入与成本费用估算、财务评价报表、盈利能力分析、偿债能力分析、不确定性分析、财务评价结论。

(18)**国民经济评价。**主要内容包括：影子价格及评价参数选取、效益费用范围与数值调整、国民经济评价报表、国民经济评价指标、国民经济评价结论。

(19)**社会评价。**主要内容包括：项目对社会影响分析、项目与所在地互适性分析、社会风险分析、社会评价结论。

(20)**风险分析。**主要内容包括：项目主要风险识别、风险程度分析、防范风险对策。

(21)**研究结论与建议。**主要内容包括：推荐方案总体描述、推荐方案优缺点描述、主要对比方案、结论与建议。

六、可行性研究阶段造价控制的方法

自从我国正式加入世贸组织以来，工程咨询业市场日益兴起。从项目业主管理的角度，可行性研究及项目评估已确立为工程建设程序中的重要决策环节，这在决策体制上是一个很大的进步。

长期以来，决策阶段的工程造价控制不被重视，而把造价投资的主要精力用在施工图预算和竣工结算上，使可行性研究阶段的投资估算与实际相差较大。特别是城市基础设施的建设工程，工程资金大部分由国家和地方政府投资，即使有一部分贷款也是由地方财政偿还。这就使一些部门争着上项目，唯恐不能列进计划使投资落空。为了抢时间，于是要求设计单位在十几天甚至几天内就完成投资几千万甚至上亿元的工程项目的可行性研究报告，使设计单位常常急于求成，未经深思熟虑，只作粗浅的分析就给出成果，以便于建设单位向上申报，增加立项的机会。在这种情况下，拿出的可行性研究报告自然就缺乏应有的深度，投资估算的准确度也就难以得到保证。

可行性研究阶段造价控制应做好以下工作。

1. 做好基础资料的收集，保证资料的翔实、准确

要做好项目的投资预测，需要很多资料，如工程所在地的水电路况、地质情况、主要材料设备的价格资料、大宗材料的采购地以及现有已建类似工程资料，对于做经济评价的项目还要收集更多资料。造价人员要对资料的准确性、可靠性认真分析，以保证投资预测和经济分析的准确性。

2. 国家有关部门应切实重视可行性研究中出现的问题，加强建设配套立法

建立投资估算、概算、预算及投资项目决策程序的工作法规，坚持建立一套从项目审批、设计、施工到建成为止的投资信息反馈制度；还必须对决策环节的不同部门、不同层次人员明确法律责任，定出考核标准，严格管理，促使有关单位重视可行性研究阶段投资估算的编制工作。

3. 认真做好市场研究

市场研究就是对拟建项目所提供的产品或服务的市场占有可能性进行分析，包括国内外市场在项目计算期内对拟建产品的需求状况、类似项目的建设情况、国家对该产业的政策和今后发展趋势等。要做好市场研究，技术经济人员就需要掌握大量的统计数据和信息资料，并进行综合分析和处理，论证项目建设的必要性。

4. 可行性研究工作应排除行政干预

从实际出发，坚持实事求是的科学态度。由于设计领域的改革，设计单位都实行企业化管理，自负盈亏。不少设计单位为了能拿到项目的初步设计和施工图设计，千方百计地促成项目上马。他们往往不从科学的角度出发，而是按照建设单位的想法，进行投资限额设计，把项目的可行性研究阶段，变成了争取投资可能性的研究，将一些可行性研究阶段的投资估算有意压低，搞钓鱼工程，或者增大工程量，提高设计标准，套取国家资金等。因此，设计单位必须坚持投资估算的严肃性和公正性，使投资估算满足项目决策的需要。

5. 提高从事可行性研究工作人员的素质

改变设计单位不重视工程咨询专业，觉得该专业只是套套定额，查查价格，取取费用简单算算账而已的思想观念。有时将不懂技术的富余人员安排在经济室，削弱了工程咨询专业的技术力量。有时设计任务多，时间紧，不做周密调查和详细计算便出成果，降低了投资估算的准确性，影响了工程项目决策的科学性。因此，应尽快提高工程咨询专业技术人员的素质，有计划地对其组织业务学习、法规学习、专业培训、技术讲座、项目评价及案例分析等，鼓励工程咨询人员参与全国注册咨询工程师执业资格培训、考试，使工程投资咨询专业人员成为既懂工程，又懂经济、法律、技术、金融，既有理论知识，又有丰富实践经验的一专多能的复合型人才。

6. 对正在建设和竣工的项目应实施中评估和后评估

既要评估项目是否具有建设意义，决策是否适当，也要评估投资估算与实际存在差距的原因，总结经验教训，提高可行性研究阶段投资估算的准确性，使其成为决策的科学依据，指导以后的项目决策。

第三节　建筑项目投资估算编制

一、投资估算的含义及作用

投资估算是指在建设项目投资决策过程中，依据现有的资料和特定的方法，对建设项目的投资数额进行的估计。它是项目建设前期编制项目建议书和可行性研究报告的重要组成部分，是项目决策的重要依据之一。投资估算的准确与否不仅影响到可行性研究工作的质量和经济评价结果，而且也直接关系到下一阶段设计概算和施工图预算的编制，对建设项目资金筹措方案也有直接的影响。因此，全面准确地估算建设项目的工程造价，是可行性研究乃至整个决策阶段造价管理的重要任务。投资估算在项目开发建设过程中的作用有以下几点：

建设项目投资估算编审规程

(1)项目建议书阶段的投资估算，是项目主管部门审批项目建议书的依据之一，并对项目的规划、规模起参考作用。

(2)项目可行性研究阶段的投资估算，是项目投资决策的重要依据，也是研究、分析和计算项目投资经济效果的重要条件。当可行性研究报告被批准之后，其投资估算额就作为设计任务书中下达的投资限额，即作为建设项目投资的最高限额，不得随意突破。

(3)项目投资估算对工程设计概算起控制作用，设计概算不得突破批准的投资估算额，并应控制在投资估算额以内。

(4)项目投资估算可作为项目资金筹措及制订建设贷款计划的依据，建设单位可根据批准的项目投资估算额，进行资金筹措和向银行申请贷款。

(5)项目投资估算是核算建设项目固定资产投资需要额和编制固定资产投资计划的重要依据。

二、投资估算的工作内容

(1)工程造价咨询单位不仅可接受有关单位的委托编制整个项目的投资估算、单项工程投资估算、单位工程投资估算或分部分项工程投资估算，也可接受委托进行投资估算的审核与调整，配合设计单位或决策单位进行方案比选、优化设计和限额设计等方面的投资估算工作，还可进行决策阶段的全过程造价控制等工作。

(2)估算编制一般应依据建设项目的特征、设计文件和相应的工程造价计价依据或资料对建设项目总投资及其构成进行编制，并对主要技术经济指标进行分析。

(3)在对建设项目的设计方案、资金筹措方式、建设时间等进行调整时，应进行投资估算的调整。

(4)对建设项目进行评估时应进行投资估算的审核，政府投资项目的投资估算审核除依据设计文件外，还应依据政府有关部门发布的有关规定、建设项目投资估算指标和工程造价信息等计价依据。

(5)在对设计方案进行方案比选时，工程造价人员应主要依据各个单位或分部分项工程的主要技术经济指标确定最优方案，注册造价工程师应配合设计人员对不同技术方案进行技术经济分析，确定合理的设计方案。

(6)对于已经确定的设计方案，注册造价工程师可依据有关技术经济资料对设计方案提出优化设计的建议与意见，通过优化设计和深化设计使技术方案更加经济合理。

(7)对于采用限额设计的建设项目、单位工程或分部分项工程，注册造价工程师应配合设计人员确定合理的建设标准，进行投资分解与分析，确保限额的合理可行。

(8)造价咨询单位在承担全过程造价咨询或决策阶段的全过程造价控制时，除应进行全面的投资估算的编制外，还应主动地配合设计人员通过方案比选、优化设计和限额设计等手段进行工程造价控制与分析，确保建设项目在经济合理的前提下做到技术先进。

三、投资估算的阶段划分和精度要求

在我国，项目投资估算是在做初步设计之前各工作阶段中的一项工作。在做工程初步设计之前，根据需要可邀请设计单位参加编制项目规划和项目建议书，并可委托设计单位承担项目的初步可行性研究、可行性研究及设计任务书的编制工作，同时应根据项目已明确的技术经济条件，编制和估算出精确度不同的投资估算额。我国建设项目的投资估算可分为以下几个阶段。

1. 项目规划阶段的投资估算

建设项目规划阶段是指有关部门根据国民经济发展规划、地区发展规划和行业发展规划的要求，编制一个建设项目的建设规划。此阶段是按照项目规划的要求和内容，粗略地估算建设项目所需要的投资额。其对投资估算精度的要求为允许误差±30%。

2. 项目建议书阶段的投资估算

在项目建议书阶段，是按项目建议书中的产品方案、项目建设规模、产品主要生产工艺、企业车间组成以及初选建厂地点等，估算建设项目所需要的投资额。其对投资估算精度的要求为误差控制在±20%以内。此阶段项目投资估算的意义是可据此判断一个项目是否需要进行下一阶段的工作。

3. 初步可行性研究阶段的投资估算

初步可行性研究阶段，是在掌握了更详细、更深入的资料条件下，估算建设项目所需的投资额。其对投资估算精度的要求为误差控制在±10%以内。此阶段项目投资估算的意义是据此确定是否进行详细可行性研究。

4. 详细可行性研究阶段的投资估算

详细可行性研究阶段的投资估算至关重要，因为这个阶段的投资估算经审查批准之后，便是工程设计任务书中规定的项目投资限额，并可据此列入项目年度基本建设计划。

四、投资估算的编制依据、要求及步骤

1. 投资估算的编制依据

建设项目投资估算编制依据是指在编制投资估算时所遵循的计量规则、市场价格、费用标准及工程计价有关参数、率值等基础资料，主要有以下几个方面：

(1)国家、行业和地方政府的有关法律、法规或规定；政府有关部门、金融机构等发布的价格指数、利率、汇率、税率等有关参数。

(2)行业部门、项目所在地工程造价管理机构或行业协会等编制的投资估算指标、概算指标(定额)、工程建设其他费用定额(规定)、综合单价、价格指数和有关造价文件等。

(3)类似工程的各种技术经济指标和参数。

(4)工程所在地同期的人工、材料、机具市场价格，建筑、工艺及附属设备的市场价格和有关费用。

(5)与建设项目有关的工程地质资料、设计文件、图纸或有关设计专业提供的主要工程量和主要设备清单等。

(6)委托单位提供的其他技术经济资料。

2. 投资估算的编制要求

建设项目投资估算编制时，应满足以下要求：

(1)应委托有相应工程造价咨询资质的单位编制。投资估算编制单位应在投资估算成果文件上签字和盖章，对成果质量负责并承担相应责任；工程造价人员应在投资估算编制的文件上签字和盖章，并承担相应责任。由几个单位共同编制投资估算时，委托单位应制定主编单位，并由主编单位负责投资估算编制原则的制定、汇编总估算，其他参编单位负责所承担的单项工程等的投资估算编制。

(2)应根据主体专业设计的阶段和深度，结合各自行业的特点，所采用生产工艺流程的成熟性，以及编制单位所掌握的国家与地区、行业或部门相关投资估算基础资料和数据的合理、可靠、完整程度，采用合适的方法，对建设项目投资估算进行编制。

(3)应做到工程内容和费用构成齐全，不漏项，不提高或降低估算标准，计算合理，不少算、不重复计算。

(4)应充分考虑拟建项目设计的技术参数和投资估算所采用的估算系数、估算指标，在质量方面所综合的内容，应遵循口径一致的原则。

(5)投资估算应参考相应工程造价管理部门发布的投资估算指标，依据工程所在地市场价格水平，结合项目实际情况及科学合理的建造工艺，全面反映建设项目建设前期和建设期间的全部投资。对于建设项目的边界条件，如建设用地费和外部交通、水、电、通信条件，或市政基础设施配套条件等差异所产生的与主要生产内容投资无必然关联的费用，应结合建设项目的实际情况进行修正。

(6)应对影响造价变动的因素进行敏感性分析，分析市场的变动因素，充分估计物价上涨因素和市场供求情况对项目造价的影响，确保投资估算的编制质量。

(7)投资估算精度应能满足控制初步设计概算要求，并尽量减少投资估算的误差。

3. 投资估算的编制步骤

根据投资估算的不同阶段，主要包括项目建议书阶段及可行性研究阶段的投资估算。可行性研究阶段的投资估算的编制一般包含静态投资部分、动态投资部分与流动资金估算三个部分，主要包括以下步骤：

(1)分别估算各单项工程所需建筑工程费、设备及工器具购置费、安装工程费，在汇总各单项工程费用的基础上，估算工程建设其他费用和基本预备费，完成工程项目静态投资部分的估算。

(2)在静态投资部分的基础上，估算价差预备费和建设期利息，完成工程项目动态投资部分的估算。

(3)估算流动资金。

(4)估算建设项目总投资。

投资估算编制的具体流程图如图 3-3 所示。

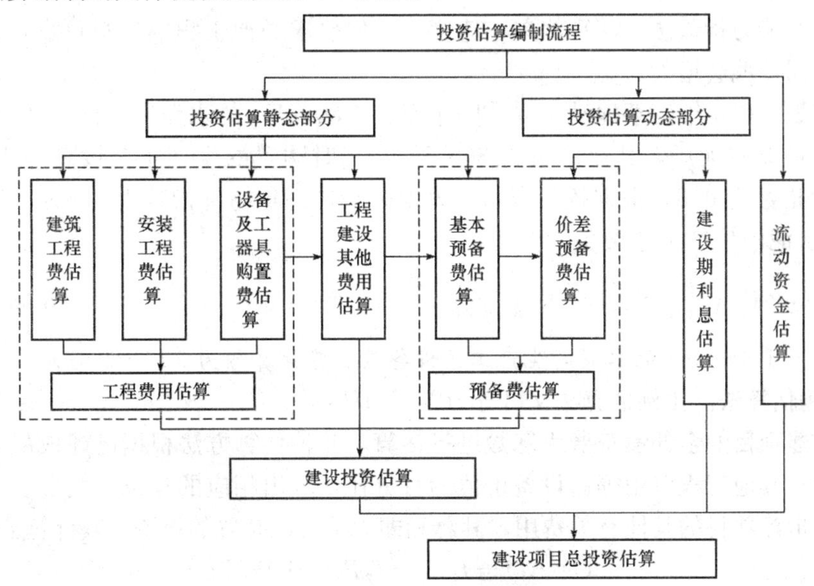

图 3-3　建设项目投资估算编制流程

五、投资估算的编制方法

(一)静态投资部分的估算方法

静态投资部分估算的方法很多，各有其适用的条件和范围，而且误差程度也不相同。一般情况下，应根据项目的性质、占有的技术经济资料和数据的具体情况，选用适宜的估算方法。在项目建议书阶段，投资估算的精度较低，可采取简单的匡算法，如生产能力指数法、系数估算法、比例估算法或混合法等，在条件允许时，也可采用指标估算法；在可行性研究阶段，投资估算精度要求高，需采用相对详细的投资估算方法，即指标估算法。

1. 项目建议书阶段投资估算方法

(1)**生产能力指数法。**该方法是根据已建成的、性质类似的建设项目的投资额和生产能力与拟建项目的生产能力估算拟建项目的投资额。其计算公式为

$$C_2=C_1\times(Q_2/Q_1)^n\times f \tag{3-1}$$

式中　C_2——拟建项目的投资额；

C_1——已建类似项目的投资额；

Q_2——拟建项目的生产能力；

Q_1——已建类似项目的生产能力；

f——新老项目建设间隔期内定额、单价、费用变更等的综合调整系数；

n——生产能力指数，$0\leqslant n\leqslant 1$。

运用这种方法估算项目投资的重要条件是要有合理的生产能力指数。若已建类似项目的规模和拟建项目的规模相差不大，生产规模比值为0.5～2，则指数 n 的取值近似为1；若已建类似项目的规模和拟建项目的规模相差不大于50倍，且拟建项目规模的扩大仅靠增大设备规模来达到时，则 n 的取值为0.6～0.7；若靠增加相同规格设备的数量达到时，则 n 的取值为0.8～0.9。

采用生产能力指数法，计算简单、速度快，但要求类似工程的资料可靠，条件基本相同，否则，误差就会增大。

【例3-1】 2005年，某地动工兴建一个年产1 800万t的水泥厂，已知2000年该地生产同样产品的某水泥厂，其年产量为800万t，当时购置的生产工艺设备为1 500万元，其生产能力指数为0.8。根据统计资料，该地区平均每年物价指数为106%。试估算年产1 800万t水泥的生产工艺设备购置费。

【解】 $C_2=C_1\left(\frac{Q_2}{Q_1}\right)^n f=1\,500\times\left(\frac{1\,800}{800}\right)^{0.8}\times1.06=1\,500\times1.91\times1.06=3\,036.9$(万元)

所以年产1 800万t的水泥的生产工艺设备购置费估算额为3 036.9万元。

(2)**比例估算法。**比例估算法又可分为以下两种：

1)**以拟建项目的全部设备费为基数进行估算。**此种估算方法根据已建成的同类项目的建筑安装费和其他工程费用等占设备价值的百分比，求出相应的建筑安装费及其他工程费等，再加上拟建项目的其他有关费用，其总和即为项目或装置的投资。其计算公式为

$$C=E(1+f_1P_1+f_2P_2+\cdots)+I \tag{3-2}$$

式中 C——拟建项目的投资额；

E——根据拟建项目当时当地价格计算的设备费(含运杂费)的总和；

P_1、P_2、…——已建项目中建筑、安装及其他工程费用等占设备费百分比；

f_1、f_2、…——由于时间因素引起的定额、价格、费用标准等综合调整系数；

I——拟建项目的其他费用。

2)**以拟建项目的最主要工艺设备费为基数进行估算。**此种方法根据同类型的已建项目的有关统计资料，计算出拟建项目的各专业工程(总图、土建、暖通、给水排水、管道、电气及电信、自控及其他工程费用等)占工艺设备投资(运杂费和安装费)的百分比，据以求出各专业的投资，然后将各部分投资(工艺设备费)相加求和，再加上工程其他有关费用，即为项目的总投资。其计算公式为

$$C=E(1+f_1P'_1+f_2P'_2+\cdots)+I \tag{3-3}$$

式中 P'_1、P'_2…——各专业工程费用占工艺设备费用的百分比。其余符号意义同前。

【例3-2】 某套进口设备，估计设备购置费为621.5万美元，结算汇率1美元=6.85元人民币。根据以往资料，与设备配套的建筑工程、安装工程和其他工程费占设备费用的百分比分别为45%、16%、9%。假定各工程费用上涨与设备费用上涨是同时的。试估计该项目投资额。

【解】 $C=E(1+f_1P'_1+f_2P'_2+\cdots)+I$

$=621.5\times6.85\times(1+1\times45\%+1\times16\%+1\times9\%)+0$

$=7\,237.37$(万元)

所以，该项目投资额为7 237.37万元。

(3)系数估算法。

1)**朗格系数法。**这种方法是以设备费为基础，乘以适当系数来推算项目的建设费用。其计算公式为

$$D = C(1 + \sum K_i)K_c \tag{3-4}$$

式中 D——总建设费用；

C——主要设备费用；

K_i——管线、仪表、建筑物等项费用的估算系数；

K_c——管理费、合同费、应急费等间接费在内的总估算系数。

总建设费用与设备费用之比为朗格系数 K_L，即

$$K_L = (1 + \sum K_i)K_c \tag{3-5}$$

这种方法比较简单，但没有考虑设备规格、材质的差异，所以精确度不高。

【例 3-3】 某工业项目采用整套食品加工系统，其主要设备投资费为 360 万元，该食品加工系统的估算系数见表 3-2。估算该工业项目总建设费用。

表 3-2　某食品加工厂食品加工系统的估算系数

项目	估算系数	项目	估算系数	项目	估算系数
主设备安装人工费	0.16	建筑物	0.08	油漆粉刷	0.08
保温费	0.3	构架	0.06	日常管理、合同费和利息	0.5
管线费	0.9	防火	0.09	工程费	0.26
基础	0.2	电气	0.13	不可预见费	0.12

【解】 $D = C(1 + \sum K_i)K_c$

$=360\times(1+0.16+0.3+0.9+0.2+0.08+0.06+0.09+0.13+0.08)\times(1+0.5+0.26+0.12)$

$=360\times3\times1.88$

$=2\ 030.4$(万元)

所以，该工业项目总建设费用为 2 030.4 万元。

2)**设备及厂房系数法。**在一个项目中，工艺设备投资和厂房土建投资之和占了整个项目投资的绝大部分。如果设计方案已确定生产工艺，初步选定了工艺设备并进行了工艺布置，这就有了工艺设备厂房的高度和面积。那么，工艺设备投资和厂房土建投资就可以分别估算出来。其他专业，与设备关系较大的按设备系数计算，与厂房土建关系较大的则以厂房土建投资系数计算，两类投资加起来就可得出整个项目的投资。这种方法，在预可行性研究阶段使用是比较合适的。

2. 可行性研究阶段投资估算方法

指标估算法是投资估算的主要方法，为了保证编制精度，可行性研究阶段建设项目投资估算原则上应采用指标估算法。指标估算法是指依据投资估算指标，对各单位工程或单项工程费用进行估算，进而估算建设项目总投资的方法。首先，把拟建建设项目以单项工程或单位工程为单位，按建设内容纵向划分为各个主要生产系统、辅助生产系统、公用工程、服务性工程、生活福利设施以及各项其他工程费用；同时，按费用性质横向划分为建

筑工程、设备购置、安装工程等。然后，根据各种具体的投资估算指标，进行各单位工程或单项工程投资的估算，在此基础上汇集编制成拟建建设项目的各个单项工程费用和拟建项目的工程费用投资估算。最后，按相关规定估算工程建设其他费、基本预备费等，形成拟建建设项目静态投资。

在条件具备时，对于对投资有重大影响的主体工程应估算出分部分项工程量，套用相关综合定额(概算指标)或概算定额进行编制。对于子项单一的大型民用公共建筑，主要单项工程估算应细化到单位工程估算书。可行性研究阶段的投资估算应满足项目的可行性研究与评估，并最终满足国家和地方相关部门批复或备案的要求。预可行性研究阶段、方案设计阶段项目建设投资估算视设计深度，宜参照可行性研究阶段的编制办法进行。

(1)**建筑工程费用估算。**建筑工程费用是指为建造永久性建筑物和构筑物所需要的费用。主要采用单位实物工程量投资估算法，即以单位实物工程量的建筑工程费乘以实物工程总量来估算建筑工程费的方法。当无适当估算指标或类似工程造价资料时，可采用计算主体实物工程量套用相关综合定额或概算定额进行估算，但通常需要较为详细的工程资料，工作量较大。在实际工作中可根据具体条件和要求选用。建筑工程费估算通常应根据不同的专业工程选择不同的实物工程量计算方法。

1)工业与民用建筑物以“m^2”或“m^3”为单位，套用规模相当、结构形式和建筑标准相适应的投资估算指标或类似工程造价资料进行估算；构筑物以“延长米”“m^2”“m^3”或“座位”为单位，套用技术标准、结构形式相适应投资估算指标或类似工程造价资料进行估算。

2)大型土方、总平面竖向布置、道路及场地铺设、室外综合管网和线路、围墙大门等，分别以“m^3”“m^2”“延长米”或“座”为单位，套用技术标准、结构形式相适应的投资估算指标或类似工程造价资料进行建筑工程费估算。

3)矿山井巷开拓、露天剥离工程、坝体堆砌等，分别以“m^3”“延长米”为单位，套用技术标准、结构形式、施工方法相适应的投资估算指标或类似工程造价资料进行建筑工程费估算。

4)公路、铁路、桥梁、隧道、涵洞设施等，分别以“公里”(铁路、公路)、“100 平方米桥面(桥梁)”“100 平方米断面(隧道)”“道(涵洞)”为单位，套用技术标准、结构形式、与施工方法相适应的投资估算指标或类似工程造价资料进行估算。

(2)**设备及工器具购置费估算。**设备购置费根据项目主要设备表及价格、费用资料编制，工器具购置费按设备费的一定比例计取。对于价值高的设备应按单台(套)估算购置费，价值较小的设备可按类估算，国内设备和进口设备应分别估算。

(3)**安装工程费估算。**安装工程费包括安装主材费和安装费。其中，安装主材费可以根据行业和地方相关部门定期发布的价格信息或市场询价进行估算；安装费根据设备专业属性，可按以下方法估算：

1)工艺设备安装费估算。以单项工程为单元，根据单项工程的专业特点和各种具体的投资估算指标，采用按设备费百分比估算指标进行估算；或根据单项工程设备总重，采用以“t”为单位的综合单价指标进行估算。即

$$安装工程费=设备原价\times设备安装费费率 \tag{3-6}$$

$$安装工程费=设备吨重\times单位质量(t)安装费指标 \tag{3-7}$$

2)工艺非标准件、金属结构和管道安装费估算。以单项工程为单元，根据设计选用的材质、规格，以“t”为单位，套用技术标准、材质和规格、施工方法相适应的投资估算指标

或类似工程造价资料进行估算，即

$$安装工程费=质量总量\times单位质量安装费指标 \tag{3-8}$$

3)工业炉窑砌筑和保温工程安装费估算。以单项工程为单元，以“t”“m”或“m^2”为单位，套用技术标准、材质和规格、施工方法相适应的投资估算指标或类似工程造价资料进行估算。即

$$安装工程费=质量(体积、面积)总量\times单位质量(“m”“m^2”)安装费指标 \tag{3-9}$$

4)电气设备及自控仪表安装费估算。以单项工程为单元，根据该专业设计的具体内容，采用相适应的投资估算指标或类似工程造价资料进行估算，或根据设备台套数、变配电容量、装机容量、桥架质量、电缆长度等工程量，采用相应综合单价指标进行估算，即

$$安装工程费=设备工程量\times单位工程量安装费指标 \tag{3-10}$$

(4)**工程建设其他费用估算。**工程建设其他费用的计算应结合拟建项目的具体情况，有合同或协议明确的费用按合同或协议列入；无合同或协议明确的费用，根据国家和各行业部门、工程所在地地方政府的有关工程建设其他费用定额(规定)和计算办法估算。

(5)**基本预备费估算。**基本预备费的估算一般是以建设项目的工程费用和工程建设其他费用之和为基础，乘以基本预备费费率进行计算式(3-11)。基本预备费费率的大小，应根据建设项目的设计阶段和具体的设计深度，以及在估算中所采用的各项估算指标与设计内容的贴近度、项目所属行业主管部门的具体规定确定。

$$基本预备费=(工程费用+工程建设其他费用)\times基本预备费费率 \tag{3-11}$$

(6)**指标估算法注意事项。**使用指标估算法，应注意以下事项：

1)影响投资估算精度的因素主要包括价格变化、现场施工条件、项目特征的变化等。因此，在应用指标估算法时，应根据不同地区、建设年代、条件等进行调整。因为地区和时间不同，人工、材料与设备的价格均有差异，调整方法可以以人工、主要材料消耗量或“工程量”为计算依据，也可以按不同的工程项目的“万元工料消耗定额”确定不同的系数。在有关部门颁布定额或人工、材料价差系数(物价指数)时，可以据其调整。

2)使用估算指标法进行投资估算绝不能生搬硬套，必须对工艺流程、定额、价格及费用标准进行分析，经过实事求是的调整与换算后，才能提高其精确度。

(二)动态投资部分的估算方法

动态投资部分包括价差预备费和建设期利息两部分。动态部分的估算应以基准年静态投资的资金使用计划为基础来计算，而不是以编制年的静态投资为基础计算。

1. 价差预备费

价差预备费计算可详见第一章第五节。除此之外，如果是涉外项目，还应该计算汇率的影响。汇率是两种不同货币之间的兑换比率，汇率的变化意味着一种货币相对于另一种货币的升值或贬值。在我国，人民币与外币之间的汇率采取以人民币表示外币价格的形式给出。由于涉外项目的投资中包含人民币以外的币种，需要按照相应的汇率把外币投资额换算为人民币投资额，所以，汇率变化就会对涉外项目的投资额产生影响。

(1)外币对人民币升值。项目从国外市场购买设备材料所支付的外币金额不变，但换算成人民币的金额增加；从国外借款，本息所支付的外币金额不变，但换算成人民币的金额增加。

(2)外币对人民币贬值。项目从国外市场购买设备材料所支付的外币金额不变，但换算成人民币的金额减少；从国外借款，本息所支付的外币金额不变，但换算成人民币的金额减少。

估计汇率变化对建设项目投资的影响，是通过预测汇率在项目建设期内的变动程度，以估算年份的投资额为基数，相乘计算求得。

2. 建设期利息

建设期利息包括银行借款和其他债务资金的利息，以及其他融资费用。其他融资费用是指某些债务融资中发生的手续费、承诺费、管理费、信贷保险费等融资费用，一般情况下应将其单独计算并计入建设期利息；在项目前期研究的初期阶段，也可作粗略估算并计入建设投资；对于不涉及国外贷款的项目，在可行性研究阶段，也可作粗略估算并计入建设投资。建设期利息的计算可详见第一章第五节。

(三)流动资金的估算

1. 流动资金估算方法

流动资金是指项目运营需要的流动资产投资，指生产经营性项目投产后，为进行正常生产运营，用于购买原材料、燃料，支付工资及其他经营费用等所需的周转资金。流动资金估算一般采用分项详细估算法，个别情况或者小型项目可采用扩大指标法。

(1)**分项详细估算法。**流动资金的显著特点是在生产过程中不断周转，其周转额的大小与生产规模及周转速度直接相关。分项详细估算法是根据项目的流动资产和流动负债，估算项目所占用流动资金的方法。其中，流动资产的构成要素一般包括存货、库存现金、应收账款和预付账款；流动负债的构成要素一般包括应付账款和预收账款。流动资金等于流动资产和流动负债的差额。其计算公式为

$$\text{流动资金}=\text{流动资产}-\text{流动负债} \tag{3-12}$$

$$\text{流动资产}=\text{应收账款}+\text{预付账款}+\text{存货}+\text{库存现金} \tag{3-13}$$

$$\text{流动负债}=\text{应付账款}+\text{预收账款} \tag{3-14}$$

$$\text{流动资金本年增加额}=\text{本年流动资金}-\text{上年流动资金} \tag{3-15}$$

进行流动资金估算时，首先计算各类流动资产和流动负债的年周转次数，然后再分项估算占用资金额。

1)**周转次数。**周转次数是指流动资金的各个构成项目在一年内完成多少个生产过程，可用1年天数(通常按360天计算)除以流动资金的最低周转天数计算，则各项流动资金年平均占用额度为流动资金的年周转额度除以流动资金的年周转次数，即

$$\text{周转次数}=\frac{360}{\text{流动资金最低周转天数}} \tag{3-16}$$

各类流动资产和流动负债的最低周转天数，可参照同类企业的平均周转天数并结合项目特点确定，或按部门(行业)的规定。另外，在确定最低周转天数时应考虑储存天数、在途天数，并考虑适当的保险系数。

2)**应收账款。**应收账款是指企业对外赊销商品、提供劳务尚未收回的资金。其计算公式为

$$\text{应收账款}=\frac{\text{年经营成本}}{\text{应收账款周转次数}} \tag{3-17}$$

3)**预付账款。**预付账款是指企业为购买各种材料、半成品或服务所预先支付的款项。其计算公式为

$$\text{预付账款}=\frac{\text{外购商品或服务年费用金额}}{\text{预付款周转次数}} \tag{3-18}$$

4)**存货。**存货是指企业为销售或者生产耗用而储备的各种物资，主要有原材料、辅助材料、燃料、低值易耗品、维修备件、包装物、商品、在产品、自制半成品和产成品等。为简化计算，仅考虑外购原材料、燃料、其他材料、在产品和产成品，并分项进行计算。其计算公式为

$$存货=外购原材料、燃料+其他材料+在产品+产成品 \tag{3-19}$$

$$外购原材料、燃料=\frac{年外购原材料、燃料费用}{分项周转次数} \tag{3-20}$$

$$其他材料=\frac{年其他材料费用}{其他材料周转次数} \tag{3-21}$$

$$在产品=\frac{年外购原材料、燃料费用+年工资及福利费+年修理费+年其他制造费用}{在产品周转次数} \tag{3-22}$$

$$产成品=\frac{年经营成本-年其他营业费用}{产成品周转次数} \tag{3-23}$$

5)**现金。**项目流动资金中的现金是指货币资金，即企业生产运营活动中停留于货币形态的那部分资金，包括企业库存现金和银行存款。其计算公式为

$$现金=\frac{年工资及福利费+年其他费用}{现金周转次数} \tag{3-24}$$

年其他费用=制造费用+管理费用+营业费用-(以上三项费用中所含的工资及福利费、折旧费、摊销费、修理费) (3-25)

6)**流动负债估算。**流动负债是指在一年或者超过一年的一个营业周期内，需要偿还的各种债务，主要包括短期借款、应付票据、应付账款、预收账款、应付工资、应付福利费、应付股利、应交税金、其他暂收应付款、预提费用和一年内到期的长期借款等。在可行性研究中，流动负债的估算可以只考虑应付账款和预收账款两项。其计算公式为

$$应付账款=\frac{外购原材料、燃料动力费及其他材料年费用}{应付账款周转次数} \tag{3-26}$$

$$预收账款=\frac{预收的营业收入年金额}{预收账款周转次数} \tag{3-27}$$

(2)**扩大指标估算法。**扩大指标估算法是根据现有同类企业的实际资料，求得各种流动资金率指标，也可依据行业或部门给定的参考值或经验确定比率。将各类流动资金率乘以相对应的费用基数来估算流动资金。一般常用的基数有营业收入、经营成本、总成本费用和建设投资等，究竟采用何种基数依行业习惯而定。其计算公式为

$$年流动资金额=年费用基数\times 各类流动资金率 \tag{3-28}$$

扩大指标估算法简便易行，但准确度不高，适用于项目建议书阶段的估算。

2. 流动资金估算应注意的问题

(1)在采用分项详细估算法时，应根据项目实际情况分别确定现金、应收账款、预付账款、存货、应付账款和预收账款的最低周转天数，并考虑一定的保险系数。因为最低周转天数减少，将增加周转次数，从而减少流动资金需用量，因此，必须切合实际地选用最低周转天数。对于存货中的外购原材料和燃料，要分品种和来源，考虑运输方式和运输距离，以及占用流动资金的比重大小等因素确定。

(2)流动资金属于长期性(永久性)流动资产，流动资金的筹措可通过长期负债和资本金

(一般要求占30%)的方式解决。流动资金一般要求在投产前一年开始筹措，为简化计算，可规定在投产的第一年开始按生产负荷安排流动资金需用量。其借款部分按全年计算利息，流动资金利息应计入生产期间财务费用，项目计算期末收回全部流动资金(不含利息)。

(3)用扩大指标估算法计算流动资金，需以经营成本及其中的某些科目为基数，因此，实际上流动资金估算应能够在经营成本估算之后进行。

(4)在不同生产负荷下的流动资金，应按不同生产负荷所需的各项费用金额，根据上述公式分别估算，而不能直接按照100%生产负荷下的流动资金乘以生产负荷百分比求得。

第四节　建设项目财务评价

一、财务评价的概念及作用

1. 财务评价的概念

财务评价是在国家现行会计制度、税收法规和市场价格体系下，预测估计项目的财务效益与费用，编制财务报表，计算评价指标，进行财务盈利能力分析和偿债能力分析，考察拟建项目的获利能力和偿债能力等财务状况，据以判断项目的财务可行性。财务评价应在初步确定的建设方案、投资估算和融资方案的基础上进行，财务评价结果又可以反馈到方案设计中，用于方案比选，优化方案设计。

2. 财务评价的作用

建设项目财务评价主要具有以下作用：

(1)**财务评价是项目决策分析与评价的重要组成部分。**对投资项目的评价应从多角度、多方面进行，无论是在对投资项目的前评价、中间评价还是后评价中，财务评价都是必不可少的重要内容。在对投资项目的前评价——决策分析与评价的各个阶段中，无论是机会研究、项目建议书、初步可行性研究报告还是可行性研究报告，财务评价都是其中的重要组成部分。

(2)**财务评价是重要的决策依据。**在项目决策所涉及的范围中，财务评价虽然不是唯一的决策依据，却是重要的决策依据。在市场经济条件下，绝大部分项目的有关各方都会根据财务评价结果做出相应的决策：项目发起人决策是否发起或进一步推进该项目；投资人决策是否投资于该项目；债权人决策是否贷款给该项目；各级项目审批部门在做出是否批准该项目的决策时，财务评价结论也是重要的决策依据之一。具体来说，财务评价中的盈利能力分析结论是投资决策的基本依据，其中，项目资本金盈利能力分析结论同时也是融资决策的依据；偿还债务能力分析结论不仅是债权人决策贷款与否的依据，还是投资人确定融资方案的重要依据。

(3)**财务评价在项目或方案比选中起着重要作用。**项目决策分析与评价的精髓是方案比选，在规模、技术和工程等方面都必须通过方案比选予以优化，使项目整体更趋于合理，此时，项目财务数据和指标往往是重要的比选依据。在投资机会不止一个的情况下，如何从多个备选项目中择优，往往是项目发起人、投资者甚至政府有关部门关心的事情，因此，财务评价的结果在项目或方案比选中所起的重要作用是不言而喻的。

(4)**财务评价能够配合投资各方谈判，促进平等合作。**目前，投资主体多元化已成为项目融资的主流，并存在着多种形式的合作方式，主要有国内合资或合作的项目、中外合资或合作的项目、多个外商参与的合资或合作的项目等。在酝酿合资、合作的过程中，咨询工程师会成为各方谈判的有力助手，财务评价结果起着促使投资各方平等合作的重要作用。

二、财务评价的基本原则

建设项目财务评价应遵循下列基本原则：

(1)**费用和效益计算范围的一致性原则。**为了正确评价项目的获利能力，必须遵循费用与效益计算范围的一致性原则。如果在投资估算中包括某项工程，那么因建设该工程而增加的效益就应该考虑，否则，就会低估了项目的效益；如果考虑了该工程对项目效益的贡献，但投资未计算进去，那么项目的效益就会被高估。只有将投入和产出的估算限定在同一范围内，计算的净效益才是投入的真实回报。

(2)**费用和效益识别的有无对比原则。**有无对比是国际上项目评价中通用的费用与效益识别的基本原则，项目评价的许多方面都需要遵循这条原则，财务评价也不例外。所谓“有”是指实施项目后的将来状况，“无”是指不实施项目时的将来状况。在识别项目的效益和费用时，需注意只有“有无对比”的差额部分才是由于项目的建设而增加的效益和费用，即增量效益和费用。有些项目即使不实施，现状效益也会由于各种原因发生变化。如农业灌溉项目，若没有该项目，将来的农产品产量也会由于气候、施肥、种子和耕作技术的变化而变化。采用有无对比的方法，就是为了识别那些真正应该算作项目效益的部分，即增量效益，排除那些由于其他原因产生的效益。同时，也要找出与增量效益相对应的增量费用，只有这样才能真正体现项目投资的净效益。

有无对比直接适用于依托老厂进行的改建、扩建与技术改造项目，停、缓建后又恢复建设的项目增量效益分析。对于从无到有进行建设的新项目，也同样适用该原则，只是通常认为无项目与现状相同，其效益与费用均为零。

(3)**动态分析与静态分析相结合，以动态分析为主的原则。**国际通行的财务评价都是以动态分析方法为主，即根据资金时间价值原理，考虑项目整个计算期内各年的效益和费用，采用现金流量分析的方法，计算内部收益率和净现值等评价指标。我国于1987年和1993年由原国家计委和原建设部发布施行的《建设项目经济评价方法与参数》第一版和第二版，都采用了动态分析与静态分析相结合，以动态分析为主的原则制定出一整套项目评价方法与指标体系。2002年由原国家计委办公厅发文试行的《投资项目可行性研究指南》同样采用了这条原则。

(4)**基础数据确定中的稳妥原则。**财务评价结果的准确性取决于基础数据的可靠性。财务评价中需要的大量基础数据都来自预测和估计，难免有不确定性。为了使财务评价结果能提供较为可靠的信息，避免人为的乐观估计带来的风险，更好地满足投资决策需要，在基础数据的确定和选取中遵循稳妥原则是十分必要的。

三、财务评价的程序

项目财务评价是在产品市场研究和工程技术研究等工作的基础上进行的。其基本工作程序如下：

(1)收集、整理和计算基础数据资料，包括项目投入物和产出物的数量、质量、价格及项目实施进度的安排等。如投资费用、贷款的数额、产品的销售收入、生产成本和税金等。

(2)运用基础数据编制基本财务报表。

(3)通过基本财务报表计算各项评价指标。

(4)依据基准参数值，进行财务分析。

以上各步骤的关系，如图 3-4 所示。

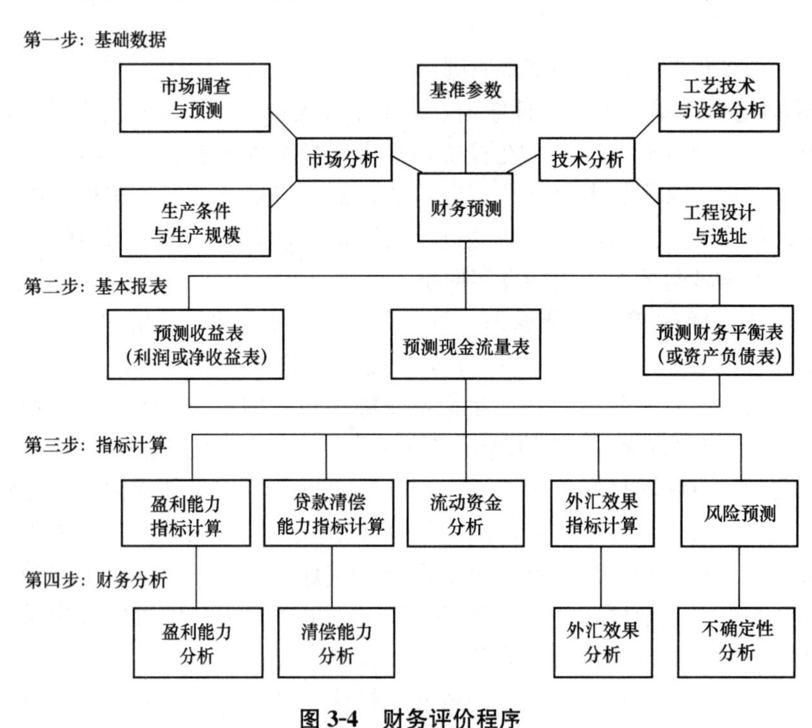

图 3-4　财务评价程序

四、财务评价指标体系

建设工程经济效果可采用不同的指标来表达，任何一种评价指标都是从一定的角度、某一个侧面反映项目的经济效果的，总会有一定的局限性。因此，需建立一整套经济评价指标体系来全面、真实、客观地反映建设工程的经济效果。常用的财务评价指标体系如图 3-5 所示。

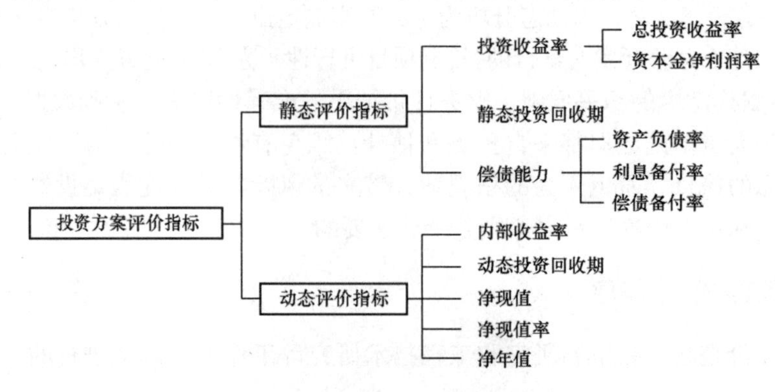

图 3-5　投资方案评价指标体系

静态分析指标的最大特点是不考虑时间因素，计算简便，所以，在对方案进行粗略评价或对短期投资项目进行评价时，以及对于逐年收益大致相等的项目，静态评价指标还是可以采用的。动态分析指标强调利用复利方法计算资金时间价值，它将不同时间内资金的流入和流出，换算成同一时点的价值，从而为不同方案的经济比较提供了可比基础，并能反映方案在未来时期的发展变化情况。

总之，在项目财务评价时，应根据评价深度要求，可获得资料的多少以及评价方案本身所处的条件，选用多个不同的评价指标，这些指标有主有次，从不同侧面反映评价方案的财务评价效果。财务评价指标的具体计算如下。

1. 财务净现值(*FNPV*)

财务净现值是指将项目计算期内各年的财务净现金流量，按照一个给定的标准折现率(基准收益率)折算到建设期初(项目计算期第一年年初)的现值之和。财务净现值是考察项目在其计算期内盈利能力的主要动态评价指标。其表达式为

$$FNPV=\sum_{t=1}^{n}(CI-CO)_t(1+i_c)^{-t} \tag{3-29}$$

式中 $FNPV$——财务净现值；

$(CI-CO)_t$——第 t 年的净现金流量；

n——项目计算期；

i_c——标准折现率。

如果项目建成投产后，各年净现金流量不相等，则财务净现值按照式(3-29)计算。

如果项目建成投产后，各年净现金流量相等，均为 A，投资现值为 K_p，则

$$FNPV=A\times(P/A,\ i_c,\ n)-K_p \tag{3-30}$$

当财务净现值大于零时，表明项目的盈利能力超过了基准收益率或折现率；当财务净现值小于零时，表明项目盈利能力达不到基准收益率或设定的折现率的水平；当财务净现值为零时，表明项目盈利能力水平正好等于基准收益率或设定的折现率。因此，财务净现值指标的判别准则是：若 $FNPV\geqslant 0$，则方案可行；若 $FNPV<0$，则方案不可行。

财务净现值全面考虑了项目计算期内所有的现金流量大小及分布，同时考虑了资金的时间价值，因而可作为项目经济效果评价的主要指标。

2. 财务内部收益率(*FIRR*)

财务内部收益率是指项目在整个计算期内各年财务净现金流量的现值之和等于零时的折现率，也就是使项目的财务净现值等于零时的折现率。其表达式为

$$\sum_{t=1}^{n}(CI-CO)_t(1+FIRR)^{-t}=0 \tag{3-31}$$

式中 $FIRR$——财务内部收益率；

式中其他符号意义同前。

财务内部收益率是反映项目盈利能力常用的动态评价指标，可通过财务现金流量表计算。

财务内部收益率计算方程是一元 n 次方程，不容易直接求解，一般采用“试差法”。在条件允许的情况下，最好使用计算机软件计算。

“试差法”计算 $FIRR$ 的一般步骤如下：

(1)粗略估计 $FIRR$ 的值。$i \approx FIRR$，为减少试算的次数，可先令 $FIRR=i_c$。

(2)如图 3-6 所示，分别计算出 i_1、$i_2(i_1<i_2)$对应的净现值 $FNPV_1$ 和 $FNPV_2$，$FNPV_1>0$，$FNPV_2<0$。

(3)用线性内插法计算 $FIRR$ 的近似值，其计算公式如下：

$$FIRR=i_1+\frac{FNPV_1}{FNPV_1+|FNPV_2|}(i_2-i_1) \tag{3-32}$$

由于式(3-32)$FIRR$ 的计算误差与(i_2-i_1)的大小有关，且 i_2 与 i_1 相差越大，误差也越大。为控制误差，i_2 与 i_1 之差一般不应超过 5%，最好不超过 2%。

当建设项目期初一次投资，项目各年净现金流量相等时(图 3-7)，财务内部收益率的计算过程如下：

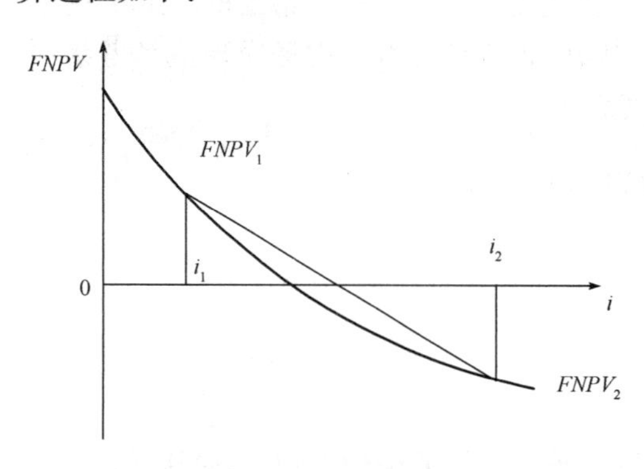

图 3-6　试差法求内部收益率

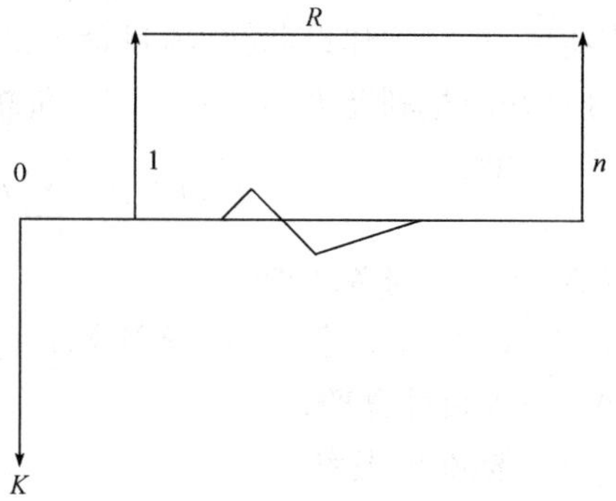

图 3-7　期初一次投资各年收益相等的现金流量图

(1)计算年金现值系数$(P/A, FIRR, n)=K/R$；

(2)查年金现值系数表，找到与上述年金现值系数相邻的两个系数$(P/A, i_1, n)$和$(P/A, i_2, n)$以及对应的 i_1、i_2，满足$(P/A, i_1, n)>K/R>(P/A, i_2, n)$；

(3)用插值法计算 $FIRR$，其计算公式如下：

$$\frac{FIRR-i_1}{i_2-i_1}=\frac{K/R-(P/A, i_1, n)}{(P/A, i_2, n)-(P/A, i_1, n)} \tag{3-33}$$

财务内部收益率是反映项目实际收益率的一个动态指标，该指标越大越好。一般情况下，财务内部收益率大于或等于基准收益率时，项目可行。

3. 投资回收期

投资回收期按照是否考虑资金时间价值，可以分为静态投资回收期和动态投资回收期。

(1)**静态投资回收期。**静态投资回收期是指以项目每年的净收益回收项目全部投资所需要的时间，是考察项目财务上投资回收能力的重要指标。这里所说的全部投资既包括固定资产投资，又包括流动资金投资。项目每年的净收益是指税后利润加折旧。静态投资回收期的表达式为

$$\sum_{t=1}^{P_t}(CI-CO)_t=0 \tag{3-34}$$

式中　P_t——静态投资回收期；

CI——现金流入；

CO——现金流出；

$(CI-CO)_t$——第 t 年的净现金流量。

静态投资回收期一般以“年”为单位，自项目建设开始年算起。当然也可以计算自项目建成投产年算起的静态投资回收期，但对于这种情况，需要加以说明，以防两种情况混淆。如果项目建成投产后，每年的净收益相等，则投资回收期可用下式计算：

$$P_t=\frac{K}{NB}+T_k \tag{3-35}$$

式中 K——全部投资；

NB——每年的净收益；

T_k——项目建设期。

如果项目建成投产后各年的净收益不相同，则静态投资回收期可根据累计净现金流量求得。其计算公式为

$$P_t=\text{累计净现金流量开始出现正值的年份数}-1+\frac{\text{上一年累计净现金流量的绝对值}}{\text{当年净现金流量}} \tag{3-36}$$

当静态投资回收期小于或等于基准投资回收期时，项目可行。

(2)**动态投资回收期。**动态投资回收期是指在考虑了资金时间价值的情况下，以项目每年的净收益回收项目全部投资所需要的时间。这个指标主要是为了克服静态投资回收期指标没有考虑资金时间价值的缺点而提出的。动态投资回收期的表达式为

$$\sum_{t=0}^{P_t'}(CI-CO)_t(1+i_c)^{-t}=0 \tag{3-37}$$

式中 P_t'——动态投资回收期。

式中其他符号含义同前。

采用式(3-37)计算 P_t'一般比较烦琐，因此，在实际应用中往往是根据项目的现金流量表，用下列近似公式计算：

$$P_t'=\text{累计折现值出现正值的年份数}-1+\frac{\text{上年累计折现值的绝对值}}{\text{当年净现金流量的折现值}} \tag{3-38}$$

动态投资回收期是在考虑了项目合理收益的基础上收回投资的时间，只要在项目寿命期结束之前能够收回投资，就表示项目已经获得了合理的收益。因此，只要动态投资回收期不大于项目寿命期，项目就可行。

【例 3-4】 若某商场的停车库由某单位建造并由其经营。立体停车库建设期为 1 年，第二年开始经营。建设投资为 700 万元，全部为自有资金并全部形成固定资产。流动资金投资 150 万元，全部为自有资金，第二年年末一次性投入。从第二年开始，经营收入假定各年为 250 万元，销售税金及附加为 12 万元，经营成本为 26 万元。平均固定资产折旧年限为 10 年，残值率为 5%。计算期为 11 年。设该项目的基准收益率为 8%，基准投资回收期为 6 年。

要求编制项目财务现金流量表，试计算财务净现值、财务内部收益率和动态投资回收期，并判断该项目的可行性。

【解】 做出基本方案的现金流量表(表 3-3)。

回收固定资产余值=700×5%=35(万元)

表 3-3 项目财务现金流量表 万元

序号	年份项目	计算期										
		1	2	3	4	5	6	7	8	9	10	11
1	现金流入		250	250	250	250	250	250	250	250	250	435
1.1	销售(经营)收入		250	250	250	250	250	250	250	250	250	250
1.2	回收固定资产余值											35
1.3	回收流动资金											150
2	现金流出	700	188	38	38	38	38	38	38	38	38	38
2.1	建设投资	700										
2.2	流动资金		150									
2.3	经营成本		26	26	26	26	26	26	26	26	26	26
2.4	销售税金及附加		12	12	12	12	12	12	12	12	12	12
3	净现金流量(1−2)	−700	62	212	212	212	212	212	212	212	212	397
4	累计净现金流量	−700	−638	−426	−214	−2	210	422	634	846	1 058	—

$$FNPV(8\%)=-700(P/F,8\%,1)+62(P/F,8\%,2)+212(P/A,8\%,8)(P/F,8\%,2)+397(P/F,8\%,11)$$
$$=619.73(\text{万元})$$

$$FNPV(FIRR)=-700(P/F,FIRR,1)+62(P/F,FIRR,2)+212(P/A,FIRR,8)(P/F,FIRR,2)+397(P/F,8\%,11)$$

当 $i=22\%$时

$$FNPV(22\%)=-700(P/F,22\%,1)+62(P/F,22\%,2)+212(P/A,22\%,8)(P/F,22\%,2)+397(P/F,22\%,11)=27.95>0$$

当 $i=24\%$时

$$FNPV(24\%)=-700(P/F,24\%,1)+62(P/F,24\%,2)+212(P/A,24\%,8)(P/F,24\%,2)+397(P/F,24\%,11)$$
$$=-15.26<0$$

$$FIRR=22\%+\frac{27.95}{27.95+15.26}\times(24\%-22\%)=23.29\%$$

$$P_t=6-1+\frac{2}{212}=5.01(\text{年})$$

因为

$$FNPV(8\%)=619.73(\text{万元})>0$$
$$FIRR=23.29\%>8\%$$
$$P_t=5.01(\text{年})<P_c=6(\text{年})$$

所以，该项目可行。

4. 投资收益率

投资收益率又称为投资效果系数，是指在项目达到设计能力后，其每年的净收益与项目全部投资的比率，是考察项目单位投资盈利能力的静态指标。其表达式为

$$\text{投资收益率}=\frac{\text{年净收益}}{\text{项目全部投资}}\times100\% \tag{3-39}$$

其中，年净收益＝年销售收入－年经营费用＝年产品销售收入－(年总成本费用＋年销售税金及附加－折旧)。

当项目在正常生产年份内各年的收益情况变化幅度较大时，可用年平均净收益替代年净收益，计算投资收益率。在采用投资收益率对项目进行经济评价时，投资收益率不小于行业平均的投资收益率(或投资者要求的最低收益率)，项目即可行。投资收益率指标由于计算口径不同，又可分为投资利润率、投资利税率、资本金利润率等指标。

$$投资利润率=\frac{利润总额}{投资总额} \tag{3-40}$$

$$投资利税率=\frac{利润总额+销售税金及附加}{投资总额} \tag{3-41}$$

$$资本金利润率=\frac{税后利润}{资本金} \tag{3-42}$$

【例 3-5】 某建设项目，基建投资额为 26 000 万元，流动资金贷款为 3 500 万元，在项目建成投产后的第二年，每年即可实现利润 5 000 万元，年折旧费为 1 100 万元，工商税为 1 800 万元，求项目的投资收益率。

【解】 项目的投资总额为：$C=26\ 000+3\ 500=29\ 500$(万元)

$$项目投资收益率=\frac{年净收益}{项目全部投资}\times 100\%=\frac{1\ 100+5\ 000}{29\ 500}\times 100\%=\frac{6\ 100}{29\ 500}\times 100\%$$

$$=21\%$$

所以该项目投资收益率为 21%。

【例 3-6】 某注册资金为 1 650 万元的公司，投资 2 800 万元兴建一个化工厂。该项目达到设计生产能力后的一个正常年份，销售收入为 4 500 万元，年总成本费用为 2 960 万元，年销售税金及附加为 250 万元，年折旧费 90 万元。已知同类企业投资收益率、投资利税率的平均水平不小于 30%、40%。试评价该项目的获利能力水平。

【解】 (1)年净收益为：$4\ 500-(2\ 960+250-90)=1\ 380$(万元)

$$投资收益率=\frac{年净收益}{项目全部投资}\times 100\%=\frac{1\ 380}{2\ 800}\times 100\%=49.29\%>30\%$$

(2)年投资利税总额＝年销售收入－年总成本费用＝$4\ 500-2\ 960=1\ 540$(万元)

$$投资利税率=\frac{年利税总额(或年平均利税总额)}{投资总额}\times 100\%$$

$$=\frac{1\ 540}{2\ 800}\times 100\%=55\%>40\%$$

由于该项目投资收益率和投资利税率均高于同行业的平均水平，因此该项目获利能力较强。

5. 清偿能力评价

投资项目的资金构成一般可分为**自有资金**和**借入资金**。自有资金可长期使用，而借入资金必须按期偿还。项目的投资者自然要关心项目偿债能力，借入资金的所有者——债权人也非常关心贷出资金能否按期收回本息。因此，偿债分析是财务分析中的一项重要内容。

项目偿债能力分析可在编制贷款偿还表的基础上进行。为了表明项目的偿债能力，可按尽早还款的方法计算。在计算中，贷款利息一般做如下假设：长期借款——当年贷款按半年计息，当年还款按全年计息。假设在建设期借入资金，生产期逐期归还，则

$$建设期年利息=(年初借款累计+本年借款/2)\times年利率 \tag{3-43}$$

$$生产期年利息=年初借款累计\times年利率 \tag{3-44}$$

流动资金借款及其他短期借款按全年计息。贷款偿还期的计算公式与投资回收期公式相似，其计算公式为

$$贷款偿还期=偿清债务年份数-1+\frac{偿清债务当年应付的本息}{当年可用于偿债的资金总额} \tag{3-45}$$

贷款偿还期小于等于借款合同规定的期限时，项目可行。

6. 资产负债率

(1)**资产负债率。该指标反映项目总体偿债能力。**这一比率越低，则偿债能力越强。但是资产负债率的高低还反映了项目利用负债资金的程度，因此，该指标水平应适当。其计算公式为

$$资产负债率=负债总额/资产总额 \tag{3-46}$$

(2)**流动比率。该指标反映企业偿还短期债务的能力。**该比率越高，单位流动负债将有更多的流动资产作保障，短期偿债能力就越强。但是可能会导致流动资产利用效率低下，影响项目效益。因此，流动比率一般为 2∶1 较好。其计算公式为

$$流动比率=流动资产总额/流动负债总额 \tag{3-47}$$

(3)**速动比率。该指标反映了企业在很短时间内偿还短期债务的能力。**速动资产=流动资产－存货，是流动资产中变现最快的部分，速动比率越高，短期偿债能力越强。同样，速动比率过高也会影响资产利用效率，进而影响企业经济效益。因此，速动比率一般为 1 左右较好。其计算公式为

$$速动比率=速动资产总额/流动负债总额 \tag{3-48}$$

五、不确定性分析

建设项目不确定性分析就是分析不确定性因素对评价指标的影响，估计项目可能承担的风险，分析项目在财务和经济上的可靠性。不确定性分析的方法主要有盈亏平衡分析、敏感性分析和概率分析。

1. 盈亏平衡分析

盈亏平衡分析也叫作收支平衡分析或损益平衡分析。盈亏平衡分析是研究建设项目投产后正常年份的产量、成本和利润三者之间的平衡关系，以利润为零时的收益与成本的平衡为基础，测算项目的生产负荷状况，度量项目承受风险的能力。具体地说，就是通过对项目正常生产年份的生产量、销售量、销售价格、税金、可变成本、固定成本等数据进行计算，求得盈亏平衡点及其所对应的自变量，分析自变量的盈亏区间，分析项目承担风险的能力。

进行盈亏平衡分析有以下四个假定条件：

(1)产量等于销售量，即当年生产的产品当年销售出去。

(2)产量变化，单位可变成本不变，从而总成本费用是产量的线性函数。

(3)产量变化，产品售价不变，从而销售收入是销售量的线性函数。

(4)只生产单一产品，或者生产多种产品，但可以换算为单一产品计算，也即不同产品负荷率的变化是一致的。

盈亏平衡点可以采用公式计算法求取，也可以采用图解法求取。

(1)**公式计算法。**盈亏平衡点的计算公式为

BEP(生产能力利用率)=[年总固定成本÷(年销售收入－年总可变成本－年销售税金与附加*)]×100%　　(3-49)

BEP(产量)=年总固定成本/(单位产品价格－单位产品可变成本－单位产品销售税金与附加*)　　(3-50)

*如采用含税价格计算，应再减去增值税。

上述两者之间的换算关系为

BEP(产量)=BEP(生产能力利用率)×设计生产能力　　(3-51)

(2)**图解法。**盈亏平衡点可以采用图解法求得，如图3-8所示。

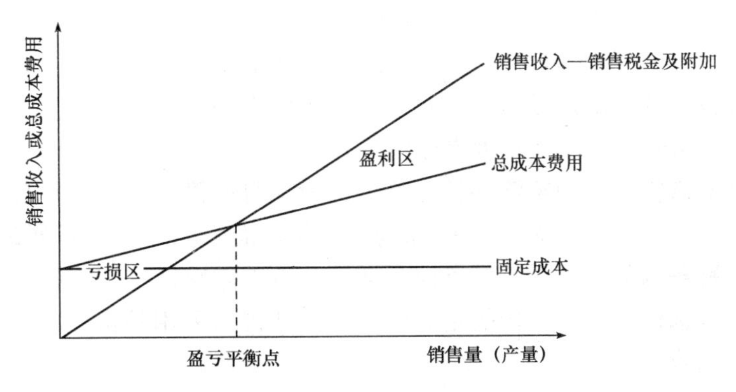

图3-8　盈亏平衡分析图

图中销售收入线(如果销售收入和成本费用都是按含税价格计算的，销售收入中还应减去增值税)与总成本费用线的交点即为盈亏平衡点，这一点所对应的产量即为BEP(产量)，也可换算为BEP(生产能力利用率)。

【例3-7】 某设计方案年产量为10万t，已知每吨产品的销售价格为575元，每吨产品缴付的销售税金为145元，单位可变成本为235元，年总固定成本费用为1 500万元，试求产量的盈亏平衡点、盈亏平衡点的生产能力利率。

【解】 BEP(产量)=15 000 000÷(575－235－145)=76 923.07(t)=7.69(万t)

BEP(生产能力利用率)=[1 500÷(5 750－2 350－1 450)]×100%=76.92%

2. 敏感性分析

敏感性分析是盈亏平衡分析的深化，可用于财务评价，也可用于国民经济评价，考虑的因素有产量、销售价格、可变成本、固定成本、建设工期、外汇牌价、折旧率等，评价指标有内部收益率、利润、资本金、利润率、借款偿还期，也可分析盈亏平衡点对某些因素的敏感度。

(1)**敏感性分析的目的。**

1)确定不确定性因素在什么范围内变化，方案的经济效果最好；在什么范围内变化，效果最差，以便对不确定性因素实施控制。

2)区分敏感性大的方案和敏感性小的方案，以便选出敏感性小的方案，即风险小的方案。

3)找出敏感性强的因素，向决策者提出是否需要进一步搜集资料，进行研究，以提高经济分析的可靠性。

(2)**敏感性分析的内容和方法。**敏感性分析的做法通常是改变一种或多种不确定因素的数值，计算其对项目效益指标的影响，通过计算敏感度系数和临界点，估计项目效益指标对它们的敏感程度，进而确定关键的敏感因素。通常将敏感性分析的结果汇总于敏感性分析表，也可通过绘制敏感性分析图显示各种因素的敏感程度并求得临界点。

敏感性分析包括单因素敏感性分析和多因素敏感性分析。单因素敏感性分析是指每次只改变一个因素的数值来进行分析，估算单个因素的变化对项目效益产生的影响；多因素敏感性分析则是同时改变两个或两个以上因素进行分析，估算多因素同时发生变化对项目效益的影响。为了找出关键的敏感性因素，通常进行单因素敏感性分析。

敏感性分析一般只考虑不确定因素的不利变化对项目效益的影响，为了作图的需要，也可考虑不确定因素的有利变化对项目效益的影响。

(3)**敏感性分析的计算步骤。**一般进行敏感性分析的计算可按以下步骤进行：

1)**选定需要分析的不确定因素。**若每次只考虑一个因素的变动，而让其他因素保持不变所进行的敏感性分析，则叫作单因素敏感性分析。

2)**确定进行敏感性分析的经济评价指标。**衡量项目经济效果的指标较多，敏感性分析的工作量较大，一般不可能对每种指标都进行分析，而只能对几个重要的指标进行分析，如财务净现值、财务内部收益率、投资回收期等。由于敏感性分析是在确定性经济评价的基础上进行的，故选作敏感性分析的指标应与经济评价所采用的指标相一致，其中最主要的指标是财务内部收益率。

3)**计算因不确定因素变动引起的评价指标的变动值。**一般就选定的各不确定因素，设若干级变动幅度(通常用变化率表示)，然后计算与每级变动相应的经济评价指标，建立一一对应的数量关系，并用敏感性分析图或敏感性分析表的形式表示。单因素敏感性分析如图 3-9 所示。图中每一条斜线的斜率反映内部收益率对该不确定因素的敏感程度，斜率越大敏感度越高。一张图可以同时反映多个因素的敏感性分析结果。每条斜线与基准收益率相交的点所对应的是不确定因素变化率，图中 C_1、C_2、C_3 等即为该因素的临界点。

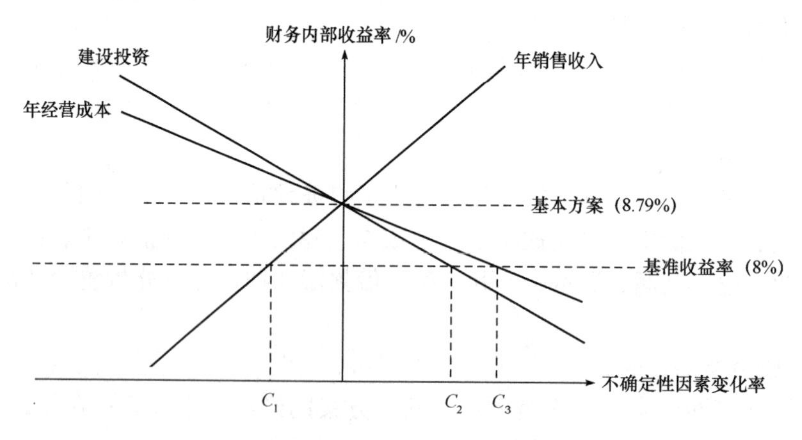

图 3-9　单因素敏感性分析图

4)**计算敏感度系数并对敏感因素排序。**敏感度系数是项目效益指标变化的百分率与不确定因素变化的百分率之比。敏感度系数高，则表示项目效益对该不确定因素敏感程度高，

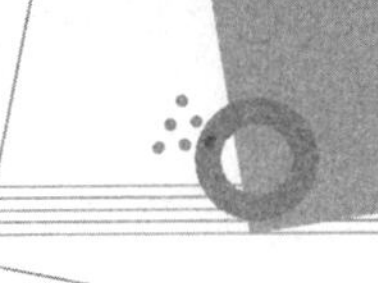

提示应重视该不确定因素对项目效益的影响。敏感度系数计算公式如下：

$$E=\Delta A/\Delta F \tag{3-52}$$

式中　E——评价指标 A 对于不确定因素 F 的敏感度系数；

ΔA——不确定因素 F 发生 ΔF 变化率时，评价指标 A 的相应变化率(%)；

ΔF——不确定因素 F 的变化率(%)。

敏感度系数的计算结果可能受到不确定因素变化百分率取值不同的影响，即随着不确定因素变化百分率取值的不同，敏感度系数的数值会有所变化。但其数值大小并不是计算该项指标的目的，重要的是各不确定因素敏感度系数的相对值，借此了解各不确定因素的相对影响程度，以选出敏感度较大的不确定因素。因此，虽然敏感度系数有以上缺陷，但在判断各不确定因素对项目效益的相对影响程度上仍然具有一定的作用。

5)**计算变动因素的临界点。**临界点是指不确定因素的极限变化，即该不确定因素使项目内部收益率等于基准收益率或净现值变为零时的变化百分率。当该不确定因素为费用项目时，即为其增加的百分率；当其为效益项目时，即为降低的百分率。临界点也可用该百分率对应的具体数值表示。当不确定因素的变化超过了临界点所表示的不确定因素的极限变化时，项目内部收益率指标将会转而低于基准收益率，表明项目将由可行变为不可行。

临界点的高低与设定的基准收益率有关，对于同一个投资项目，随着设定基准收益率的提高，临界点就会变低(临界点表示的不确定因素的极限变化变小)。而在一定的基准收益率下，临界点越低，说明该因素对项目效益指标的影响越大，项目对该因素就越敏感。

可以通过敏感性分析图求得临界点的近似值，但由于项目效益指标的变化与不确定因素变化之间不是直线关系，有时误差较大，因此，最好采用专用函数求解临界点。

【例 3-8】 已知某项目基本方案的参数估算值(表 3-4)，试进行敏感性分析(基准收益率 $i_c=8\%$)。

表 3-4　某项目基本方案的参数估算表

因素	建设投资 I/万元	年销售收入 B/万元	年经营成本 C/万元	期末残值 L/万元	寿命 n/年
估算值	1 600	700	300	200	6

【解】 (1)以年销售收入 B、年经营成本 C 和建设投资 I 为拟分析的不确定因素。

(2)选择项目的财务内部收益率为评价指标。

(3)做出基本方案的现金流量表(表 3-5)。

表 3-5　基本方案的现金流量表　　万/年

年　份	1	2	3	4	5	6
1　现金流入		700	700	700	700	900
1.1　年销售收入		700	700	700	700	700
1.2　期末残值回收						200
2　现金流出	1 600	300	300	300	300	300
2.1　建设投资	1 600					
2.2　年经营成本		300	300	300	300	300
3　净现金流量	−1 600	400	400	400	400	600

则方案的财务内部收益率 $FIRR$ 由下式确定：

$$-I(1+FIRR)^{-1}+(B-C)\sum_{t=2}^{5}(1+FIRR)^{-t}+(B+L-C)(1+FIRR)^{-6}=0$$

$$-1\,600\times(1+FIRR)^{-1}+400\sum_{t=2}^{5}(1+FIRR)^{-t}+600\times(1+FIRR)^{-6}=0$$

采用试差法得：

$FNPV(i=10\%)=36.82$(万元)>0

$FNPV(i=11\%)=-2.66$(万元)<0

采用线性内插法可求得：

$$FIRR=10\%+\frac{36.82}{36.82+2.66}\times(11\%-10\%)=10.93\%$$

(4)计算销售收入、经营成本和建设投资变化对财务内部收益率的影响，结果见表3-6。

表 3-6　因素变化对财务内部收益率的影响

内部收益率/%（变化率） 不确定因素	−10%	−5%	基本方案	+5%	+10%
销售收入	5.15	8.08	10.93	13.72	16.44
经营成本	13.26	12.1	10.93	9.75	8.56
建设投资	14.84	12.85	10.93	9.2	7.59

(5)计算方案对各因素的敏感度。敏感度的计算公式见式(3-48)。对于本例的方案而言，年销售收入平均敏感度$=\dfrac{16.44-5.15}{20}=0.56$

年经营成本平均敏感度$=\dfrac{|8.56-13.26|}{20}=0.24$

建设投资平均敏感度$=\dfrac{|7.59-14.84|}{20}=0.36$

各因素的敏感程度排序为：年销售收入→建设投资→年经营成本。

3. 概率分析

某事件的概率可分为客观概率和主观概率两类。通常把以客观统计数据为基础的概率称为客观概率；以人为预测和估计为基础的概率称为主观概率，如产量、销售单价、投资、建设工期等。经济评价的概率分析主要是主观概率分析。对不确定性因素出现的概率进行预测和估算有一定的难度，各地又缺乏这方面的经验。目前，建设项目仅对大、中型项目要求采用简单的概率分析方法就净现值的期望值和净现值大于或等于零时累计概率进行研究，累计概率值越大，说明项目承担风险越小，并允许根据经验设定不确定因素的概率分布。

简单的概率分析是在根据经验设定各种情况发生的可能性(概率)之后，计算项目净现值的期望值及净现值大于或等于零时的累计概率。在方案比选中，则可只计算净现值的期望值。计算中应根据具体问题的特点选择适当的计算方法。一般的计算步骤如下：

(1)列出各种要考虑的不确定性因素(敏感要素)。

(2)设想各不确定性因素可能发生的情况，即其数值发生变化的几种情况。

(3)分别确定每种情况出现的可能性即概率，每种不确定性因素可能发生情况的概率之和必须等于1。

(4)分别求出各可能发生事件的净现值、加权净现值，然后求出净现值的期望值。

(5)求出净现值大于或等于零的累计概率。

总之，概率分析是使用概率研究预测各种不确定因素和风险因素的发生对项目经济效益评价指标影响的一种定量分析方法。利用这种分析可以对不确定性因素及其对项目投资经济效益影响的程度定量化，从而比较科学地判断项目在可能的风险因素影响下是否可行。

本章小结

建设项目决策阶段的工程造价控制是决定工程造价的基础，直接影响着决策之后各个建设阶段的工程造价的确定与控制是否科学、合理。正确的项目决策能使在建设资金合理利用的同时，提高投资收益。正确的决策又是设计的依据，关系到工程造价的高低和投资效果以及资源的合理配置。

通过本章学习，可以加深对工程项目建设前期造价控制的理解，了解造价决策阶段的工程程序及决策阶段影响项目投资的主要因素，熟悉可行性研究及其阶段划分，掌握可行性研究报告及投资估算的编制方法，能提高建设项目投资效益，合理确定建设项目投资额度，合理确定和有效控制工程造价。

思考与练习

一、填空题

1. 一般将可行性研究分为__________、__________和__________三个阶段。

2. 可行性研究阶段的投资估算的编制一般包含__________、__________与__________三部分。

3. 动态投资部分包括__________和__________两部分。

4. 流动资金等于__________和__________的差额。

5. __________是根据现有同类企业的实际资料，求得各种流动资金率指标，也可依据行业或部门给定的参考值或经验确定比率。

6. __________是反映项目盈利能力常用的动态评价指标。

7. 投资回收期按照是否考虑资金时间价值，可以分为__________和__________。

8. 投资项目的资金构成一般可分为__________和__________。

9. __________反映项目总体偿债能力。

三、选择题

1. 可行性研究的内容主要是对投资项目进行(　　)方面的研究。

A. 市场研究　　B. 技术研究

C. 经济研究　　D. 环保生态研究

E. 信息研究

2. 我国建设项目的投资估算的有(　　)。

A. 项目规划阶段的投资估算

B. 项目建议书阶段的投资估算

C. 项目预算阶段的投资估算

D. 初步可行性研究阶段的投资估算

E. 详细可行性研究阶段的投资估算

3. 下列关于财务评价指标阐述正确的是(　　)。

A. 总投资收益率指项目有收益年份的息税前利润与项目总投资的比率

B. 利息备付率从付息资金来源的充裕性角度反映项目偿付财务利息的保障程度

C. 偿债备付率表示可用于还本付息的资金偿还借款本息的保障程度

D. 项目资本金净利润率属于动态评价指标

E. 项目投资回收期是进行偿债能力分析的指标

4. 下列项目中，包含在项目资本金现金流量表中而不包含在项目投资现金流量表中的有(　　)。

A. 增值税金及附加　　B. 建设投资

C. 价款本金偿还　　D. 借款利息支付

E. 所得税

三、简答题

1. 建设项目决策与工程造价之间有何关系?

2. 决策阶段影响工程造价的主要因素有哪些?

3. 简述可行性研究的概念及作用。

4. 简述建设项目可行性研究的基本工作步骤。

5. 简述投资估算的含义及作用。

6. 投资估算的编制依据有哪些?

7. 流动资金估算应注意哪些问题?

8. 简述财务评价的概念及作用。

四、计算题

1. 购买某套设备购置费为 6 200 万元，根据以往资料，与设备配套的建筑工程、安装工程和其他工程费占设备费用的百分比分别为 43%、15%、10%。假定各工程费用上涨与设备费用上涨是同步的。试估计该项目投资额。

2. 某投资方案的现金流量及累计现金流量见表 3-7，求该方案的静态和动态投资回收期。

表 3-7　投资方案的现金流量　　万元

年份	1	2	3	4	5	6	7	8
净现金流量	−600	−900	300	500	500	500	500	500
累计净现金流量	−600	−1 500	−1 200	−700	−200	300	800	1 300
净现金流量限制	−555.54	−771.57	238.14	367.5	340.4	315.1	291.75	270.15
累计净现金流量现值	−555.54	−1 327.11	−1 088.97	−721.47	−381.17	−66.07	225.68	495.83

第四章　建设项目设计阶段造价控制与管理

知识目标

1. 了解建设工程设计的基本概念、工作内容和程序，理解设计阶段投资控制的影响因素和重要意义，掌握设计方案优选的方法。

2. 了解设计标准的作用，能正确理解和运用设计标准，熟悉限额设计的基本原理，掌握实现造价控制的方法，能应用价值工程法对项目设计进行技术经济比较。

3. 了解设计概算的定义与作用，熟悉设计概算的编制内容，掌握设计概算编制的方法。

4. 了解施工图预算的定义与作用，熟悉施工图预算的编制内容，掌握施工图预算编制的步骤与方法。

能力目标

1. 能分析设计阶段影响工程造价的主要因素。

2. 掌握设计阶段投资控制的措施和方法，清楚价值工程在限额设计中的应用。

3. 能对设计方案进行技术经济分析并从中选优，懂得价值工程在设计阶段的应用。

4. 能独立编制设计概算和施工图预算。

第一节　设计阶段造价控制概述

一、设计阶段造价控制的主要工作内容

设计阶段造价控制是指在设计阶段，工程设计人员和工程经济人员密切配合，运用一系列科学的方法和手段对设计方案进行选择和优化，正确处理好技术与经济的对立统一关系，从而主动地影响工程造价，以达到有效地控制工程造价的目的。建设项目设计的各个工作阶段造价控制的内容又有所不同。

1. 设计准备阶段

设计人员与造价咨询人员密切合作，通过对项目建议书和可行性研究报告内容的分析，了解业主方对设计的总体思路和项目利益相关者的不同要求，充分了解和掌握各种有关的外部条件和客观情况，还要考虑工程已具备的各项使用要求。

2. 方案设计阶段

在初步方案设计阶段，设计单位或者个人和造价咨询人员通过考虑工程与周围环境之间的关系，对工程的主要内容的安排进行布局设想。在这个过程中，设计单位或个人要考虑到项目利益相关者对建设项目的不同要求，妥善解决建设项目工程和周围环境的相容性和协调性问题。工程造价人员应做出各专业详细的建安工程造价估算书。

3. 初步设计阶段

初步设计阶段是设计阶段中的一个关键性阶段，也是整个设计构思基本形成的阶段。初步设计阶段主要应明确拟建工程和规定期限内进行建设的技术可行性和经济合理性，规定主要技术方案、工程总造价和主要技术经济指标。

4. 技术设计阶段

技术设计阶段是初步设计的具体化，也是各种技术问题的定案阶段。技术设计的详细程度应满足确定设计方案中重大技术问题和有关试验、设备选择等方面的要求，能保证在建设项目采购过程中确定建设项目建设材料采购清单。

5. 施工图设计阶段

施工图设计阶段是设计工作和施工工作的桥梁。其具体包括建设项目各部分工程的详图和零部件、结构构件明细表以及验收标准和验收方法等。施工图设计的深度应能满足设备材料的选择与确定、非标准设备的设计与加工制作、施工图预算的编制以及建筑工程施工和安装的要求。

6. 设计交底和配合施工

施工图发出后，根据现场需要，设计单位应派人到施工现场，与建设单位、施工单位等共同会审施工图，进行技术交底，介绍设计意图和技术要求，修改不符合实际和有错误的图纸，参加试运转和竣工验收，解决试运转过程中的各种技术问题，并检验设计的正误和完善程度。

对于大、中型工业项目和大型复杂的民用建设工程项目，应派现场设计代表积极配合现场施工并参加隐蔽工程验收。

二、设计阶段影响工程造价的主要因素

国内外实践证明，对工程造价影响最大的阶段，是约占一个工程项目总建设周期四分之一的设计阶段。在初步设计阶段，影响工程造价的可能性为75%～95%；至施工图设计结束，影响工程造价的可能性为35%～75%；而从施工开始，通过技术组织措施节约工程造价的可能性只有5%～10%。由此可见，**控制工程造价的关键在于施工前的投资决策和设计阶段，而在项目做出投资决策后，控制造价的关键就在于设计阶段。**

1. 总平面设计

总平面设计是否合理对于整个设计方案的经济合理性有着重大影响。合理的总平面设计可以极大地减少建筑工程量，节约建设用地，节省建设投资，降低工程造价和项目运行后的使用成本，加快建设进度，并可以为企业创造良好的生产组织、经营条件和生产环境，还可以为城市建设和工业区创造完美的建筑艺术整体。总平面设计中影响工程造价的因素有以下内容：

(1)**占地面积。**占地面积的大小会影响征地费用的高低，也会影响管线布置成本及项目建成运营的运输成本。因此，在总平面设计中应尽量节约用地。

(2)**功能分区。**无论是工业建筑还是民用建筑都是由许多功能组成，这些功能之间相互联系、相互制约。合理的功能分区既可以使建筑物的各项功能充分发挥，又可以使总平面布置紧凑、安全，避免大挖大填，减少土石方量，节约用地，降低工程造价。同时，合理的功能分区还可以使生产工艺流程流畅、运输简便、降低项目建成后的运营成本。

(3)**运输方式的选择。**不同的运输方式其运输效率及成本不同。有轨运输运量大，运输安全，但需要一次性投入大量资金；无轨运输无须一次性大规模投资，但是运量小、运输安全性较差。从降低工程造价的角度来看，应尽可能选择无轨运输，可以减少占地、节约投资。但是运输方式的选择不能仅仅考虑工程造价，还应考虑项目运营的需要，如果运输量较大，则有轨运输往往比无轨运输成本低。

2. 工艺设计

一般来说，先进的技术方案所需投资较大，其劳动生产率较高、产品质量好。因此，选择工艺技术方案时，应认真进行经济分析，根据我国国情和企业的经济与技术实力，以提高投资的经济效益和企业投产后的运营效益为前提，积极稳妥地采用先进的技术方案和成熟的新技术、新工艺，确定先进适度、经济合理、切实可行的工艺技术方案。

3. 建筑设计

建筑设计部分，要在考虑施工过程的合理组织和施工条件的基础上，决定工程的立体平面设计和结构方案的工艺要求。根据建筑物和构筑物及公用辅助设施的设计标准，给出建筑工艺方案、暖气通风、给水排水等问题的简要说明。在建筑设计阶段影响工程造价的主要因素有以下内容：

(1)**平面形状。**一般来说，建筑物平面形状越简单，它的单位面积造价就越低。当一座建筑物的平面又长又窄，或它的外形复杂且不规则时，其周长与建筑面积的比率必将增加，伴随而来的是较高的单位造价。不规则的建筑物将导致室外工程、排水工程、砌砖工程及屋面工程等复杂化，从而增加工程费用。一般情况下，建筑物周长与建筑面积比 $K_{周}$(单位建筑面积所占外墙长度)越低，设计越经济。

(2)**流通空间。**建筑物的经济平面布置的主要目标之一，是在满足建筑物使用要求的前提下，将流通空间减少到最小。因为门厅、过道、走廊、楼梯以及电梯井的流通空间都可以认为是“死空间”，都不能为了获利而加以使用，但是却需要相当多的采暖、采光、清扫和装饰以及其他方面的费用。造价不是检验设计是否合理的唯一标准，例如，美观和功能质量的要求也是很重要的。

(3)**层高和净高。**层高和净高将直接影响工程造价。适当降低层高，可节省材料(墙体、管线等)、降低施工费用、节约能源(采暖、供水加压)，节约用地，有利于抗震。靠提高室内净高来改善室内微小气候是无济于事的(室内空气污浊带，一般在顶棚底 0.8～1.0 m 处，与风速、风压和相对湿度等因素有关)。

据有关资料分析，住宅层高每降低 10 cm，可降低造价 1.2%～1.5%。层高降低还可提高住宅区的建筑密度，节约征地费、拆迁费及市政设施费。单层厂房层高每增加 1 m，单位面积造价增加 1.8%～3.6%，年度采暖费用增加约 3%；多层厂房的层高每增加 0.6 m，单位面积造价提高 8.3%左右。由此可见，随着层高的增加，单位建筑面积造价也在不断增加。多层建筑造价增加幅度比较大的原因是：多层建筑的承重部分占总造价的比重比较大，而单层建筑的墙柱部分占总造价的比重较小。

单层厂房的高度主要取决于车间内部的运输方式。选择正确的车间内部运输方式，对于降低厂房高度、降低造价具有重要意义。在条件允许，特别是当起重量较小时，应考虑采用悬挂式运输设备来代替桥式起重机；多层厂房的层高应综合考虑生产工艺、采光、通风及建筑经济的因素来进行选择，多层厂房的建筑层高还取决于能否容纳车间内的最大生产设备和满足运输的要求。民用住宅的层高一般为 2.5～2.8 m。

(4)**建筑物层数。**相同的用地条件下，层数越多，分摊的土地费用越少；相同的基础形式下，层数越多，分摊的基础工程费用越少。中、高层住宅和高层住宅需改变承重结构的，内、外部设备费用随之提高，造价也将提高。在民用建筑中，多层住宅具有降低造价、降低使用费用以及节约用地的优点。

(5)**柱网布置。**柱网布置是确定柱子的行距(跨度)和间距(每行柱子中相邻两个柱子间的距离)的依据。柱网布置是否合理，对工程造价和厂房面积的利用效率都有较大的影响。柱网的选择与厂房中有无起重机、起重机的类型及吨位、屋顶的承重结构以及厂房的高度等因素有关。对于单跨厂房，当柱间距不变时，跨度越大单位面积造价越低。因为除屋架外，其他结构架分摊在单位面积上的平均造价随跨度的增大而减小；对于多跨厂房，当跨度不变时，中跨数量越多越经济。这是因为柱子和基础分摊在单位面积上的造价减少了。

(6)**建筑物的体积与面积。**通常情况下，随着建筑物体积和面积的增加，工程总造价会提高，因此，应尽量减少建筑物的体积与总面积。为此，对于工业建筑，在不影响生产能力的条件下，厂房、设备布置力求紧凑合理；要采用先进工艺和高效能的设备，节省厂房面积；要采用大跨度、大柱距的大厂房平面设计形式，提高平面利用系数。对于民用建筑，尽量减少结构面积比例，增加有效面积。住宅结构面积与建筑面积之比称为结构面积系数，该系数越小，设计越经济。

(7)**建筑结构。**建筑材料和建筑结构的选择是否合理，不仅直接影响到工程质量、使用寿命和耐火抗震性能，而且对施工费用、工程造价有很大的影响。尤其是建筑材料，一般占直接费的70%。降低材料费用，不仅可以降低直接费，也会导致间接费的降低。采用各种先进的结构形式和轻质高强度的建筑材料，能减轻建筑物自重，简化基础工程，减少建筑材料和构配件的费用及运费，并能提高劳动生产率和缩短建设工期，经济效果十分明显。

第二节　工程设计及设计方案优选

一、工程设计概述

工程设计是建设项目进行全面规划和具体描述实施意图的过程，是工程建设的灵魂，是科学技术转化为生产力的纽带，是处理技术与经济关系的关键性环节，是确定与控制工程造价的重点阶段。设计是否经济合理，对控制工程造价具有十分重要的意义。

(一)工程设计的含义

工程设计是指在工程开始施工之前，设计者根据已批准的设计任务书，为具体实现拟建项目的技术、经济要求，拟定建筑、安装及设备制造等所需的规划、图纸、数据等技术文件的工作。设计是建设项目由计划变为现实具有决定意义的工作阶段。设计文件是建筑安装施工的依据。拟建工程在建设过程中能否保证进度、保证质量和节约投资，在很大程度上取决于设计质量的优劣。工程建成后，能否获得满意的经济效果，除项目决策外，设计工作起着决定性的作用。设计工作的重要原则之一是保证设计的整体性，为此，设计工作必须按照一定的程序分阶段进行。

(二)工程设计阶段

为保证工程建设和设计工作的有机配合和衔接，将工程设计划分为几个阶段。国家规定，一般工业与民用建设项目设计按初步设计和施工图设计两个阶段进行，称为**“两阶段设计”**；对于技术上复杂而又缺乏设计经验的项目，可按初步设计、扩大初步设计和施工图设计三个阶段进行，称为**“三阶段设计”**。小型建设项目中技术简单的，在简化的初步设计确定后，就可做施工图设计。在各个设计阶段，都需要编制相应的工程造价控制文件，即设计概算、修正概算和施工图预算等，逐步由粗到细确定工程造价控制目标，并经过分段审批，切块分解，层层控制工程造价。

(三)工程设计过程

工程设计包括准备工作、编制各阶段的设计文件、配合施工和参加施工验收、进行工程设计总结等过程，如图 4-1 所示。

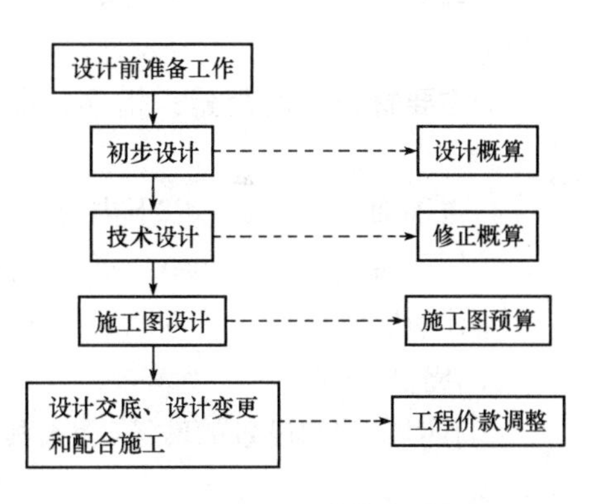

图 4-1　工程设计的全过程

(1)**设计前准备工作。**设计单位根据主管部门或业主的委托书进行可行性研究，参加建设地点的选择和调查研究设计所需的基础资料(勘察资料，环境及水文地质资料，科学试验资料，水、电及原材料供应资料，用地情况及指标，外部运输及协作条件等资料)，开展工程设计所需的科学试验。在此基础上进行方案设计。

(2)**初步设计。**这是设计过程中的一个关键性阶段，也是整个设计构思基本形成的阶段。通过初步设计可以进一步明确拟建工程在指定地点和规定期限内进行建设的技术可行性和经济合理性，并规定主要技术方案、工程总造价和主要技术经济指标，以利于在项目建设和使用过程中最有效地利用人力、物力和财力。工业项目初步设计包括总平面设计、工艺设计和建筑设计三部分。在初步设计阶段应编制设计总概算。

(3)**技术设计。**技术设计是初步设计的具体化，也是各种技术问题的定案阶段。技术设计应研究和决定的问题，与初步设计的大致相同，但需要根据更详细的勘察资料和技术经济计算加以补充修正。技术设计的详细程度应能满足确定设计方案中重大技术问题和有关实验、设备选制等方面的要求，应能保证能够根据它编制施工图和提出设备订货明细表。技术设计的着眼点，除体现初步设计的整体意图外，还要考虑施工的方便易行。如果对初步设计中所确定的方案有所更改，应对更改部分编制修正概算书。对于不太复杂的工程，技术设计阶段可以省略，将这个阶段的一部分工作纳入初步设计(承担技术设计部分任务的初步设计，称为扩大初步设计)，另一部分留待施工图设计阶段进行。

(4)**施工图设计。**这一阶段主要是通过图纸，把设计者的意图和全部设计结果表达出来，作为工人施工制作的依据，它是设计工作和施工工作的桥梁。施工图包括建设项目各部分工程的详图，零部件、结构构件明细表以及验收标准和方法等。施工图设计的深度应能满足设备材料的选择与确定、非标准设备的设计与加工制作、施工图预算的编制、建筑工程施工和安装的要求。

(5)**设计交底和配合施工。**施工图发出后，根据现场需要，设计单位应派人到施工现场，与建设、施工单位共同会审施工图，进行技术交底，介绍设计意图和技术要求，修改不符合实际和有错误的图纸，参加试运转和竣工验收，解决试运转过程中的各种技术问题，并检验设计的正确和完善程度。

(四)建设项目设计阶段技术经济指标体系

1. 工业建设项目设计方案技术经济指标

工业建设项目设计方案的技术经济指标，按建设阶段和使用阶段分述如下：

(1)**建设阶段技术经济指标。**

1)**投资指标：**包括总投资和单位生产能力的投资。

2)**工期指标：**包括总工期和工期的变化率，即相对于定额工期(或规定工期)提前或延迟的量。

3)**主要材料的耗用量：**指项目所需的主要建筑材料和各种特殊材料、稀贵材料的需要量。

4)**占地面积。**主要有以下内容：

①厂区占地面积(公顷)：指厂区围墙(或规定界限)以内的用地面积。

②建筑物和构筑物的占地面积(m^2)：建筑物占地面积按上述规定计算，构筑物的建筑面积按外轮廓计算。

③有固定装卸设备的堆场(露天栈桥、龙门吊堆场)和露天堆场(原料、燃料堆场)的占地面积(m^2)。

④铁路、道路、管线和绿化占地面积(m^2)：铁路、道路的长度乘以宽度即为占地面积，但厂外铁路专用线用地不在此项内。

5)**建筑密度：**指建筑物、构筑物、有固定装卸设备的堆场、露天仓库的占地面积之和与厂区占地面积之比。其计算公式为

$$建筑密度=\frac{建筑物和构筑物占地面积+露天仓库、堆场占地面积}{厂区占地面积} \tag{4-1}$$

建筑密度是工厂总平面设计中比较重要的技术经济指标，它可以反映总平面设计中用地是否紧凑合理。建筑密度高，表明可节省土地和土石方工程量，又可缩短管线长度，从而降低建厂费用和使用费。

6)**土地利用系数：**指建筑物、构筑物、露天仓库、堆场、铁路、道路、管线等占地面积之和与厂区面积之比。其计算公式如下：

$$土地利用系数=\frac{A+B+C+D}{E}\times 100\% \tag{4-2}$$

式中 A——建筑物和构筑物占地面积；

B——露天仓库、堆场占地面积；

C——铁路、道路占地面积；

D——地上、地下管线占地面积；

E——厂区占地面积。

7)**实物工程量指标：**主要实物工程量指标有场地平整土方工程量，铁路长度，道路及广场铺砌面积，排水、给水管线长度，围墙长度，绿化面积等。

(2)**使用阶段技术经济指标。**

1)**预期成果指标。**

①年产量：如果产品的品种规格较多，可采用换算方法，将各种产品的产量都折算成主要产品的产量。其计算公式如下：

$$产品的折合量=\frac{全年工业总产值}{主要产品的单价}(台、t、kW) \tag{4-3}$$

②年产值：产值是产量指标的货币表现，按不变价格计算。其主要包括工业总产值和工业净产值。

a. 工业总产值：由各种产品产量乘以相应的出厂价格计算。从价值形态来看，工业总产值由三部分组成：第一，生产中消耗的原材料、燃料、动力和固定资产价值；第二，职工的工资和福利基金；第三，产品销售利润和税金。

b. 工业净产值：净产值是企业一定时期内新创造价值的货币表现，它是从工业总产值中扣除生产中消耗的原材料、燃料、动力和固定资产折旧后剩下的部分。

③净利润：净利润是指在利润总额中按规定交纳了所得税后公司的利润留成。其计算公式如下：

$$年净利润=全年产品销售收入-全年产品生产成本-年税金 \tag{4-4}$$

④净收益：净收益是在年净利润的基础上，再扣除逐年均衡偿还投资本息和年定额流动资金利息后的金额。其计算公式如下：

$$年净收益=年净利润-年投资本息偿还额-年定额流动资金利息 \tag{4-5}$$

$$年投资本息偿还额=投资总额\times(R/P,\ i_1,\ n) \tag{4-6}$$

$$年定额流动资金利息=定额流动资金总额\times i_2 \tag{4-7}$$

式中 i_1——基建投资年利息率；

i_2——流动资金年利息率。

⑤反映功能或适用性的指标：对于专业工程，如动力、运输、给水、排水和供热等设计方案，则要用提供动力的大小、运输能力、供水能力、排水能力和供热能力来表示。

2)**劳动消耗指标：**包括活劳动消耗(职工总数、工时总额和工资总额等)、物化劳动消耗(单位产品的各类材料消耗量、设备和厂房的折旧费、材料利用率、设备负荷率、每台设备年产量以及单位生产性建筑面积年产量等)以及活劳动和物化劳动的综合消耗(成本、劳动生产率等)。

3)**劳动占用指标：**制造产品需要占用一定的厂房设备，还需要有一定数量的原材料和半产品的储备，所有这些占用都是人们对过去物化劳动的占用。属于这方面的指标有固定资产总额、流动资金总额、设备总台数、总建筑面积等。

4)**综合指标。**

①产值利润率：

$$产值利润率=\frac{年净利润}{年总产值}\times 100\% \tag{4-8}$$

②成本利润率：它可以从利润角度反映项目在生产过程中劳动消耗的多少，也可以间接反映出工厂劳动创造财富的多少。

$$单位产品成本利润率=\frac{单位产品净利润}{单位产品成本}\times 100\% \tag{4-9}$$

$$年成本利润率=\frac{年净利润}{年产品总成本}\times 100\% \tag{4-10}$$

③资金利润率：可较全面地反映项目经营后的经济效果。

$$资金利润率=\frac{年净利润}{固定资金+年评价占用流动资金}\times 100\% \tag{4-11}$$

④投资利润率：它是从利润角度来反映投资的经济效果。

$$投资利润率=\frac{年净利润}{投资总额}\times 100\% \tag{4-12}$$

⑤投资回收期：表示设计方案所需的全部投资由投产后每年所获得的利润来偿还的年数。投资回收期用投资利润率的倒数来计算。

5)**其他指标：**如反映方案维修的难易程度、可靠性、安全性以及公害防治等方面的指标。

2. 民用建筑项目设计方案技术经济指标

(1)**居住建筑设计评价指标：**

1)平均每户建筑面积$=\frac{建筑总面积}{总户数}$(m^2/户)。 (4-13)

2)平均每户居住面积$=\frac{居住总面积}{总户数}$(m^2/户)。 (4-14)

3)平均每人居住面积$=\frac{居住总面积}{总人数}$(m^2/人)。 (4-15)

4)平均每户居室数及户型比$=\frac{某户型的户数}{总户数}$。

5)居住面积系数 K，反映居住面积与建筑面积的比例：

$$K=\frac{标准层的居住面积}{建筑面积}\times 100\% \tag{4-16}$$

$K>56\%$为佳，$K<50\%$为差。

6)辅助面积系数 K_1，反映辅助面积与使用面积之比例：

$$K_1=\frac{标准层的辅助面积}{使用面积}\times 100\% \tag{4-17}$$

使用面积也称为有效面积，等于居住面积加辅助面积，K_1 一般为 20%～27%。

7)结构面积系数 K_2，反映结构面积与建筑面积之比例：

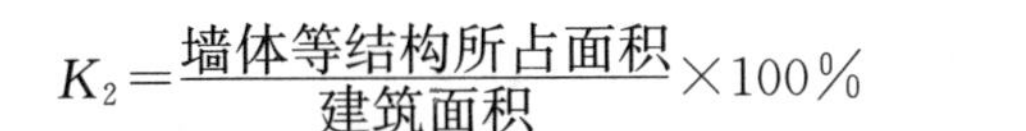

$$K_2=\frac{\text{墙体等结构所占面积}}{\text{建筑面积}}\times 100\% \tag{4-18}$$

K_2 一般在 20%左右。

8)建筑周长系数 K'，即建筑物外墙周长与建筑占地面积之比：

$$K'=\frac{\text{建筑物外墙周长}}{\text{建筑占地面积}}(\text{m/m}^2) \tag{4-19}$$

(2)**公共建筑设计方案评价指标：**

1)平均单位建筑面积：

$$\text{平均单位建筑面积}=\frac{\text{建筑面积总数}}{\text{使用单位(人、座位、床位)总数}}[\text{m}^2/\text{人(座、床)}] \tag{4-20}$$

影剧院、体育馆、餐馆等按座位计算建筑面积，旅馆、医院按床位计算建筑面积，教学楼、办公楼则按人数计算建筑面积(同理可计算单位使用面积)。

2)平均单位使用面积。公共建筑中的使用面积包括主要使用面积，如教室、实验室、病房、营业厅、观众厅等的面积和辅助房间面积，如厕所、储藏室、电气、水暖设备用房的面积。

$$\text{平均单位使用面积}=\frac{\text{使用面积总数}}{\text{使用单位(人、床位、座位)总数}}[\text{m}^2/\text{人(床、座)}] \tag{4-21}$$

3)建筑平面系数：

$$\text{建筑平面系数}=\frac{\text{使用部分面积}}{\text{建筑面积}} \tag{4-22}$$

$$\text{使用部分面积}=\text{使用房间面积}+\text{辅助房间面积} \tag{4-23}$$

平面系数越大，说明方案的平面有效利用率越高。

4)辅助面积系数：

$$\text{辅助面积系数}=\frac{\text{辅助面积}}{\text{使用面积}} \tag{4-24}$$

辅助面积系数小，则方案在辅助面积上的浪费小，也说明方案的平面有效利用率高。

5)结构面积系数：

$$\text{结构面积系数}=\frac{\text{结构面积}}{\text{建筑面积}} \tag{4-25}$$

结构面积系数越小，说明有效使用面积越大，这是评价采用新材料、新结构的重要指标。

(3)**居住小区规划设计方案评价指标：**

1)占用土地(公顷)：指生活居住用地、公共建筑用地、道路用地、绿化用地和其他用地的总和。

2)居住总人口(人)。

3)人口密度。

人口毛密度：

$$\text{人口毛密度}=\frac{\text{居住总人口}}{\text{总用地面积}}(\text{人/hm}^2) \tag{4-26}$$

人口净密度：

$$\text{人口净密度}=\frac{\text{居住总人口}}{\text{总居住建筑用地面积}}(\text{人/hm}^2) \tag{4-27}$$

4)平均每人居住用地：

$$平均每人居住用地=\frac{总居住建筑用地面积}{居住总人口}(m^2/人) \tag{4-28}$$

5)建筑密度：

$$建筑密度=\frac{建筑占地面积}{占地总面积}\times 100\% \tag{4-29}$$

6)建筑面积密度：

$$建筑面积密度=\frac{总建筑面积}{占地总面积}(m^2/hm^2) \tag{4-30}$$

7)居住建筑密度：

$$居住建筑密度=\frac{居住建筑占地面积}{占地总面积}\times 100\% \tag{4-31}$$

居住建筑密度是衡量用地经济性和保证居住区必要的卫生条件的主要技术经济指标，其数值的大小与建筑层数、房屋间距、层高、房屋排列方式等因素有关。适当提高建筑密度可节省用地，但应保证日照、绿化、通风、防火和交通安全的基本需要。

8)居住建筑面积密度：

$$居住建筑面积密度=\frac{总居住建筑面积}{居住建筑占地面积}(m^2/hm^2) \tag{4-32}$$

二、设计方案竞选

设计方案竞选是指组织竞选活动的单位，通过报刊、信息网络或其他媒介发布竞选公告，吸引设计单位参加方案竞选。参加竞选的设计单位按照竞选文件和《城市建筑方案设计文件编制深度规定》，做好方案设计和编制有关文件，经具有相应资格的注册建筑师签字并加盖单位法定代表人或法定代表人委托的代理人的印鉴，在规定的日期内，密封送达组织竞选单位。组织竞选单位邀请有关专家组成评定小组，采用科学的方法，按照适用、经济、美观的原则以及技术先进、结构合理、满足建筑节能、环保等要求，综合评定设计方案的优劣，择优确定中选方案，最后双方签订合同。

1. 设计方案竞选的建设项目应具备的条件

(1)**具有批准的项目建议书或可行性研究报告。**

(2)**具有划定的项目建设地点，规划控制要点和用地红线图。**

(3)**具有符合要求的地形图，包括工程地质、水文地质资料，水、电、燃气、供热、环保、通信和市政道路等详细资料。**

(4)**有设计要求说明书。**

2. 参选单位应提供的材料

(1)**提供单位名称、法人代表、地址、单位所有制性质和隶属关系。**

(2)**提供设计证书的复印件及证书副本、设计收费证书及营业执照的复印件。**

(3)**单位简历、技术力量及主要设备。**

(4)**一级注册建筑师资格证书。**

3. 设计方案竞选的方式

(1)**公开竞选。**由组织竞选的单位通过各种媒介发布竞选公告。

(2)**邀请竞选。**由组织竞选的单位直接向3个以上有关设计单位发出竞选邀请书。

4. 设计竞选方案的评定

由组织竞选单位和有关专家7～11人组成评定小组，其中技术专家人数应占2/3以上。评定小组按照技术先进、功能全面、结构合理、安全适用、满足建筑节能及环境要求、经济实用、美观的原则，并同时考虑设计进度的快慢以及设计单位和注册建筑师的资历信誉等因素，综合评定设计方案的优劣，择优确定中选方案。评定会议结束后至确定中选单位的期限一般不超过15天。确定中选单位后，组织竞选单位应于7天内发出中选通知书，之后30天内签订设计发承包书面合同。

三、设计方案评价

1. 设计方案评价的原则

设计方案评价应遵循以下基本原则：

(1)**设计方案必须处理好经济合理性与技术先进性之间的关系。**经济合理性要求工程造价尽可能低，但一味地追求经济效果，可能会导致项目的功能水平偏低，无法满足使用者的要求；技术先进性追求技术的尽善尽美，项目功能水平先进，但可能会导致工程造价偏高。因此，技术先进性与经济合理性是相互矛盾的，设计者应妥善处理好两者的关系。一般情况下，要在满足使用者要求的前提下，尽可能降低工程造价。但是，如果受到资金限制，也可以在资金限制范围内，尽可能提高项目的功能水平。

(2)**设计方案必须兼顾建设与使用，考虑项目全寿命费用。**工程在建设过程中，控制造价是一个非常重要的目标。但是造价水平的变化，又会影响到项目将来的使用成本。如果单纯地降低造价，建筑物质量将得不到保障，就会导致在使用过程中的维修费用过高，甚至有可能发生重大事故，给社会财产和人民生命安全带来严重损害。

(3)**设计方案必须兼顾近期与远期的要求。**一项工程建成后，往往会在很长的时间内发挥作用。如果只按照目前的要求设计工程，那么在不远的将来，可能会出现由于项目功能水平无法满足需要而重新建造的情况。但是如果只按照未来的需要设计工程，又会出现由于功能水平过高而产生资源闲置、浪费的现象。所以，设计者要兼顾近期和远期的要求，选择合理的项目功能水平。同时，也要根据远景发展需要，适当留有发展余地。

2. 设计方案评价的方法

(1)**多指标评价法。**多指标评价法分为多指标对比法和多指标综合评分法。

1)**多指标对比法。**这是目前采用比较多的一种方法。它的基本特点是使用一组适用的指标体系，将对比方案的指标值列出，然后一一进行对比分析，根据指标值的高低分析判断方案优劣。

利用这种方法首先需要将指标体系中的各个指标，按其在评价中的重要性不同，可分为主要指标和辅助指标。主要指标能够比较充分地反映工程的技术经济特点的指标，是确定工程项目经济效果的主要依据；辅助指标在技术经济分析中处于次要地位，是主要指标的补充。当主要指标不足以说明方案的技术经济效果的优劣时，辅助指标就成了进一步进行技术经济分析的依据。但是要注意参选方案在功能、价格、时间和风险等方面的可比性。如果方案不完全符合对比条件，要加以调整，使其满足对比条件后再进行对比，并在综合分析时予以说明。

通过综合分析，最后应给出如下结论：

①分析对象的主要技术经济特点及适用条件；

②现阶段实际达到的经济效果水平；

③找出提高经济效果的潜力和途径以及相应采取的主要技术措施；

④预期经济效果。

2)**多指标综合评分法。**该方法首先对需要进行分析评价的设计方案设定若干个评价指标，并按其重要程度确定各指标的权重，然后确定评分标准，并就各设计方案对各指标的满足程度打分，最后计算各方案的加权得分，以加权得分高者为最优设计方案。其计算公式为

$$S=\sum_{i=1}^{n}W_i \cdot S_i \tag{4-33}$$

式中 S——设计方案总得分；

S_i——某方案在评价指标 i 上的得分；

W_i——评价指标 i 的权重；

n——评价指标数。

【例 4-1】 某建设项目有 A、B、C、D 四个设计方案，对各设计方案从适用、安全、美观、技术和经济五个方面进行考察，具体评价指标、权重和评分值见表 4-1。运用综合评分法，选择最优设计方案。

表 4-1 各设计方案评价指标得分表

评价指标		权重	A	B	C	D
适 用	平面布置	0.1	10	8	9	10
	采光通风	0.06	10	9	8	9
	层高层数	0.04	8	8	9	7
安 全	牢固耐用	0.08	9	7	10	10
	“三防”设施	0.04	8	9	7	8
美 观	建筑造型	0.14	9	9	8	6
	室外装修	0.08	8	9	8	5
	室内装修	0.06	7	9	8	6
技 术	环境设计	0.1	4	7	5	6
	技术参数	0.04	7	9	6	7
	便于施工	0.06	8	6	7	8
	易于设计	0.05	9	7	6	6
经 济	单方造价	0.15	10	8	7	8

【解】 运用综合评分法，分别计算 A、B、C、D 四个设计方案的综合得分，计算结果见表 4-2。

表 4-2 A、B、C、D 四个设计方案评价结果计算表

评价指标		权重	A	B	C	D
适 用	平面布置	0.1	10×0.1	8×0.1	9×0.1	10×0.1
	采光通风	0.06	10×0.06	9×0.06	8×0.06	9×0.06
	层高层数	0.04	8×0.04	8×0.04	9×0.04	7×0.04
安 全	牢固耐用	0.08	9×0.08	7×0.08	10×0.08	10×0.08
	"三防"设施	0.04	8×0.04	9×0.04	7×0.04	8×0.04
美 观	建筑造型	0.14	9×0.14	9×0.14	8×0.14	6×0.14
	室外装修	0.08	8×0.08	9×0.08	8×0.08	5×0.08
	室内装修	0.06	7×0.06	9×0.06	8×0.06	6×0.06
技 术	环境设计	0.1	4×0.1	7×0.1	5×0.1	6×0.1
	技术参数	0.04	7×0.04	9×0.04	6×0.04	7×0.04
	便于施工	0.06	8×0.06	6×0.06	7×0.06	8×0.06
	易于设计	0.05	9×0.05	7×0.05	6×0.05	6×0.05
经 济	单方造价	0.15	10×0.15	8×0.15	7×0.15	8×0.15
综合得分		1	8.39	8.07	7.57	7.40

根据表 4-2 的计算结果可知，设计方案 A 的综合得分最高，故方案 A 为最优设计方案。

综合评分法依据定性分析与定量分析相结合的原则，运用加权评分法进行设计方案的优选。其优点在于通过定量计算可取得唯一评价结果；其缺点在于确定各评价指标的权重和评分过程存在主观臆断成分，并且由于各评分值是相对的，因而不能直接判断各设计方案的各项功能的实际水平。

(2)**静态经济指标评价法。**

1)**投资回收期法。**设计方案的比选往往是比选各方案的功能水平及成本。功能水平先进的设计方案一般所需的投资较多，方案实施过程中的效益一般也比较好。用方案实施过程中的效益回收投资，即投资回收期来反映初始投资补偿速度，衡量设计方案优劣也是非常必要的。投资回收期越短，设计方案越好。

不同设计方案的比选实际上是互斥方案的比选，首先要考虑方案的可比性问题。当相互比较的各设计方案能满足相同的需要时，就只需比较它们的投资和经营成本的大小，用差额投资回收期比较。差额投资回收期是指在不考虑时间价值的情况下，用投资大的方案比投资小的方案所节约的经营成本，回收差额投资所需要的时间。其计算公式为

$$\Delta P_t = \frac{K_2 - K_1}{C_1 - C_2} \tag{4-34}$$

式中 K_2——方案 2 的投资额；

K_1——方案 1 的投资额，且 $K_2 > K_1$；

C_2——方案 2 的年经营成本；

C_1——方案 1 的年经营成本，且 $C_1 > C_2$；

ΔP_t——差额投资回收期。

当 $\Delta P_t \leqslant P_c$(基准投资回收期)时，投资大的方案为优；反之，投资小的方案为优。

如果两个比较方案的年业务量不同，则需将投资和经营成本转化为单位业务量的投资和成本，然后再计算差额投资回收期，进行方案比选。此时差额投资回收期的计算公式为

$$\Delta P_t = \frac{\frac{K_2}{Q_2} - \frac{K_1}{Q_1}}{\frac{C_1}{Q_1} - \frac{C_2}{Q_2}} \tag{4-35}$$

式中　Q_1、Q_2——各设计方案的年业务量。

式中其他符号含义同前。

2)**计算费用法。**房屋建筑物和构筑物的全寿命是指从勘察、设计、施工、建成后使用直至报废拆除所经历的时间。全寿命费用应包括初始建设费、使用维护费和拆除费。评价设计方案的优劣应考虑工程的全寿命费用。但是初始投资和使用维护费是两类不同性质的费用，两者不能直接相加。计算费用法用一种合乎逻辑的方法将一次性投资与经常性的经营成本统一为一种性质的费用，可直接用来评价设计方案的优劣。

由差额投资回收期决策规则：$\Delta P_t = \frac{K_2 - K_1}{C_1 - C_2} \leqslant P_c$，方案2优于方案1，可知：

$$K_2 + P_c C_2 \leqslant K_1 + P_c C_1 \tag{4-36}$$

令 $TC_2 = K_2 + P_c C_2$，$TC_1 = K_1 + P_c C_1$ 分别表示方案1和方案2的总计算费用，则总计算费用最小的方案最优。

差额投资回收期的倒数就是差额投资效果系数，其计算公式为

$$\Delta R = \frac{C_1 - C_2}{K_2 - K_1} \quad (K_2 > K_1, C_2 < C_1) \tag{4-37}$$

当 $\Delta R \geqslant R_c$(标准投资效果系数)时，方案2优于方案1。

将 $\Delta R = \frac{C_1 - C_2}{K_2 - K_1} \geqslant R_c$ 移项并整理得：$C_1 + R_c K_1 \geqslant C_2 + R_c K_2$，令 $AC = C + R_c K$ 表示投资方案的年计算费用，则年计算费用越小的方案越优。

(3)**动态经济指标评价法。**动态经济评价指标是考虑时间价值的指标。对于寿命期相同的设计方案，可以采用净现值法、净年值法、差额内部收益率法等。寿命期不同的设计方案比选，可以采用净年值法。

四、设计方案优选

设计方案选择就是通过对工程设计方案的经济分析，从若干设计方案中选出最佳方案的过程。由于设计方案的经济效果不仅取决于技术条件，而且还受不同地区的自然条件和社会条件的影响，选择设计方案时，需要综合考虑各方面因素，对方案进行全方位技术经济分析与比较，结合当时当地的实际条件，选择功能完善、技术先进、经济合理的设计方案。

设计方案选择最常用的方法是比较分析方法。下面以某项目的建筑设计方案为例介绍设计方案选择的具体过程。

【例4-2】 某住宅工程项目设计为6层单元式住宅，现有如下两个备选方案供选择。

方案一：砖混结构，1梯3户，由3个单元组成，共54户。建筑面积为4 016.62 m^2

(含 1/2 阳台面积)。浅埋砖砌条形基础。按该地区建筑节能有关规定要求，外墙为 240 mm 厚砖墙，内做保温层。内墙为 240 mm 厚砖墙。结构按 8 度抗震设防设计，沿外墙和内墙、纵墙的楼板处及基础处均设圈梁，沿外墙的拐角及内外墙的交接处均设构造柱。现浇钢筋混凝土楼板。

方案二：将砖混结构改为内浇外砌结构体系。经设计人员核定，内横墙厚度为 140 mm，内纵墙为 160 mm，选 C20 混凝土。其他部位的做法、选材及建筑标准均按原方案不变。

【解】

1. 根据两个方案建立对比条件，进行技术经济分析与比较

(1)平面技术经济指标。因方案一与方案二的外墙做法相同，建筑面积不变。但方案二的内墙厚度减少，所以增加了使用面积。其对比参见表 4-3。

表 4-3 平面技术经济指标对比表

结构类型	建筑面积/m^2		使用面积/m^2		使用系数/%	使用面积净增	
	总面积	每户	总面积	每户		m^2	增加率/%
砖　混	4 016.62	74.38	2 889.3	53.51	71.94		
内浇外砌	4 016.62	74.38	2 985.89	55.29	74.33	96.59	3.34

从对比可以看出，在保持方案一的平面布局、使用功能不变的原则上，方案二由于内墙厚度减少，增加使用面积 96.59 m^2，每户平均增加 1.79 m^2，增加率为 3.34%。

(2)造价。按当时当地市场价格计算，方案一的概算总值为 4 115 965 元(含基础、设备、电气，下同)，每平方米建筑面积折合 1 024.73 元；方案二的概算总值为 4 293 896 元，每平方米建筑面积折合 1 069.03 元。如按使用面积计算，单方造价方案一为 1 424.55 元，方案二为 1 438.06 元(表 4-4)。

表 4-4 方案造价比较表

结构类型	概算总值	单方造价/元					
		建筑面积			使用面积		
		每平方米面积折合	差额	差率/%	每平方米面积折合	差额	差率/%
砖　混	4 115 965	1 024.73			1 424.55		
内浇外砌	4 293 896	1 069.03	44.3	4	1 438.06	13.51	0.95

按单方建筑面积计算，方案二比方案一高 44.3 元，约高 4%。如按使用面积计算，每平方米高 13.51，约高 0.95%，大大缩小了两者的差距。

(3)综合比较。从平面技术经济指标和造价两个因素的分析比较看，方案二增加使用面积较多，增加造价较少。

2. 将其他有关费用计入后进行比较

按该地区有关规定，砖混结构住宅每平方米建筑面积需交 15 元黏土砖限制使用费，内

浇外砌结构需交8元。方案一计交60 249元，方案二计交32 133元，计入该项费用后的造价比较见表4-5。

表4-5　计入费用后造价比较表

元

结构类型	黏土砖限制使用费	计入使用费后概算总值	建筑面积			使用面积		
			每平方米面积折合	差额	差率/%	每平方米面积折合	差额	差率/%
砖　混	60 249	4 176 214	1 039.73			1 445.41		
内浇外砌	32 133	4 326 029	1 077.03	37.3	3.59	1 448.82	3.41	0.24

将烧结实心砖限制使用费计入后，两者的差距又进一步缩小。按建筑面积计算，方案二由未计入该项费用前的4%降至3.59%。按使用面积计算，由原来的0.95%降至0.24%，综合经济效果较好。

3. 经济效益

(1)当每平方米建筑面积的售价为4 000元时，折算后使用面积售价的经济效益见表4-6。

表4-6　售价的经济效益表

结构类型	建筑面积/m^2	使用面积/m^2	建筑面积售价/(元·m^{-2})	售价总值/元	折合使用面积售价/(元·m^{-2})
砖　混	4 016.62	2 889.3	4 000	16 066 480	5 560.68
内浇外砌	4 016.62	2 985.89	4 000	16 066 480	5 380.80

在总售价不变情况下，方案二还可降低单方售价。按使用面积计价方法计算，方案二的每平方米使用面积售价比方案一低179.88元，即低3.23%。

(2)单方售价不变的情况下，按使用面积计价的总售价值的对比见表4-7。

表4-7　总售价比较表

结构类型	使用面积/m^2	单方售价/元	总售价/元	比　较	
				差额/元	差率/%
砖　混	2 889.30	5 560.68	16 066 473		
内浇外砌	2 985.89	5 560.68	16 603 579	537 106	3.34

单方使用面积售价不变，方案二的全楼总售价比方案一多出537 106元，约多收入3.34%，经济效益可观。

4. 综合评价

综合上述分析，在同等级、同标准的情况下，将砖混结构方案改为内浇外砌，平均每户可增加使用面积1.79 m^2。如作为商品房，在原单位使用面积售价不变的情况下，全楼可多3.34%的收益，能收到较好的经济效益。

第三节　设计阶段造价控制的措施和方法

一、执行设计标准

设计标准是国家的重要技术规范，来源于工程建设实践经验和科研成果，是工程建设必须遵循的科学依据，设计标准体现了科学技术向生产力的转化，是保证工程质量的前提，是工程建设项目创造经济效益的途径之一。设计规范(标准)的执行，有利于降低投资、缩短工期；有的设计规范虽然不能直接降低项目投资，但能降低建筑全寿命费用；还有的设计规范，可能使项目投资增加，但保障了生命财产安全，从宏观讲，经济效益也是好的。

1. 设计标准的作用

(1)对建设工程规模、内容建造和建造标准进行控制。

(2)保证工程的安全性和预期的使用功能。

(3)提供设计所必需的指标、定额、计算方法和构造措施。

(4)为降低工程造价、控制工程投资提供方法和依据。

(5)减少设计工作量、提高设计效率。

(6)促进建筑工业化、装配化，加快建设速度。

2. 设计标准的要求

正确理解和运用设计标准是做好设计阶段投资控制工作的前提，其基本要求如下：

(1)充分了解工程设计项目的使用对象、规模及功能要求，选择相应的设计标准规范作为依据，合理确定项目等级和面积分配、功能分区以及材料、设备、装修标准和单位面积造价的控制指标。

(2)根据建设地点的自然、地质、地理、物资供应等条件和使用功能，制定合理的设计方案，明确方案应遵循的标准规范。

(3)在进行施工图设计前，应检查其是否符合标准规范的规定。

(4)当各层次标准出现矛盾时，应以上级标准或管理部门的标准为准。在使用功能方面应遵守上限标准(不超标)，在安全、卫生等方面应遵守下限标准(不降低要求)。

(5)当遇到特殊情况难以执行标准规范时，特别是涉及安全、卫生、防火和环保等问题，应取得当地有关管理部门的批准或认可。

二、推行标准设计

标准设计是指按照国家规定的现行标准规范，对各种建筑、结构和构配件等编制的具有重复作用性质的整套技术文件，经主管部门审查、批准后颁发的全国、部门或地方通用的设计。推广标准设计，能加快设计速度，节约设计费用；可进行机械化、工厂化生产，提高劳动生产率，缩短建设周期；有利于节约建筑材料，降低工程造价。

1. 标准设计的特点

(1)**以图形表示为主，对操作要求和使用方法作文字说明。**

(2)**具有设计、施工、经济标准各项要求的综合性。**

(3)**当设计人员选用后可直接用于工程建设，具有产品标准的作用。**

(4)**对地域、环境的适应性要求强，地方性标准较多。**

(5)**除特殊情况可做少量修改外，一般情况下，设计人员不得自行修改标准设计。**

2. 标准设计的分类

标准设计的种类有很多种，有一个工厂全厂的标准设计(火电厂、糖厂、纺织厂和造纸厂等)，有一个车间或某个单项工程的标准设计，有公用辅助工程(供水、供电等)的标准设计，有某些建筑物(住宅等)、构筑物(冷水塔等)的标准设计，也有建筑工程某些部位的构配件或零部件(梁、板等)的标准设计。

标准设计从管理权限和适用范围方面来讲，可分为以下几类：

(1)**国家标准设计，简称“国标”。**国标是指对全国工程建设具有重要作用的、跨行业、跨地区的并且可在全国范围内统一通用的设计。这种设计由编制部门提出送审文件，报国家发展与改革委员会审批颁发。

(2)**部颁标准设计，简称“部标”。**部标是指可以在全国各有关专业范围内统一使用的设计。这种设计由各专业主管部、总局审批颁发。

(3)**省、自治区、直辖市标准设计，简称“地方标准”。**地方标准是指可以在本地区范围内统一使用的标准设计。这种设计由省、自治区、直辖市审批颁发。

(4)**设计单位自行制定的标准。**设计单位自行制定的标准是指在本单位范围内需要统一，在本单位内部使用的设计技术原则、设计技术规定，由设计单位批准执行，并报上一级主管部门备案。

3. 标准设计的阶段划分

标准设计一般分为**初步设计**和**施工图设计**两个阶段。初步设计阶段，主要是确定设计原则和技术条件，提出在技术经济上合理的设计方案。施工图设计阶段，是根据批准的初步设计，提出符合生产、施工要求的施工图。

4. 标准设计的一般范围

(1)重复建造的建筑类型及生产能力相同的企业、单独的房屋和构筑物，都应采用标准设计或通用设计。

(2)对不同用途和要求的建筑物，按照统一的建筑模数、建筑标准、设计规范和技术规定等进行设计。

(3)当整个房屋或构筑物不能定型化时，则应把其中重复出现的部分，如房屋的建筑单元、节间和主要的结构点构造，在配件标准化的基础上定型化。

(4)建筑物和构筑物的柱网、层高及其他构件尺寸的统一化。

(5)建筑物采用的构配件应力求统一化，在基本满足使用要求和修建条件的情况下，尽可能地具有通用互换性。

5. 采用标准设计的意义和作用

标准设计是在经过大量调查研究，反复总结生产、建设实践经验和吸收科研成果的基础上制定出来的，因此，在建设项目中积极采用标准设计具有以下的意义和作用：

(1)加快提供设计图纸的速度、缩短设计周期、节约设计费用。

(2)可使工艺定型，易使生产均衡，提高工人技术水平和劳动生产率并节约材料，有益于较大幅度降低建设投资。

(3)可加快施工准备和定制预制构件等项工作，并能使施工速度大大加快，既有利于保证工程质量，又能降低建筑安装工程费用。

(4)按通用性条件编制、按规定程序审批，可供大量重复使用，做到既经济又优质。

(5)贯彻执行国家的技术经济政策，密切结合自然条件和技术发展水平，合理利用资源和材料设备，考虑施工、生产、使用和维修的要求，便于工业化生产。

三、限额设计

1. 限额设计的基本原理

限额设计就是按照批准的可行性研究投资估算控制初步设计，按照批准的初步设计总概算控制施工图设计，同时，各专业在保证达到使用功能的前提下，按分配的投资限额控制设计，并严格控制设计的不合理变更，保证不突破总投资限额的工程设计过程。

限额设计的基本原理是通过合理确定设计标准、设计规模和设计原则，通过合理取定概预算基础资料，层层设计限额，来实现投资限额的控制和管理。限额设计不是一味地考虑节约投资，也不是简单地减少投资，而应该是设计质量的管理目标。

限额设计绝非限制设计人员的设计思想，而是要让设计人员将设计与经济两者统一结合起来，即监理工程师要求设计人员在设计过程中必须考虑经济性。

监理工程师在设计进展过程中及各阶段设计完成时，要主动地对已完成的图纸内容进行估价，并与相应的概算、修正概算和预算进行比较对照，若发现超投资情况，要找出其中原因，并向业主提出建议，在业主授权后，让设计人员修改设计，使投资降低到投资额内。但必须指出的是，未经业主同意，监理工程师无权提高设计标准和设计要求。

2. 实现造价纵向控制

限额设计必须贯穿于设计的各个阶段，实现投资纵向控制。

(1)建设项目从可行性研究开始，便要建立限额设计的观念，合理并准确地确定投资估算。它是核定项目总投资额的依据。获得批准后的投资估算，就是下一阶段进行限额设计、控制投资的重要依据。

(2)初步设计应该按核准后的投资估算限额，通过多个方案的设计比较、优选来实现。初步设计应严格按照施工规划和施工组织设计，按照合同文件要求进行，并要切实、合理地选定费用指标和经济指标，正确地确定设计概算。经审核批准后的设计概算限额，便是下一步施工详图设计控制投资的依据。

(3)施工图设计是设计单位的最终产品，必须严格地按初步设计确定的原则、范围、内容和投资额进行设计，即按设计概算限额，进行施工图设计。但由于初步设计受外部条件如工程地质、设备、材料供应、价格变化以及横向协作关系的影响，加上人们主观认识的局限性，往往给施工图设计及其以后的实际施工带来局部变更和修改。合理地修改和变更是正常的，关键是要进行核算和调整，来控制施工图设计不突破设计概算限额。对于涉及建设规模、设计方案等的重大变更，则必须重新编制或修改初步设计文件和初步设计概算，并以批准修改的初步设计概算作为施工图设计的投资控制额。

(4)加强设计变更的管理工作，对于确实可能发生的变更，应尽量提前实现。如在设计阶段变更，只需修改图纸，其他费用尚未发生，损失有限；如果在采购阶段变更，则不仅要修改图纸，设备材料还必须重新采购；若在施工中变更，除上述费用外，已施工的工程还须拆除，势必造成重大变更损失。为此，要建立相应的设计管理制度，尽可能把设计变更控制在设计阶段。对影响工程造价的重大设计变更，变更要使用先算后变的办法。

3. 实现造价横向控制

实行限额设计有利于健全和加强设计单位对建设单位以及设计单位内部的经济责任制，实现限额设计的横向控制。

(1)明确设计单位内部各专业科室对限额设计的责任，建立各专业投资分配考核制。

(2)设计开始前按估算、概算和预算不同阶段将工程投资按专业分配，分段考核。下一阶段指标不得突破上一阶段指标。某一专业突破控制投资指标时，应首先分析突破原因，用修改设计的方法解决，在本阶段处理，责任落实到个人，建立限额设计的奖惩机制。

四、应用价值工程

1. 应用价值工程法对项目设计进行技术经济比较

在设计过程中，监理工程师应用价值工程法进行项目全寿命费用分析时，不仅考虑一次性投资，还要考虑到项目使用后的经常维修和管理费用。监理工程师对设计的经济性要全面考虑、权衡分析。与限额设计相对应的是过分设计(安全系数过大的设计)，这种保守设计对设计的经济性考虑得不多。在设计中应用价值工程法，既可提高项目功能，又可降低项目投资。通过对设计的多方案技术经济比较和价值工程进行分析，或在保证项目功能不变的情况下，降低项目投资；或在项目投资不变的情况下提高工程功能，因而最终降低建设项目投资；或在工程主要功能不变、次要功能略有下降情况下，使项目投资大幅度降低；或在项目投资略有上升情况下，使工程功能大幅度提高。

2. 价值分析在设计阶段投资控制中的运用

在项目设计中组织价值分析小组，从分析功能入手，从设计项目的多种方案中选出最优方案，这种价值分析极为有效。

(1)项目设计阶段开展价值分析最有效，因为成本降低的潜力是在设计阶段。

(2)设计与施工过程的一次性比重大。建筑产品具有固定性的特点，工程项目从设计到施工是一次性的单件生产。特别是耗资巨大的项目，应开展价值分析，其可以大量地节约投资。

(3)影响项目总费用的部门多，进行任何一项工程的价值分析，都需要组织各有关方面参加，发挥集体的智慧才能取得更好的成效。

(4)项目设计是决定建筑物的使用性质、建筑标准、平面和空间布局的工作。建筑物的寿命周期很长，使用期间费用大，所以在进行价值分析时，应按整个寿命周期来计算全部费用，既要求降低一次性投资，又要求在使用过程中节约经常性费用。

3. 做好价值分析应注意的事项

(1)价值分析，应广泛收集和积累资料，包括费用资料、质量标准、用户的要求、施工

单位的期望以及市场、科技动态等。

(2)设计人员在设计时，要重视造价限额、功能要求和现实成本。现实成本不能超过造价限额，功能要求要以符合规范和标准的要求为前提。三者以功能要求为主。

(3)设计人员必须有创新精神，勇于打破旧的范围，不断地开拓新领域，善于吸收科研成果。

(4)提高建筑工业化水平是建设领域价值分析的最重要原则，设计人员首先要执行这项原则。

(5)项目监理单位应配合设计技术人员进行价值分析。项目经济监理师不仅要进行事后的技术经济分析，更重要的是要在设计过程中进行动态的技术经济分析。进行价值分析跟踪是项目经济监理师的责任。

(6)项目经济监理师进行价值分析时应当与有关设计专业、建筑材料、设备制造及施工方面的专家配合。

【例 4-3】 北方某城市建筑设计院在建筑设计中用价值工程法进行住宅设计方案优选，具体应用程序如下所示。

1. 选择价值工程对象

该院承担设计的工程种类繁多，表 4-8 是该院近三年各种建筑设计项目类别统计表。从表中可以看出住宅所占比重最大，因此，将住宅作为价值工程的主要研究对象。

表 4-8 各类建筑设计项目比重统计表

工程类别	比重/%	工程类别	比重/%	工程类别	比重/%
住　宅	22.19	实验楼	3.87	体育建筑	1.89
综合楼	10.86	宾　馆	3.10	影剧院	1.85
办公楼	9.35	招待所	2.95	仓　库	1.42
教学楼	5.26	图书馆	2.55	医　院	1.31
车　间	4.24	商业建筑	2.10	其他 38 类	27.06

2. 资料收集

主要收集以下几个方面资料：

(1)工程回访，收集用户对住宅的意见。

(2)对不同地质情况和基础形式的住宅进行定期沉降观测，以获取地基方面的资料。

(3)了解有关住宅施工方面的情况。

(4)收集大量有关住宅建设的新工艺和新材料等数据资料。

(5)分地区按不同地质情况、基础形式和类型标准统计分析近年来住宅建筑的各种技术经济指标。

3. 功能分析

由设计、施工及建设单位的有关人员组成价值工程研究小组，共同讨论，对住宅的以下各种功能进行定义、整理和评价分析：

(1)平面布局；

(2)采光、通风、保温、隔热以及隔声等；

(3)层高与层数；

(4)牢固耐久；

(5)三防设施(防火、防震和防空)；

(6)建筑造型；

(7)室内外装饰；

(8)环境设计；

(9)技术参数。

在功能分析中，用户、设计人员、施工人员以百分形式分别对各功能进行评分，即假设住宅功能合计为100分(也可10分、1分等)，分别确定各项功能在总体功能中所占比例，然后将所选定的用户、设计人员、施工人员的评分意见进行综合，三者的权重分别为0.6、0.3、0.1，各功能重要性系数见表4-9。

表4-9　功能评分及重要性系数

功能		用户评分		设计人员评分		施工人员评分		功能重要性系数 ϕ_i
		得分 f_{i1}	$0.6f_{i1}$	得分 f_{i2}	$0.3f_{i2}$	得分 f_{i3}	$0.1f_{i3}$	
适用	平面布局	37.25	22.35	32.25	9.675	31.87	3.187	0.352 1
	采光通风	16.275	9.765	15.28	4.584	17.5	1.75	0.161 0
	层高层数	3.875	2.325	3.32	0.996	3.255	0.325 5	0.036 5
安全	牢固耐用	22.25	13.35	14.15	4.245	20.87	2.087	0.196 8
	三防设施	3.475	2.085	6.36	1.908	2.30	0.230	0.042 2
美观	建筑造型	2.75	1.65	5.765	1.729 5	5.63	0.563	0.039 4
	室外装修	3.25	1.95	5.35	1.605	5.5	0.55	0.041 1
	室内装饰	5.25	3.15	6.00	1.8	3.225	0.322 5	0.052 7
其他	环境设计	4.025	2.415	8.125	2.437 5	3.975	0.397 5	0.052 5
	技术参数	1.60	0.96	3.40	1.02	5.875	0.587 5	0.025 7
总计		100	60	100	30	100	10	1.000 0

表4-9中功能重要性系数 ϕ_i 的计算公式为

$$\text{功能重要性系数}\ \phi_i=\frac{0.6f_{i1}+0.3f_{i2}+0.1f_{i3}}{100} \tag{4-38}$$

4. 方案设计与评价

在某住宅小区设计中，该地块的地质条件较差，上部覆盖层较薄，地下淤泥较深。根据收集的资料及上述功能重要性系数的分析结果，价值工程研究推广小组集思广益，创造设计了10余个方案。在采用优缺点列举法进行定性分析筛选后，对所保留的5个较优方案进行定量评价选优，见表4-10～表4-12。其中：

$$\text{成本系数}\ C_k=\frac{\text{方案成本}}{\text{各方案成本总和}} \tag{4-39}$$

$$\text{方案总分}\ Y_k=\sum_{i=1}^{10}\text{重要性系数}\ \phi_i\times\text{方案功能评分值}\ P_{ik} \tag{4-40}$$

$$\text{功能评价系数}\ F_k=\frac{\text{各方案总分}\ Y_k}{\text{各方案总分之和}} \tag{4-41}$$

表 4-10 方案成本及成本系数

方案	主要特征	单位造价/元	成本系数
方案一	7层混合结构，层高为3 m，240 mm内外砖墙，预制桩基础，半地下室储存间，外装修一般，内装饰好，室内设备较好	1 324	0.257 1
方案二	7层混合结构，层高为2.9 m，240 mm内外砖墙，120 mm非承重内砖墙，条形基础(基底经过真空预压处理)，外装修一般，内装饰较好	926	0.176 0
方案三	7层混合结构，层高为3 m，240 mm内外砖墙，沉管灌注桩基础，外装修一般，内装饰和设备较好	1 250	0.237 6
方案四	5层混合结构，层高为3 m，空心砖内外墙，条形基础，装修及室内设备一般，屋顶无水箱	896	0.170 3
方案五	层高为3 m，其他特征同方案二	865	0.164 4

表 4-11 方案功能评分

评价因素		方案功能评分值 P_{ik}				
功能因素	重要性系数 ϕ_i	方案一	方案二	方案三	方案四	方案五
F_1	0.352 1	10	10	9	9	10
F_2	0.161 0	10	9	10	10	9
F_3	0.036 45	9	8	9	10	9
F_4	0.196 8	10	10	10	8	10
F_5	0.042 2	8	7	8	7	7
F_6	0.039 4	10	8	9	7	6
F_7	0.041 1	6	6	6	6	6
F_8	0.052 7	10	8	8	6	6
F_9	0.052 5	9	8	9	8	8
F_{10}	0.025 7	8	10	9	2	10
方案总分		9.610 4	9.126 3	9.139 2	8.264 1	8.978 6

表 4-12 最佳方案的选择

方 案	方案功能得分	功能评价系数	成本系数	价值系数	选 择
方案一	9.610 4	0.213 0	0.251 7	0.846 2	
方案二	9.126 3	0.202 3	0.176 0	1.149 4	
方案三	9.139 2	0.202 6	0.237 6	0.852 7	
方案四	8.264 1	0.183 2	0.170 3	1.076	
方案五	8.978 6	0.199 0	0.164 4	1.210 5	*

5. 效果评价

根据对所收集资料的分析结果表明，近年来，该地区在建设条件与该工程大致相同的住宅，每平方米建筑面积造价一般平均为1 080元，方案五只有865元，节约215元，可节约投资19.91%。该小区18.4万m^2的住宅可节省投资3 956万元。

功能评价系数分数越高，说明该方案越能满足功能要求，据此计算的价值系数也是越大越好。因此，方案五为最佳方案。

第四节 设计概算的编制

一、设计概算的含义与作用

1. 设计概算的含义

设计概算是指设计单位在初步设计或扩大初步设计阶段，根据设计图样及说明书、设备清单、概算定额或概算指标、各项费用取费标准、类似工程预(决)算文件等资料，用科学的方法计算和确定建筑安装工程全部建设费用的经济文件。

设计概算包括单位工程概算、单项工程综合概算、其他工程的费用概算、建设项目总概算以及编制说明等。它是由单个到综合、由局部到总体，逐个编制，层层汇总而成的。

设计概算应按建设项目的建设规模、隶属关系和审批程序报请审批。总概算按照规定的程序经由权力机关批准后，成了国家控制该建设项目总投资额的主要依据，并不得任意突破。

2. 设计概算的作用

建设项目设计概算是设计文件的重要组成部分，是确定和控制建设项目全部投资的文件；是编制固定资产投资计划、实行建设项目投资包干、签订承发包合同的依据；是签订贷款合同、项目实施全过程造价控制管理，以及考核项目经济合理性的依据。设计概算的作用具体表现如下：

(1)**设计概算是确定建设项目、各单项工程及各单位工程投资的依据。**按照规定报请有关部门或单位批准的初步设计及总概算，一经批准，即作为建设项目静态总投资的最高限额，不得任意突破，如必须突破时，须报原审批部门(单位)批准。

(2)**设计概算是编制投资计划的依据。**计划部门根据批准的设计概算编制建设项目年固定资产投资计划，并严格控制投资计划的实施。若建设项目实际投资数额超过了总概算，那么必须在原设计单位和建设单位共同提出追加投资的申请报告基础上，经上级计划部门审核批准后，方能追加投资。

(3)**设计概算是进行拨款和贷款的依据。**建设银行根据批准的设计概算和年度投资计划，进行拨款和贷款，并严格实行监督控制。对超出概算的部分，未经计划部门批准，建设银行不得追加拨款和贷款。

(4)**设计概算是实行投资包干的依据。**在进行概算包干时，单项工程综合概算及建设项目总概算是投资包干指标商定和确定的基础。经上级主管部门批准的设计概算或修正概算，是主管单位和包干单位签订包干合同、控制包干数额的依据。

(5)**设计概算是考核设计方案的经济合理性和控制施工图预算的依据。**设计单位根据设计概算进行技术经济分析和多方案评价，以提高设计质量和经济效果。同时保证施工图预算在设计概算的范围内。

(6)**设计概算是进行施工准备、设备供应指标、加工订货及落实各项技术经济责任制的依据。**

(7)**设计概算是控制项目投资、考核建设成本、提高项目实施阶段工程管理和经济核算水平的必要手段。**

二、设计概算的编制内容

设计概算文件的编制应采用单位工程概算、单项工程综合概算、建设项目总概算三级概算编制形式。当建设项目为一个单项工程时，可采用单位工程概算、总概算两级概算编制形式。三级概算之间的相互关系和费用构成，如图 4-2 所示。

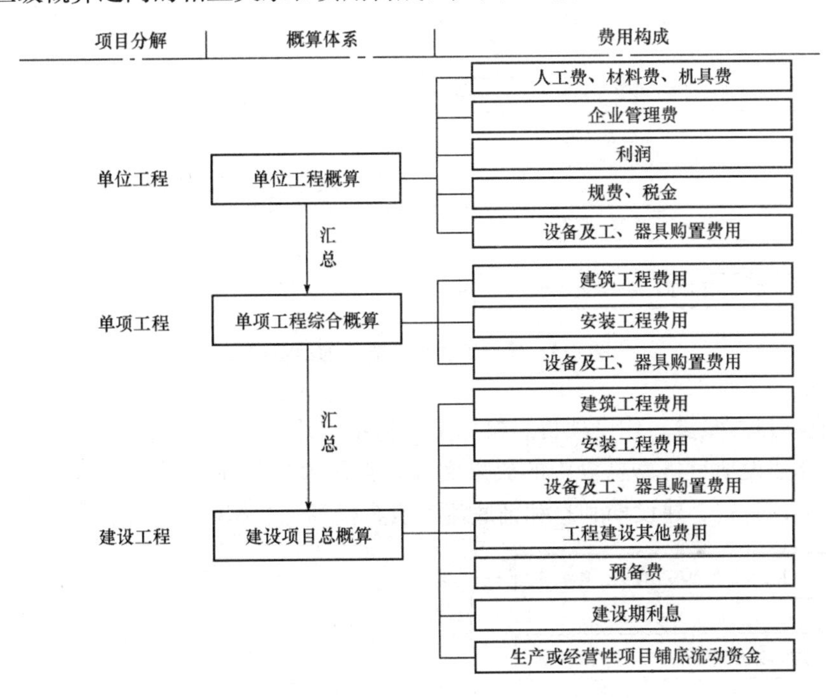

图 4-2　三级概算之间的相互关系和费用构成

(1)**单位工程概算。**单位工程是指具有独立的设计文件，能够独立组织施工，但不能独立发挥生产能力或使用功能的工程项目，它是单项工程的组成部分。单位工程概算是以初步设计文件为依据，按照规定的程序、方法和依据，计算单位工程费用的成果文件。它是编制单项工程综合概算(或项目总概算)的依据；是单项工程综合概算的组成部分。单位工程概算按其工程性质可分为建筑工程概算和设备及安装工程概算两大类。建筑工程概算包括土建工程概算，给水排水、采暖工程概算，通风、空调工程概算，电气照明工程概算，弱电工程概算，特殊构筑物工程概算等；设备及安装工程概算包括机械设备及安装工程概算，电气设备及安装工程概算，热力设备及安装工程概算，工、器具及生产家具购置费概算等。

(2)**单项工程概算。**单项工程是指在一个建设项目中，具有独立的设计文件，建成后能够独立发挥生产能力或使用功能的工程项目。它是建设项目的组成部分，如生产车间、办公楼、食堂、图书馆、学生宿舍、住宅楼、配水厂等。单项工程概算是以初步设计文件为依据，在单位工程概算的基础上汇总单项工程工程费用的成果文件，由单项工程中的各单位工程概算汇总编制而成，是建设项目总概算的组成部分。单项工程综合概算的组成内容如图 4-3 所示。

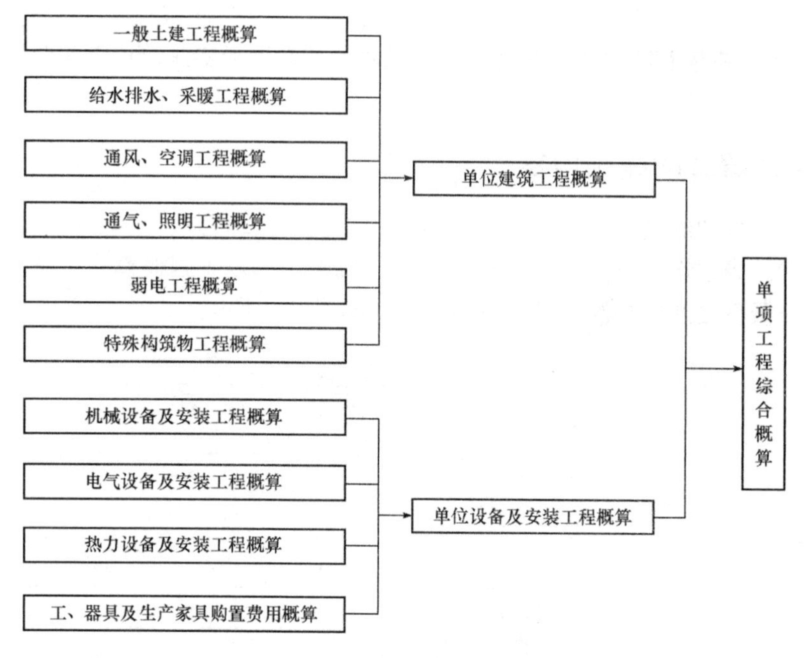

图 4-3　单项工程综合概算的组合内容

(3)**建设项目总概算。**建设项目总概算是以初步设计文件为依据，在单项工程综合概算的基础上计算建设项目概算总投资的成果文件，它是由各单项工程综合概算、工程建设其他费用概算、预备费、建设期利息和铺底流动资金概算汇总编制而成的，如图 4-4 所示。

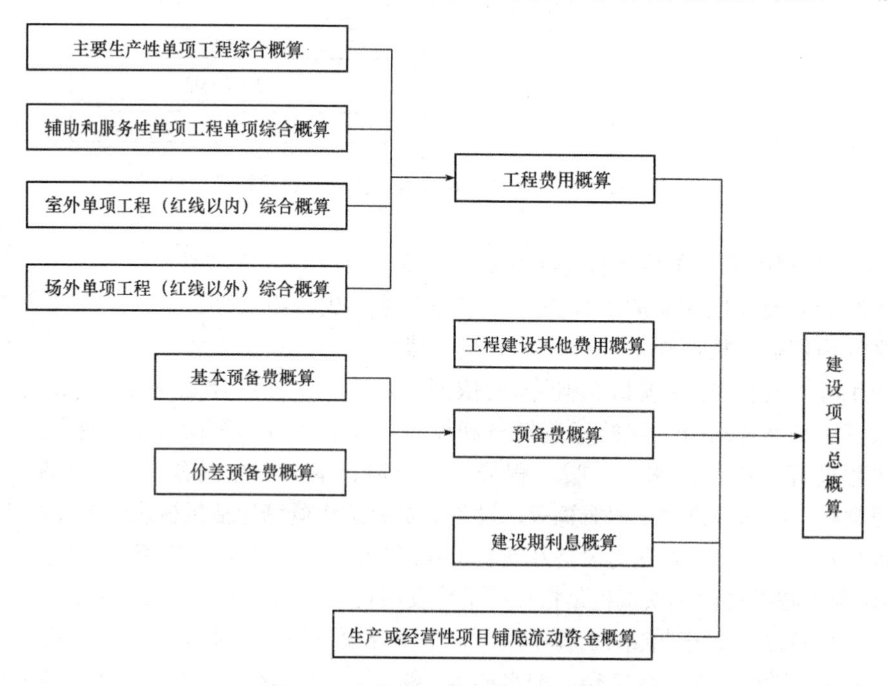

图 4-4　建设项目总概算的组成内容

若干个单位工程概算汇总后成为单项工程概算，若干个单项工程概算和工程建设其他费用、预备费、建设期利息、铺底流动资金等概算文件汇总后成为建设项目总概算。单项工程概算和建设项目总概算仅是一种归纳、汇总性文件，因此，最基本的计算文件是单位工程概算书。若建设项目是一个独立单项工程，则单项工程综合概算书与建设项目总概算书可合并编制，并以总概算书的形式出具。

三、设计概算编制

建设项目设计
概算编审规程

(一)设计概算的编制依据及要求

1. 设计概算的编制依据

(1)国家、行业和地方有关规定。

(2)相应工程造价管理机构发布的概算定额(或指标)。

(3)工程勘察与设计文件。

(4)拟定或常规的施工组织设计和施工方案。

(5)建设项目资金筹措方案。

(6)工程所在地编制同期的人工、材料、机具台班市场价格，以及设备供应方式及供应价格。

(7)建设项目的技术复杂程度，新技术、新材料、新工艺以及专利的使用情况等。

(8)建设项目批准的相关文件、合同、协议等。

(9)政府有关部门、金融机构等发布的价格指数、利率、汇率、税率以及工程建设其他费用等。

(10)委托单位提供的其他技术经济资料。

2. 设计概算的编制要求

(1)设计概算应按编制时项目所在地的价格水平编制，总投资应完整地反映编制时建设项目实际投资。

(2)设计概算应考虑建设项目施工条件等因素对投资的影响。

(3)设计概算应按项目合理建设期限预测建设期价格水平，以及资产租赁和贷款时的时间价值等动态因素对投资的影响。

(二)单位工程概算的编制

1. 概算定额法

概算定额法又称扩大单价法或扩大结构定额法，它是套用概算定额编制建筑工程概算的方法。运用概算定额法，要求初步设计必须达到一定深度，建筑结构尺寸比较明确，能按照初步设计的平面图、立面图、剖面图纸计算出楼地面、墙身、门窗和屋面等扩大分项工程(或扩大结构构件)项目的工程量时，方可采用。

建筑工程概算表的编制，按构成单位工程的主要分部分项工程和措施项目编制，根据初步设计工程量按工程所在省、市、自治区颁发的概算定额(指标)或行业概算定额(指标)，以及工程费用定额计算。采用概算定额法编制设计概算的步骤如下：

(1)收集基础资料、熟悉设计图纸和了解有关施工条件和施工方法。

(2)按照概算定额子目，列出单位工程中分部分项工程项目名称并计算工程量。工程量计算应按概算定额中规定的工程量计算规则进行，计算时采用的原始数据必须以初步设计图纸所标识的尺寸或初步设计图纸能读出的尺寸为准，并将计算所得各分部分项工程量按概算定额编号顺序，填入工程概算表内。

(3)确定各分部分项工程费。工程量计算完毕后，逐项套用各子目的综合单价，各子目的综合单价应包括人工费、材料费、施工机具使用费、管理费、利润、规费和税金。然后分别将其填入单位工程概算表和综合单价表中。如遇设计图中的分项工程项目名称、内容与采用的概算定额手册中相应的项目与某些不相符时，则按规定对定额进行换算后方可套用。

(4)计算措施项目费。措施项目费的计算应分以下两部分进行：

1)可以计量的措施项目费与分部分项工程费的计算方法相同，其费用按照第(3)项的规定计算。

2)综合计取的措施项目费应以该单位工程的分部分项工程费和可以计量的措施项目费之和为基数乘以相应费率计算。

(5)计算汇总单位工程概算造价，其计算式为

$$单位工程概算造价=分部分项工程费+措施项目费 \tag{4-42}$$

2. **概算指标法**

概算指标法是用拟建的厂房、住宅的建筑面积(或体积)乘以技术条件相同或基本相同的概算指标而得出人工、材料和机具费用，然后按规定计算出企业管理费、利润、规费和税金等，得出单位工程概算的方法。概算指标法适用的情况包括：

(1)在方案设计中，由于无设计详图而只有概念性设计时，或初步设计深度不够，不能准确地计算出工程量，但工程设计采用的技术比较成熟时，可以选定与该工程相似类型的概算指标编制概算；

(2)设计方案急需造价概算而又有类似工程概算指标可以利用的情况；

(3)图样设计间隔很久后才开始实施，概算造价不适用于当前情况而又急需确定造价的情形下，可按当前概算指标来修正原有概算造价；

(4)通用设计图设计，可组织编制通用图设计概算指标来确定造价。

采用概算指标法编制设计概算包括以下两种情况：

(1)**拟建工程结构特征与概算指标相同时的计算。**在使用概算指标法时，如果拟建工程在建设地点、结构特征、地质及自然条件、建筑面积等方面与概算指标相同或相近，就可直接套用概算指标编制概算。在直接套用概算指标时，拟建工程应符合以下条件：

1)拟建工程的建设地点与概算指标中的工程建设地点相同；

2)拟建工程的工程特征和结构特征与概算指标中的工程特征、结构特征基本相同；

3)拟建工程的建筑面积与概算指标中工程的建筑面积相差不大。

根据选用的概算指标内容，以指标中所规定的工程每 m^2、m^3 的工料单价，根据管理费、利润、规费、税金的费(税)率确定该子目的全费用综合单价，乘以拟建单位工程建筑面积或体积，即可求出单位工程的概算造价。其计算公式为

$$单位工程概算造价=概算指标每\ m^2(m^3)综合单价\times拟建工程建筑面积(体积) \tag{4-43}$$

(2)**拟建工程结构特征与概算指标有局部差异时的调整。**在实际工作中，经常会遇到拟建对象的结构特征与概算指标中规定的结构特征有局部不同的情况，因此，必须对概算指标进行调整后方可套用。调整方法如下：

1)调整概算指标中的每 $m^2(m^3)$综合单价。这种调整方法是将原概算指标中的综合单价进行调整，扣除每 $m^2(m^3)$原概算指标中与拟建工程结构不同部分的造价，增加每 $m^2(m^3)$拟建工程与概算指标结构不同部分的造价，使其成为与拟建工程结构相同的综合单价。其计算公式为

$$\text{结构变化修正概算指标(元/m}^2) = J + Q_1P_1 - Q_2P_2 \tag{4-44}$$

式中 J——原概算指标综合单价；

Q_1——概算指标中换入结构的工程量；

Q_2——概算指标中换出结构的工程量；

P_1——换入结构的综合单价；

P_2——换出结构的综合单价。

若概算指标中的单价为工料单价，则应根据管理费、利润、规费、税金的费(税)率确定该子目的全费用综合单价。再计算拟建工程造价，其计算公式为

$$\text{单位工程概算造价} = \text{修正后的概算指标综合单价} \times \text{拟建工程建筑面积(体积)} \tag{4-45}$$

2)调整概算指标中的人工、材料、机具数量。这种方法是将原概算指标中每 100 m^2(1 000 m^3)建筑面积(体积)中的人工、材料、机具数量进行调整，扣除原概算指标中与拟建工程结构不同部分的人工、材料、机具消耗量，增加拟建工程与概算指标结构不同部分的人工、材料、机具消耗量，使其成为与拟建工程结构相同的每 100 m^2(1 000 m^3)建筑面积(体积)人工、材料、机具数量。其计算公式如下：

结构变化修正概算指标的人工、材料、机具数量＝原概算指标的人工、材料、机具数量＋换入结构件工程量×相应定额人工、材料、机具消耗量－换出结构件工程量×相应定额人工、材料、机具消耗量

将修正后的概算指标结合报告编制期的人工、材料、机具要素价格的变化，以及管理费、利润、规费、税金的费(税)率确定该子目的全费用综合单价。

以上两种方法，前者是直接修正概算指标单价，后者是修正概算指标人工、材料、机具数量。修正之后，方可按上述方法分别套用。

3. 类似工程预算法

类似工程预算法是利用技术条件与设计对象相类似的已完工程或在建工程的工程造价资料来编制拟建工程设计概算的方法。

当拟建工程初步设计与已完工程或在建工程的设计相似而又没有可用的概算指标时，可以采用类似工程预算法。

类似工程预算法的编制步骤如下：

(1)根据设计对象的各种特征参数，选择最合适的类似工程预算；

(2)根据本地区现行的各种价格和费用标准，计算类似工程预算的人工费、材料费、施工机具使用费、企业管理费修正系数；

(3)根据类似工程预算修正系数和以上四项费用占预算成本的比重，计算预算成本总修正系数，并计算出修正后的类似工程平方米预算成本；

(4)根据类似工程修正后的平方米预算成本和编制概算工程所在地区的利税率计算修正后的类似工程平方米造价；

(5)根据拟建工程的建筑面积和修正后的类似工程平方米造价，计算拟建工程概算造价；

(6)编制概算编写说明。

类似工程预算法对条件有所要求，也就是可比性，即拟建工程项目在建筑面积、结构构造特征要与已建工程基本一致，如层数相同、面积相似、结构相似、工程地点相似等。采用此法时，必须对建筑结构差异和价差进行调整。

(1)建筑结构差异的调整。结构差异调整方法与概算指标法的调整方法相同。即先确定有差别的部分，然后分别按每一项目算出结构构件的工程量和单位价格(按编制概算工程所在地区的单价)，然后以类似工程中相应(有差别)的结构构件的工程数量和单价为基础，算出总差价。将类似预算的人工、材料、机具费总额减去(或加上)这部分差价，就得到结构差异换算后的人工、材料、机具费，再行取费得到结构差异换算后的造价。

(2)价差调整。类似工程造价的价差调整可以采用以下两种方法：

1)当类似工程造价资料有具体的人工、材料、机具台班的用量时，可按类似工程预算造价资料中的主要材料、工日、机具台班数量乘以拟建工程所在地的主要材料预算价格、人工单价、机具台班单价，计算出人工、材料、机具费，再计算企业管理费、利润、规费和税金，即可得出所需的综合。

2)类似工程造价资料只有人工、材料、施工机具使用费和企业管理费等费用或费率时，可按以下公式调整：

$$D=A\cdot K \tag{4-46}$$

$$K=a\%K_1+b\%K_2+c\%K_3+d\%K_4 \tag{4-47}$$

式中 D——拟建工程成本单价；

A——类似工程成本单价；

K——成本单价综合调整系数；

$a\%$、$b\%$、$c\%$、$d\%$——类似工程预算的人工费、材料费、施工机具使用费、企业管理费占预算成本的比重，如 $a\%$＝类似工程人工费/类似工程预算成本×100%，$b\%$、$c\%$、$d\%$类同；

K_1、K_2、K_3、K_4——拟建工程地区与类似工程预算成本在人工费、材料费、施工机具使用费、企业管理费之间的差异系数，如 K_1＝拟建工程概算的人工费(或工资标准)/类似工程预算人工费(或地区工资标准)，K_2、K_3、K_4 类同。

以上综合调价系数是以类似工程中各成本构成项目占总成本的百分比为权重，按照加权的方式计算成本单价的调价系数，根据类似工程预算提供的资料，也可按照同样的计算方法算出人、材、机费的综合调整系数，通过系数调整类似工程的工料单价，再按照相应取费基数和费率计算间接费、利润和税金，也可得出所需的综合单价。总之，以上方法应灵活运用。

4. 单位设备及安装工程概算编制方法

单位设备及安装工程概算包括单位设备及工、器具购置费概算和单位设备安装工程费概算两大部分。

(1)设备及工、器具购置费概算。设备及工、器具购置费是根据初步设计的设备清单计算出设备原价，并汇总求出设备总原价，然后按有关规定的设备运杂费费率乘以设备总原价，两项相加再考虑工、器具及生产家具购置费即为设备及工、器具购置费概算。有关设备及工、器具购置费概算可参见第一章第二节的计算方法。设备及工、器具购置费概算的编制依据包括设备清单、工艺流程图；各部、省、市、自治区规定的现行设备价格和运费标准、费用标准。

(2)设备安装工程费概算的编制方法。设备安装工程费概算的编制方法应根据初步设计深度和要求所明确的程度而采用，其主要编制方法如下：

1)**预算单价法。**当初步设计较深，有详细的设备清单时，可直接按安装工程预算定额单价编制安装工程概算，概算编制程序与安装工程施工图预算程序基本相同。该法的优点是计算比较具体，精确性较高。

2)**扩大单价法。**当初步设计深度不够，设备清单不完整，只有主体设备或仅有成套设备质量时，可采用主体设备、成套设备的综合扩大安装单价来编制概算。

上述两种方法的具体编制步骤与建筑工程概算相类似。

3)**设备价值百分比法，又叫作安装设备百分比法。**当初步设计深度不够，只有设备出厂价而无详细规格、质量时，安装费可按占设备费的百分比计算。其百分比值(即安装费费率)由相关管理部门制定或由设计单位根据已完类似工程确定。该法常用于价格波动不大的定型产品和通用设备产品，其计算公式为

设备安装费＝设备原价×安装费费率(%)　　(4-48)

4)**综合吨位指标法。**当初步设计提供的设备清单有规格和设备质量时，可采用综合吨位指标编制概算，其综合吨位指标由相关主管部门或由设计单位根据已完类似工程的资料确定。该法常用于设备价格波动较大的非标准设备和引进设备的安装工程概算。其计算公式为

设备安装费＝设备吨重×每吨设备安装费指标(元/吨)　　(4-49)

(三)单项工程综合概算的编制

单项工程综合概算是确定单项工程建设费用的综合性文件，它是由该单项工程所属的各专业单位工程概算汇总而成的，是建设项目总概算的重要组成部分。

单项工程综合概算采用综合概算表(包含其所附的单位工程概算表和建筑材料表)进行编制。对单一的、具有独立性的单项工程建设项目，按照两级概算编制形式，直接编制总概算。

综合概算表是根据单项工程所管辖范围内的各单位工程概算等基础资料，按照国家或部委所规定统一表格进行编制。对工业建筑而言，其概算包括建筑工程和设备及安装工程；对民用建筑而言，其概算包括土建工程、给水排水、采暖、通风及电气照明工程等。

综合概算一般应包括建筑工程费用、安装工程费用、设备及工器具购置费。

综合概算表是根据单项工程所辖范围内的各单位工程概算等基础资料，按照国家或部委所规定统一表格进行编制。

(四)建设项目总概算的编制

建设项目总概算是设计文件的重要组成部分，是预计整个建设项目从筹建到竣工交付使用所花费的全部费用的文件。它是由各单项工程综合概算、工程建设其他费用、建设期利息、预备费和经营性项目的铺底流动资金概算所组成，按照主管部门规定的统一表格进行编制而成的。

设计总概算文件应包括编制说明、总概算表、各单项工程综合概算书、工程建设其他费用概算表、主要建筑安装材料汇总表。独立装订成册的总概算文件宜加封面、签署页(扉页)和目录。

(1)封面、签署页及目录。

(2)编制说明。编制说明包括以下内容：

1)工程概况。简述建设项目性质、特点、生产规模、建设周期、建设地点、主要工程量和工艺设备等情况。引进项目要说明引进内容以及与国内配套工程等主要情况。

2)编制依据。编制依据包括国家和有关部门的规定、设计文件、现行概算定额或概算指标、设备材料的预算价格和费用指标等。

3)编制方法。说明设计概算是采用概算定额法，还是采用概算指标法，或者其他方法。

4)主要设备、材料的数量。

5)主要技术经济指标。主要包括项目概算总投资(有引进地给出所需外汇额度)及主要分项投资、主要技术经济指标(主要单位投资指标)等。

6)工程费用计算表。主要包括建筑工程费用计算表、工艺安装工程费用计算表、配套工程费用计算表、其他涉及的工程的工程费用计算表。

7)引进设备材料有关费率取定及依据。主要是关于国际运输费、国际运输保险费、关税、增值税、国内运杂费、其他有关税费等。

8)引进设备材料从属费用计算表。

9)其他必要的说明。

(3)总概算表。总概算表格式见表 4-13(适用于采用三级编制形式的总概算)。

表 4-13　总概算表

总概算编号：　　　　工程名称：　　　　单位：万元　　　　共　页　第　页

序号	概算编号	工程项目或费用名称	建筑工程费	设备购置费	安装工程费	其他费用	合计	其中：引进部分		占总投资比例/%
								美元	折合人民币	
一		工程费用								
1		主要工程								
2		辅助工程								
3		配套工程								
二		工程建设其他费用								
1										
2										
三		预备费								
四		建设期利息								
五		流动资金								
		建设项目概算总投资								

(4)工程建设其他费用概算表。工程建设其他费用概算按国家或地区或部委所规定的项

目和标准确定，并按统一格式编制(表 4-14)。应按具体发生的工程建设其他费用项目填写工程建设其他费用概算表，需要说明和具体计算的费用项目依次相应在说明及计算式栏内填写或具体计算。填写时注意以下事项：

1)土地征用及拆迁补偿费应填写土地补偿单价、数量和安置补助费标准、数量等，列式计算所需的费用，填入金额栏。

2)建设管理费包括建设单位(业主)管理费、工程监理费等，按“工程费用×费率”或有关定额列式计算。

设计概算文件编制质量控制

3)研究试验费应根据设计需要进行研究试验的项目分别填写项目名称及金额或列式计算或进行说明。

(5)单项工程综合概算表和建筑安装单位工程概算表。

(6)主要建筑安装材料汇总表。针对每一个单项工程列出钢筋、型钢、水泥、木材等主要建筑安装材料的消耗量。

表 4-14　工程建设其他费用概算表

工程名称：　　　　　　　　　　单位：万元　　　　　　　　　　共　页　第　页

序号	费用项目编号	费用项目名称	费用计算基数	费率	金额	计算公式	备注
1							
2							
		合计					

编制人：　　　　　　　　　　审核人：　　　　　　　　　　审定人：

第五节　施工图预算的编制

一、施工图预算的含义与作用

1. 施工图预算的含义

施工图预算是在工程设计的施工图完成以后，以施工图为依据，根据工程预算定额、费用标准以及工程所在地区的人工、材料、施工机械台班的预算价格所编制的一种确定单位工程预算造价的经济文件。**施工图预算是建筑安装工程施工图预算的组成部分，是工程建设施工阶段核定工程施工造价的重要文件。**

2. 施工图预算的作用

(1)施工图预算对建设单位的作用。

1)施工图预算是施工图设计阶段确定建设工程项目造价的依据，是设计文件的重要组成部分。

2)施工图预算是建设单位在施工期间安排建设资金计划和使用建设资金的依据。建设单位按照施工组织设计、施工工期、工程施工顺序、各个部分预算造价安排建设资金计划，确保资金的有效使用，保证项目建设顺利进行。

3)施工图预算是招标投标的重要基础，既是工程量清单的编制依据，也是招标控制价编制的依据。

4)施工图预算是拨付进度款及办理工程结算的依据。

(2)**施工图预算对施工企业的作用。**

1)根据施工图预算确定投标报价。在竞争激烈的建筑市场，积极参与投标的施工企业根据施工图预算确定投标报价，制定出投标策略，从某种意义上关系到企业的生存与发展。

2)根据施工图预算进行施工准备。施工企业通过投标竞争中标并签订工程承包合同。此后，劳动力的调配、安排；材料的采购、储存；机械台班的安排使用；内部分包合同的签订等，均是以施工图预算为依据安排的。

3)根据施工图预算拟定降低成本措施。在招标承包制中，根据施工图预算确定的中标价格是施工企业收取工程价款的依据，企业必须依据工程实际，合理利用时间、空间，拟订人工、材料、机械台班、管理费等降低成本的技术、组织和安全技术措施，确保工程快、好、省地完成，以获得经济效益。

4)根据施工图预算编制施工预算。在拟定降低工程计划成本措施的基础上，施工企业在施工前应编制施工预算。施工预算仍然是以施工图计算的工程量为依据的，并采用工程定额来编制。

二、施工图预算的编制内容

1. 施工图预算文件的组成

施工图预算由建设项目总预算、单项工程综合预算和单位工程预算组成。建设项目总预算由单项工程综合预算汇总而成；单项工程综合预算由组成本单项工程的各单位工程预算汇总而成；单位工程预算包括建筑工程预算和设备及安装工程预算。

施工图预算编制的两种模式

施工图预算根据建设项目实际情况可采用三级预算编制或二级预算编制形式。当建设项目有多个单项工程时，应采用三级预算编制形式。三级预算编制形式由建设项目总预算、单项工程综合预算、单位工程预算组成。当建设项目只有一个单项工程时，应采用二级预算编制形式。二级预算编制形式由建设项目总预算和单位工程预算组成。

采用三级预算编制形式的工程预算文件包括封面、签署页及目录、编制说明、总预算表、综合预算表、单位工程预算表、附件等内容。采用二级预算编制形式的工程预算文件包括封面、签署页及目录、编制说明，总预算表、单位工程预算表、附件等内容。

2. 施工图预算的内容

按照预算文件的不同，施工图预算的内容也有所不同。建设项目总预算是反映施工图设计阶段建设项目投资总额的造价文件，是施工图预算文件的主要组成部分，由组成该建设项目的各个单项工程综合预算和相关费用组成。其具体包括建筑安装工程费、设备及工器具购置费、工程建设其他费用、预备费、建设期利息及铺底流动资金。施工图总预算应控制在已批准的设计总概算投资范围以内。

单项工程综合预算是反映施工图设计阶段一个单项工程(设计单元)造价的文件，是总预算的组成部分，由构成该单项工程的各个单位工程施工图预算组成。其编制的费用项目是各单项工程的建筑安装工程费和设备及工、器具购置费总和。

单位工程预算是依据单位工程施工图设计文件、现行预算定额以及人工、材料和施工机具台班价格等，按照规定的计价方法编制的工程造价文件，包括单位建筑工程预算和单位设备及安装工程预算。单位建筑工程预算是建筑工程各专业单位工程施工图预算的总称，按其工程性质可分为一般土建工程预算，给水排水工程预算，采暖通风工程预算，煤气工程预算，电气照明工程预算，弱电工程预算，特殊构筑物，如烟窗、水塔等工程预算以及工业管道工程预算等。安装工程预算是安装工程各专业单位工程预算的总称，安装工程预算按其工程性质可分为机械设备安装工程预算、电气设备安装工程预算、工业管道工程预算和热力设备安装工程预算等。

三、施工图预算编制

(一)施工图预算编制依据

编制依据是指编制建设项目施工图预算所需的一切基础资料。建设项目施工图预算的编制依据主要有以下几个方面：

(1)**根据国家、行业、地方政府发布的计价依据，有关法律法规或规定。**

(2)**工程施工合同或协议书。**工程施工合同是发包单位和承包单位履行双方各自承担的责任和分工的经济契约，也是当事人按有关法令、条例签订的权利和义务的协议。它完整地表达了甲、乙双方对有关工程价值既定的要求，明确了双方的责任以及分工协作、互相制约、互相促进的经济关系。经双方签订的合同包括双方同意的有关修改承包合同的设计和变更文件，承包范围，结算方式，包干系数的确定，材料量、质和价的调整，协商记录、会议纪要以及资料和图表等。这些都是编制工程概预算的主要依据。

(3)**经过批准和会审的施工图纸和设计文件。**预算编制单位必须具备建设单位、设计单位和施工单位共同会审的全套施工图和设计变更通知单，经三方签署的图纸会审记录，以及有关的各类标准图集。完整的施工图及其说明，以及图上注明采用的全部标准图是进行预算列项和计算工程量的重要依据之一。除此以外，预算部门还应具备所需的一切标准图(包括国家标准图和地区标准图)。通过这些资料，可以对工程概况(工程性质、结构等)有一个详细的了解，这是编制施工图预算的前提条件。

(4)**批准的施工图设计图纸及相关标准图集和规范。**

(5)**经过批准的设计总概算文件。**经过批准的设计总概算文件是国家控制拨款或贷款的最高限额，也是控制单位工程预算的主要依据。因此，在编制工程施工图预算时，必须以此为依据，使其预算造价不能突破单项工程概算中所规定的限额。如工程预算确定的投资总额超过设计概算，应补做调整设计概算，并经原批准单位批准后方可实施。

(6)**工程预算定额。**工程预算定额对于各分项工程项目都进行了详细的划分，同时，对于分项工程的内容、工程量计算规则等都有明确的规定。工程预算定额还给出了各个项目的人工、材料、机械台班的消耗量，是编制施工图预算的基础资料。

(7)**经过批准的施工组织设计或施工方案。**工程施工组织设计具体规定了工程中各分部分项工程的施工方法、施工机具、构配件加工方式、施工进度计划技术组织措施和现场平面布置等内容，它直接影响整个工程的预算造价，是计算工程量、选套定额项目和计算其他费用的重要依据。施工组织设计或施工方案必须合理，且必须经过上级主管部门批准。

(8)**材料价格。**材料费在工程造价中所占的比重很大，由于工程所在地区不同，运费不同，必将导致材料预算价格的不同。因此，要正确计算工程造价，必须以相应地区的材料预算价格进行定额调整或换算，作为编制工程预算的主要依据。

(9)**项目所在地区有关的气候、水文、地质地貌等自然条件。**

(10)**项目的技术复杂程度以及新技术和专利使用情况等。**

(11)**项目所在地区有关的经济和人文等社会条件。**

(二)单位工程施工图预算的编制

1. 建筑安装工程费计算

单位工程施工图预算包括建筑工程费、安装工程费和设备及工、器具购置费。单位工程施工图预算中的建筑安装工程费应根据施工图设计文件、预算定额(或综合单价)，以及人工、材料及施工机具台班等价格资料进行计算。由于施工图预算既可以是设计阶段的施工图预算书，也可以是招标或投标，甚至施工阶段依据施工图纸形成的计价文件。因而，它的编制方法较为多样，在设计阶段，主要采用的编制方法是单价法，招标及施工阶段主要的编制方法是基于工程量清单的综合单价法。在此主要介绍设计阶段的单价法，单价法又可分为工料单价法和全费用综合单价法两种。

(1)**工料单价法。**工料单价法是指分部分项工程及措施项目的单价为工料单价，将子项工程量乘以对应工料单价后的合计作为直接费，直接费汇总后，再根据规定的计算方法计取企业管理费、利润、规费和税金，将上述费用汇总后得到该单位工程的施工图预算造价。工料单价法中的单价，一般采用地区统一单位估价表中的各子目工料单价(定额基价)。工料单价法计算公式为

$$\text{建筑安装工程预算造价} = \sum(\text{子目工程量} \times \text{子目工料单价}) + \text{企业管理费} + \text{利润} + \text{规费} + \text{税金} \tag{4-50}$$

(2)**全费用综合单价法。**采用全费用综合单价法编制建筑安装工程预算的程序与工料单价法大体相同，只是直接采用包含全部费用和税金等项在内的综合单价进行计算，过程更加简单，其目的是适应目前推行的全过程全费用单价计价的需要。

1)分部分项工程费的计算。建筑安装工程预算的分部分项工程费应由各子目的工程量乘以各子目的综合单价汇总而成。各子目的工程量应按预算定额的项目划分及其工程量计算规则计算。各子目的综合单价应包括人工费、材料费、施工机具使用费、管理费、利润、规费和税金。

2)综合单价的计算。各子目综合单价的计算可通过预算定额及其配套的费用定额确定。其中，人工费、材料费、机具费应根据相应的预算定额子目的人工、材料、机具要素消耗量，以及报告编制期人、材、机的市场价格(不含增值税进项税额)等因素确定；管理费、利润、规费、税金等应依据预算定额配套的费用定额或取费标准，并依据报告编制期拟建项目的实际情况、市场水平等因素确定，同时编制建筑安装工程预算时，应同时编制综合单价分析表。

3)措施项目费的计算。建筑安装工程预算的措施项目费应按下列规定计算。

①可以计量的措施项目费与分部分项工程费的计算方法相同；

②综合计取的措施项目费应以该单位工程的分部分项工程费和可以计量的措施项目费之和为基数乘以相应费率计算。

4)分部分项工程费与措施项目之和，即为建筑安装工程施工图预算费用。

2. 设备及工、器具购置费计算

设备购置费由设备原价和设备运杂费构成。未达到固定资产标准的工、器具购置费一般以设备购置费为计算基数，按照规定的费率计算。设备及工、器具购置费编制方法及内容可参照设计概算相关内容。

3. 单位工程施工图预算书编制

单位工程施工图预算由建筑安装工程费和设备及工、器具购置费组成，将计算好的建筑安装工程费和设备及工、器具购置费相加，得到单位工程施工图预算，即

单位工程施工图预算＝建筑安装工程预算＋设备及工、器具购置费　　(4-51)

单位工程施工图预算文件由单位建筑工程施工图预算表(表 4-15)和单位设备及安装工程预算表(表 4-16)组成。

表 4-15　单位建筑工程施工图预算表

施工图预算编号：　　　　工程项目名称：　　　　共　页　第　页

序号	项目编码	工程项目或费用名称	项目特征	单位	数量	综合单价/元	合价/元
一		分部分项工程					
(一)		土石方工程					
1	××	×××××					
2	××	×××××					
(二)		砌筑工程					
1	××	×××××					
(三)		楼地面工程					
1	××	×××××					
(四)		××工程					
		分部分项工程费用小计					
二		可计量措施项目					
(一)		××工程					
1	××	×××××					
2	××	×××××					
(二)		××工程					
1	××	×××××					
		可计量措施项目费小计					
三		综合取定的措施项目费					
1		安全文明施工费					
2		夜间施工增加费					
3		二次搬运费					
4		冬、雨期施工增加费					

续表

序号	项目编码	工程项目或费用名称	项目特征	单位	数量	综合单价/元	合价/元
	××	×××××					
		综合取定措施项目费小计					
		合　计					

编制人：　　　　审核人：　　　　审定人：

表 4-16　单位设备及安装工程施工图预算表

施工图预算编号：　　　　工程项目名称：　　　　共　页　第　页

<table>
<tr><th rowspan="2">序号</th><th rowspan="2">项目编码</th><th rowspan="2">工程项目或费用名称</th><th rowspan="2">项目特征</th><th rowspan="2">单位</th><th rowspan="2">数量</th><th colspan="2">综合单价/元</th><th colspan="2">合价/元</th></tr>
<tr><th>安装工程费</th><th>其中：设备费</th><th>安装工程费</th><th>其中：设备费</th></tr>
<tr><td>一</td><td></td><td>分部分项工程</td><td></td><td></td><td></td><td></td><td></td><td></td><td></td></tr>
<tr><td>(一)</td><td></td><td>机械设备安装工程</td><td></td><td></td><td></td><td></td><td></td><td></td><td></td></tr>
<tr><td>1</td><td>××</td><td>×××××</td><td></td><td></td><td></td><td></td><td></td><td></td><td></td></tr>
<tr><td>2</td><td>××</td><td>×××××</td><td></td><td></td><td></td><td></td><td></td><td></td><td></td></tr>
<tr><td></td><td></td><td></td><td></td><td></td><td></td><td></td><td></td><td></td><td></td></tr>
<tr><td>(二)</td><td></td><td>电气工程</td><td></td><td></td><td></td><td></td><td></td><td></td><td></td></tr>
<tr><td>1</td><td>××</td><td>×××××</td><td></td><td></td><td></td><td></td><td></td><td></td><td></td></tr>
<tr><td></td><td></td><td></td><td></td><td></td><td></td><td></td><td></td><td></td><td></td></tr>
<tr><td>(三)</td><td></td><td>给水排水工程</td><td></td><td></td><td></td><td></td><td></td><td></td><td></td></tr>
<tr><td>1</td><td>××</td><td>×××××</td><td></td><td></td><td></td><td></td><td></td><td></td><td></td></tr>
<tr><td></td><td></td><td></td><td></td><td></td><td></td><td></td><td></td><td></td><td></td></tr>
<tr><td>(四)</td><td></td><td>××工程</td><td></td><td></td><td></td><td></td><td></td><td></td><td></td></tr>
<tr><td></td><td></td><td></td><td></td><td></td><td></td><td></td><td></td><td></td><td></td></tr>
<tr><td></td><td></td><td>分部分项工程费用小计</td><td></td><td></td><td></td><td></td><td></td><td></td><td></td></tr>
<tr><td>二</td><td></td><td>可计量措施项目</td><td></td><td></td><td></td><td></td><td></td><td></td><td></td></tr>
<tr><td>(一)</td><td></td><td>××工程</td><td></td><td></td><td></td><td></td><td></td><td></td><td></td></tr>
<tr><td>1</td><td>××</td><td>×××××</td><td></td><td></td><td></td><td></td><td></td><td></td><td></td></tr>
<tr><td>2</td><td>××</td><td>×××××</td><td></td><td></td><td></td><td></td><td></td><td></td><td></td></tr>
<tr><td>(二)</td><td></td><td>××工程</td><td></td><td></td><td></td><td></td><td></td><td></td><td></td></tr>
<tr><td>1</td><td>××</td><td>×××××</td><td></td><td></td><td></td><td></td><td></td><td></td><td></td></tr>
<tr><td></td><td></td><td></td><td></td><td></td><td></td><td></td><td></td><td></td><td></td></tr>
<tr><td></td><td></td><td>可计量措施项目费小计</td><td></td><td></td><td></td><td></td><td></td><td></td><td></td></tr>
<tr><td>三</td><td></td><td>综合取定的措施项目费</td><td></td><td></td><td></td><td></td><td></td><td></td><td></td></tr>
<tr><td>1</td><td></td><td>安全文明施工费</td><td></td><td></td><td></td><td></td><td></td><td></td><td></td></tr>
<tr><td>2</td><td></td><td>夜间施工增加费</td><td></td><td></td><td></td><td></td><td></td><td></td><td></td></tr>
<tr><td>3</td><td></td><td>二次搬运费</td><td></td><td></td><td></td><td></td><td></td><td></td><td></td></tr>
<tr><td>4</td><td></td><td>冬、雨期施工增加费</td><td></td><td></td><td></td><td></td><td></td><td></td><td></td></tr>
<tr><td></td><td>××</td><td>×××××</td><td></td><td></td><td></td><td></td><td></td><td></td><td></td></tr>
<tr><td></td><td></td><td>综合取定措施项目费小计</td><td></td><td></td><td></td><td></td><td></td><td></td><td></td></tr>
</table>

续表

序号	项目编码	工程项目或费用名称	项目特征	单位	数量	综合单价/元		合价/元	
						安装工程费	其中：设备费	安装工程费	其中：设备费
		合　计							
注：设备及安装工程预算表应以单项工程为对象进行编制，表中综合单价应通过综合单价分析表计算获得。									

(三)单项工程总额预算的编制

单项工程综合预算造价由组成该单项工程的各个单位工程预算造价汇总而成。计算公式如下：

$$单项工程施工图预算 = \sum 单位建筑工程费用 + \sum 单位设备及安装工程费用 \quad (4\text{-}52)$$

单项工程综合预算书主要由综合预算表构成，综合预算表格式见表 4-17。

表 4-17　综合预算表

综合预算编号：　　　　工程名称(单项工程)：　　　　单位：万元　　　　共　页　第　页

序号	项目编码	工程项目或费用名称	设计规模或主要工程量	建筑工程费	设备及工、器具购置费	安装工程费	其中：引进部分	
							美元	折合人民币
一		主要工程						
1		×××××						
2		×××××						
二		辅助工程						
1		×××××						
2		×××××						
三		配套工程						
1		×××××						
1		×××××						
		单项工程预算费用合计						

编制人：　　　　审核人：　　　　项目负责人：

(四)建设项目总预算的编制

建设项目总预算由组成该建设项目的各个单项工程综合预算，以及经计算的工程建设其他费、预备费和建设期利息和铺底流动资金汇总而成。三级预算编制中总预算由综合预算和工程建设其他费、预备费、建设期利息及铺底流动资金汇总而成。其计算公式如下：

$$总预算 = \sum 单项工程施工图预算 + 工程建设其他费 + 预备费 + 建设期利息 + 铺底流动资金 \quad (4\text{-}53)$$

二级预算编制中总预算由单位工程施工图预算和工程建设其他费、预备费、建设期利息及铺底流动资金汇总而成。其计算公式如下：

$$总预算 = \sum 单位建筑工程费用 + \sum 单位设备及安装工程费用 + 工程建设其他费 + 预备费 + 建设期利息 + 铺底流动资金 \tag{4-54}$$

工程建设其他费、预备费、建设期利息及铺底流动资金具体编制方法可参考第一章相关内容。以建设项目施工图预算编制时为界线，若上述费用已经发生，按合理发生金额列入，如果还未发生，按照原概算内容和本阶段的计费原则计算列入。

采用三级预算编制形式的工程预算文件，包括封面、签署页及目录、编制说明、总预算表、综合预算表、单位工程预算表、附件等内容。其中，总预算表的格式见表4-18。

表4-18　总预算表

总预算编号：　　　　　　　　　　工程名称：　　　　　　单位：万元　　　　　　　　共　页　第　页

序号	项目编码	工程项目或费用名称	建筑工程费	设备及工、器具购置费	安装工程费	其他费用	合计	其中：引进部分		占总投资比例/%
								美元	折合人民币	
一		工程费用								
1		主要工程								
		×××××								
2		辅助工程								
		×××××								
3		配套工程								
		×××××								
二		其他费用								
1		×××××								
2		×××××								
三		预备费								
四		专项费用								
1		×××××								
2		×××××								
		建设项目预算总投资								

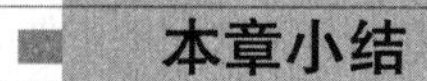

设计阶段的投资控制是建设项目全过程投资控制的重点之一，应努力做到使工程设计在满足工程质量和功能要求的前提下，其活劳动和物化劳动的消耗，达到相对较少的水平，

最大不应超过投资估算数。为此，应在有条件的情况下积极开展设计竞赛和设计招标活动，严格执行设计标准，推行标准化设计，实现限额设计、应用价值工程等理论对工程建设项目设计阶段的投资进行有效的控制。同时，为了规范建设项目设计阶段概算文件、施工图预算文件的编制内容和深度，本章还简单介绍了设计概算及施工图预算的含义、作用以及编制方法。

思考与练习

一、填空题

1. 设计概算应按建设项目的__________、__________和__________审批。

2. 综合计取的措施项目费应以该单位工程的分部分项工程费和可以计量的措施项目费之和为基数乘以__________计算。

3. 通用设计图设计可组织编制通用图__________来确定造价。

4. 若概算指标中的单价为工料单价，则应根据__________、__________、__________、__________确定该子目的全费用综合单价。

5. 单位设备及安装工程概算包括__________和__________两大部分。

二、多项选择题

1. 总平面设计中影响工程造价的因素有(　　)。

A. 占地面积　　B. 运输方式的选择

C. 功能分区　　D. 施工技术的选择

2. 设计概算分为三级概算，即(　　)。

A. 单位工程概算　　B. 单项工程综合概算

C. 分部工程概算　　D. 建设项目总概算

3. 设备安装工程费概算的编制方法应根据初步设计深度和要求所明确的程度而采用，其主要编制方法有(　　)。

A. 预算单价法　　B. 扩大单价法

C. 设备价值百分比法　　D. 综合吨位指标法

E. 价格调整法

三、简答题

1. 设计阶段造价控制的主要工作内容有哪些?

2. 设计阶段影响工程造价的主要因素有哪些?

3. 如何优选设计方案?

4. 简述设计阶段控制工程造价的措施和方法有哪些?

5. 设计方案评价应遵循哪些基本原则?

6. 什么是设计概算? 其作用具体表现在哪些方面?

第五章　建设项目招标投标阶段造价控制与管理

知识目标

1. 熟悉施工招标文件的编制内容、澄清和修改；了解建设项目施工招标过程中其他文件的主要内容。
2. 熟悉招标工程量清单编制依据及准备工作、编制内容；掌握招标控制价的编制。
3. 了解建设工程投标的概念和程序，熟悉投标报价编制的内容与编制技巧。
4. 掌握评标的程序及评审标准、投标书评审及评价的方法。
5. 熟悉合同价款类型的选择，熟悉合同价款约定的内容。

能力目标

1. 能结合自身的管理能力，确定工程招标范围，编制招标文件。
2. 能依据“13计价规范”编制招标工程量清单及招标控制价。
3. 在服从投标报价策略的前提下，掌握一定的报价编制技巧，做出合理的报价。

第一节　招标文件的组成内容及其编制要求

招标文件是指导整个招标投标工作全过程的纲领性文件。按照《中华人民共和国招标投标法》(以下简称《招标投标法》)的规定，招标文件应当包括招标项目的技术要求、对投标人资格审查的标准、投标报价要求和评标标准等所有实质性要求和条件，以及拟签合同的主要条款。建设项目施工招标文件是由招标人编制、由招标人发布的，招标文件中提出的各项要求，对整个招标工作乃至发包、承包双方都具有约束力。因此，招标文件的编制及其内容必须符合有关法律法规的规定。

一、施工招标文件的编制内容

《中华人民共和国房屋建筑和市政工程标准施工招标文件》(2010)[以下简称《标准施工

招标文件》(2010年版)]中规定招标文件组成如下。

1. 招标公告(或投标邀请书)

房屋建筑和市政工程
标准施工招标文件

当未进行资格预审时，应采用招标公告的方式，招标公告的发布应当充分公开，任何单位和个人不得非法限制招标公告的发布地点和发布范围。指定媒介发布依法必须发布的招标公告，不得收取费用。

招标公告的内容主要包括：

(1)**招标人名称、地址、联系人姓名、电话。委托代理机构进行招标的，还应注明该机构的名称和地址。**

(2)**工程情况简介，包括项目名称、建筑规模、工程地点、结构类型、装修标准、质量要求、工期要求。**

(3)**承包方式，材料、设备供应方式。**

(4)**对投标人资质的要求及应提供的有关文件。**

(5)**招标日程安排。**

(6)**招标文件的获取办法，包括发售招标文件的地点、文件的售价及开始和截止出售的时间。**

(7)**其他要说明的问题。**当进行资格预审时，应采用投标邀请书的方式。邀请书内容包括招标条件、项目概况与招标范围、投标人资格要求、招标文件的获取、投标文件的递交和确认、联系方式等。该邀请书可代替资格预审通过通知书，以明确投标人已具备了在某具体项目标段的投标资格。

2. 投标人须知

投标人须知是依据相关的法律法规，结合项目和业主的要求，对招标阶段的工作程序进行安排，对招标方和投标方的责任、工作规则等进行约定的文件。投标人须知常常包括投标人须知前附表和正文部分。

投标人须知前附表用于进一步明确正文中的未尽事宜，由招标人根据招标项目具体特点和实际需要来编制和填写，但是必须与招标文件中的其他内容相衔接，并且不得与正文内容矛盾，否则，抵触内容无效。

投标人须知正文部分内容如下：

(1)**总则。**总则是要准确地描述项目的概况和资金的情况、招标的范围、计划工期和项目的质量要求；对投标资格的要求以及是否接受联合体投标和对联合体投标的要求；是否组织踏勘现场和投标预备会，组织的时间和费用的承担等的说明；是否允许分包以及分包的范围；是否允许投标文件偏离招标文件的某些要求，允许偏离的范围和要求等。

(2)**招标文件。**投标人须知：要说明招标文件发售的时间、地点，招标文件的澄清和说明。

1)招标文件发售的时间不得少于5个工作日，发售的地点应是详细的地址，如××市××路××大厦××房间，不能简单地说××单位的办公楼。

2)投标人应仔细阅读和检查招标文件的全部内容。如发现缺页或附件不全，应及时向招标人提出，以便补齐。如有疑问，应在投标人须知前附表规定的时间前以书面形式(包括信函、电报、传真等可以有形地表现所载内容的形式)要求招标人对招标文件予以澄清。招标文件的澄清将在投标人须知前附表规定的投标截止时间15天前以书面形式发给所有购买招标文件的投标人，但不指明澄清问题的来源。如果澄清发出的时间距投标截止时间不足15天，则要相应延长投标截止时间。投标人在收到澄清后，应在投标人须知前附表规定的时间内以书面形式通知招标人，确认已收到该澄清。

在投标截止时间15天前，招标人可以以书面形式修改招标文件，并通知所有已购买招标文件的投标人。如果修改招标文件的时间距投标截止时间不足15天，则要相应延长投标截止时间。投标人收到修改内容后，应在投标人须知前附表规定的时间内以书面形式通知招标人，确认已收到该修改。

3)对投标文件的组成、投标报价、投标有效期、投标保证金的约定，投标文件的递交、开标的时间和地点、开标程序、评标和定标的相关约定，招标过程对投标人、招标人、评标委员会的纪律要求监督。

3. 评标办法

评标办法可选择经评审的最低投标价法和综合评估法。

4. 合同条款及格式

(1)施工合同文件。施工合同一般由合同协议书、通用合同条款和专用合同条款三部分组成。组成合同的各项文件应互相解释、互相说明。除专用合同条款另有约定外，解释合同文件的优先顺序一般如下：

1)**合同协议书。**合同协议书是施工合同的总纲性法律文件，经过双方当事人签字盖章后合同即成立，具有最高的合同效力。**《建设工程施工合同(示范文本)》(GF－2017－0201)(以下简称《示范文本》)合同协议书共计13条，主要包括工程概况、合同工期、质量标准、签约合同价和合同价格形式、项目经理、合同文件构成、承诺、词语含义、签订时间、签订地点、补充协议、合同生效、合同份数等重要内容，集中约定了合同当事人基本的合同权利义务。**

2)**通用合同条款。**通用合同条款是合同当事人根据《中华人民共和国建筑法》《中华人民共和国合同法》等法律法规的规定，就工程建设的实施及相关事项，对合同当事人的权利义务做出的原则性约定。

通用合同条款共计20条，具体条款分别为：一般约定，发包人，承包人，监理人，工程质量，安全文明施工与环境保护，工期和进度，材料与设备，试验与检验，变更，价格调整，合同价格，计量与支付，验收和工程试车，竣工结算，缺陷责任与保修，违约，不可抗力，保险，索赔和争议解决。前述条款安排既考虑了现行法律法规对工程建设的有关要求，也考虑了建设工程施工管理的特殊需要。

3)**专用合同条款。**专用合同条款是对通用合同条款原则性约定的细化、完善、补充、修改或另行约定的条款。合同当事人可以根据不同建设工程的特点及具体情况，通过双方的谈判、协商对相应的专用合同条款进行修改补充。在使用专用合同条款时，应注意以下事项：

①专用合同条款的编号应与相应的通用合同条款的编号一致；

②合同当事人可以通过对专用合同条款的修改，满足具体建设工程的特殊要求，避免直接修改通用合同条款；

③在专用合同条款中有横道线的地方，合同当事人可针对相应的通用合同条款进行细化、完善、补充、修改或另行约定；如无细化、完善、补充、修改或另行约定，则填写“无”或画“/”。

(2)合同格式。合同格式主要包括合同协议书格式、履约担保格式和预付款担保格式，见表5-1～表5-3。

表5-1 合同协议书

合同协议书

发包人(全称)：______________________________

承包人(全称)：______________________________

根据《中华人民共和国合同法》《中华人民共和国建筑法》及有关法律规定，遵循平等、自愿、公平和诚实信用的原则，双方就______________工程施工及有关事项协商一致，共同达成如下协议：

一、工程概况

1. 工程名称：______________________________。

2. 工程地点：______________________________。

3. 工程立项批准文号：______________________________。

4. 资金来源：______________________________。

5. 工程内容：______________________________。

群体工程应附《承包人承揽工程项目一览表》(附件1)。

6. 工程承包范围：

______________________________。

二、合同工期

计划开工日期：________年______月______日。

计划竣工日期：________年______月______日。

工期总日历天数：________天。工期总日历天数与根据前述计划开竣工日期计算的工期天数不一致的，以工期总日历天数为准。

三、质量标准

工程质量符合______________标准。

四、签约合同价与合同价格形式

1. 签约合同价为

人民币(大写)______________(¥______________元)；

其中：

(1)安全文明施工费：

人民币(大写)______________(¥______________元)；

(2)材料和工程设备暂估价金额：

人民币(大写)______________(¥______________元)；

(3)专业工程暂估价金额：

人民币(大写)______________(¥______________元)；

(4)暂列金额：

人民币(大写)______________(¥______________元)。

2. 合同价格形式：______________________________。

五、项目经理

承包人项目经理：______________________________。

续表

六、合同文件构成

本协议书与下列文件一起构成合同文件：

(1)中标通知书(如果有)；

(2)投标函及其附录(如果有)；

(3)专用合同条款及其附件；

(4)通用合同条款；

(5)技术标准和要求；

(6)图纸；

(7)已标价工程量清单或预算书；

(8)其他合同文件。

在合同订立及履行过程中形成的与合同有关的文件均构成合同文件的组成部分。

上述各项合同文件包括合同当事人就该项合同文件所做出的补充和修改，属于同一类内容的文件，应以最新签署的为准。专用合同条款及其附件须经合同当事人签字或盖章。

七、承诺

(1)发包人承诺按照法律规定履行项目审批手续、筹集工程建设资金并按照合同约定的期限和方式支付合同价款。

(2)承包人承诺按照法律规定及合同约定组织完成工程施工，确保工程质量和安全，不进行转包及违法分包，并在缺陷责任期及保修期内承担相应的工程维修责任。

(3)发包人和承包人通过招投标形式签订合同的，双方理解并承诺不再就同一工程另行签订与合同实质性内容相背离的协议。

八、词语含义

本协议书中词语含义与第二部分通用合同条款中赋予的含义相同。

九、签订时间

本合同于__________年______月______日签订。

十、签订地点

本合同在______________________________签订。

十一、补充协议

合同未尽事宜，合同当事人另行签订补充协议，补充协议是合同的组成部分。

十二、合同生效

本合同自______________________________生效。

十三、合同份数

本合同一式______份，均具有同等法律效力，发包人执______份，承包人执______份。

发包人：(公章)	承包人：(公章)
法定代表人或其委托代理人： (签字)	法定代表人或其委托代理人： (签字)
地　　址：________________	地　　址：________________
法定代表人：________________	法定代表人：________________
开户银行：________________	开户银行：________________
账　　号：________________	账　　号：________________

表 5-2　履约担保

<table>
<tr><td>

履约担保

__________(发包人名称)：

鉴于__________(承包人名称，以下简称“承包人”)与__________(发包人名称，以下简称“发包人”)于__________年__________月__________日签订的__________(工程名称)施工及有关事项协商一致共同签订《建设工程施工合同》。我方愿意无条件地、不可撤销地就承包人履行与你方签订的合同，向你方提供连带责任担保。

1. 担保金额人民币(大写)__________元(¥__________)。

2. 担保有效期自你方与承包人签订的合同生效之日起至你方签发或应签发工程接收证书之日止。

3. 在本担保有效期内，因承包人违反合同约定的义务给你方造成经济损失时，我方在收到你方以书面形式提出的在担保金额内的赔偿要求后，在 7 天内无条件支付。

4. 你方和承包人按合同约定变更合同时，我方承担本担保规定的义务不变。

5. 因本保函发生的纠纷，可由双方协商解决，协商不成的，任何一方均可提请__________仲裁委员会仲裁。

6. 本保函自我方法定代表人(或其授权代理人)签字并加盖公章之日起生效。

担保人：______________(盖单位章)
法定代表人或其委托代理人：______________(签字)
地址：______________
邮政编码：______________
电话：______________
传真：______________
________年________月________日

</td></tr>
</table>

表 5-3　预付款担保

<table>
<tr><td>

预付款担保

__________(发包人名称)：

根据__________(承包人名称，以下简称“承包人”)与__________(发包人名称，以下简称“发包人”)于__________年__________月__________日签订的__________(工程名称)《建设工程施工合同》，承包人按约定的金额向你方提交一份预付款担保，即有权得到你方支付相等金额的预付款。我方愿意就你方提供给承包人的预付款为承包人提供连带责任担保。

1. 担保金额人民币(大写)__________元(¥__________)。

2. 担保有效期自预付款支付给承包人起生效，至你方签发的进度款支付证书说明已完全扣清止。

3. 在本保函有效期内，因承包人违反合同约定的义务而要求收回预付款时，我方在收到你方的书面通知后，在 7 天内无条件支付。但本保函的担保金额，在任何时候不应超过预付款金额减去你方按合同约定在向承包人签发的进度款支付证书中扣除的金额。

4. 你方和承包人按合同约定变更合同时，我方承担本保函规定的义务不变。

5. 因本保函发生的纠纷，可由双方协商解决，协商不成的，任何一方均可提请__________仲裁委员会仲裁。

6. 本保函自我方法定代表人(或其授权代理人)签字并加盖公章之日起生效。

担保人：______________(盖单位章)
法定代表人或其委托代理人：______________(签字)
地址：______________
邮政编码：______________
电话：______________
传真：______________
________年________月________日

</td></tr>
</table>

5. 工程量清单

招标工程量清单必须作为招标文件的重要组成部分，其准确性(数量不算错)和完整性(不缺项漏项)应由招标人负责。招标人应将工程量清单连同招标文件一起发(售)给投标人。投标人依据工程量清单进行投标报价时，对工程量清单不负有核实的责任，更不具有修改和调整的权力。如招标人委托工程造价咨询人编制工程量清单，其责任仍由招标人负责。

招标工程量清单是工程量清单计价的基础，应作为编制招标控制价、投标报价、计算或调整工程量以及工程索赔等的依据之一。

招标工程量清单应以单位(项)工程为单位编制，应由分部分项工程项目清单、措施项目清单、其他项目清单、规费和税金项目清单组成。

6. 图纸

图纸是指应由招标人提供，是用于计算招标控制价和投标人计算投标报价所必需的各种详细程度的图纸。

7. 技术标准和要求

招标文件的标准和要求包括：一般要求，特殊技术标准和要求，使用的国家、行业以及地方规范、标准和规程等内容。

(1)**一般要求。**对工程的说明，相关资料的提供，合同界面的管理以及整个交易过程涉及问题的具体要求。

1)**工程说明。**简要描述工程概况，工程现场条件和周围环境、地质及水文资料，以及资料和信息的使用。合同文件中载明的涉及本工程现场条件、周围环境、地质及水文等情况的资料和信息数据，是发包人现有的和客观的，发包人保证有关资料和信息数据的真实、准确。但承包人据此做出的推论、判断和决策，由承包人自行负责。

2)**发承包的承包范围、工期要求、质量要求及适用规范和标准。**发承包的承包范围关键是对合同界面的具体界定，特别是对暂列金额和甲方提供材料等要详细地界定责任和义务。如果承包人在投标函中承诺的工期和计划的开、竣工日期之间发生矛盾或者不一致时，以承包人承诺的工期为准。实际开工日期以通用合同条款约定的监理人发出的开工通知中载明的开工日期为准。如果承包人在投标函附录中承诺的工期提前于发包人在工程招标文件中所要求的工期，承包人在施工组织设计中应当制订相应的工期保证措施，由此而增加的费用，应当被认为已经包括在投标总报价中。除合同另有约定外，合同履约过程中发包人不会再向承包人支付任何性质的技术措施费用、赶工费用或其他任何性质的提前完工奖励等费用。工程要求的质量标准为符合现行国家有关工程施工验收规范和标准的要求(合格)。如果针对特定的项目、特定的业主，对项目有特殊的质量要求的，要详细约定。工程使用现行国家、行业和地方规范、标准和规程。

3)**安全防护和文明施工、安全防卫及环境保护。**在工程施工、竣工、交付及修补任何缺陷的过程中，承包人应当始终遵守国家和地方有关安全生产的法律、法规、规范、标准和规程等，按照通用合同条款的约定履行其安全施工职责。现场应有安全警示标志，并进行检查工作。要配备专业的安全防卫人员，并制订详细的巡查管理细则。在工程施工、完工及修补任何缺陷的过程中，承包人应当始终遵守国家和工程所在地有关环境保护、水土保护和污染防治的法律、法规、规章、规范、标准和规程等，按照通用合同条款的约定，履行其环境与生态保护职责。

4)**有关材料、进度、进度款、竣工结算等的技术要求。** 用于工程的材料，应有说明书、生产(制造)许可证书、出厂合格证明或者证书、出厂检测报告、性能介绍以及使用说明等相关资料，并注明材料和工程设备的供货人及品种、规格、数量和供货时间等，以供检验和审批。对进度报告和进度例会的参加人员、内容等的详细规定和要求。对于预付款、进度款及竣工结算款的详细规定和要求。

(2)**特殊技术标准和要求。** 为了方便承包人直观和准确地把握工程所用部分材料和工程设备的技术标准，承包人自行施工范围内的部分材料和工程设备技术要求，要具体描述和细化。如果有新技术、新工艺和新材料的使用，要有新技术、新工艺和新材料及相应使用的操作说明。

(3)**适用的国家、行业以及地方规范、标准和规程。** 需要列出规范、标准、规程等的名称、编号等内容，由招标人根据国家、行业和地方现行标准、规范和规程等，以及项目具体情况进行摘录。

8. 投标文件格式

投标文件格式提供各种投标文件编制所应依据的参考格式，包括投标函及投标函附录、法定代表人的身份证明、授权委托书、联合体协议书、投标保证金、已标价工程量清单、施工组织设计、项目管理机构、拟分包项目情况表、资格审查资料及其他材料等。

9. 投标人须知前附表规定的其他材料

如需要其他材料，应在“投标人须知前附表”中予以规定。

二、招标文件的澄清和修改

1. 招标文件的澄清

投标人应仔细阅读和检查招标文件的全部内容。如发现缺页或附件不全的问题，应及时向招标人提出，以便补齐。如有疑问，应在投标人须知前附表规定的时间前，以书面形式(包括信函、电报、传真等可以有形地表现所载内容的形式)，要求招标人对招标文件予以澄清。

招标文件的澄清将在投标人须知前附表规定的投标截止时间 15 天前，以书面形式发给所有购买招标文件的投标人，但不指明澄清问题的来源。如果澄清发出的时间距投标截止时间不足 15 天，则要相应延长投标截止时间。

投标人在收到澄清后，应在投标人须知前附表规定的时间内，以书面形式通知招标人，确认招标人已收到该澄清。

2. 招标文件的修改

在投标截止时间 15 天前，招标人可以书面形式修改招标文件，并通知所有已购买招标文件的投标人。如果修改招标文件的时间距投标截止时间不足 15 天，则要相应延长投标截止时间。

投标人收到修改内容后，应在投标人须知前附表规定的时间内，以书面形式通知招标人，确认招标人已收到该修改。

必须招标的
工程项目规定

三、建设项目施工招标过程中其他文件的主要内容

1. 资格预审公告和招标公告的内容

(1)资格预审公告的内容。资格预审公告具体内容包括以下几项：

1)**招标条件。**明确拟招标项目已符合前述的招标条件。

2)**项目概况与招标范围。**说明本次招标项目的建设地点、规模、计划工期、合同估算价、招标范围和标段划分(如果有)等。

3)**申请人资格要求。**包括对申请人资质、业绩、人员、设备及资金等方面具备相应的施工能力的审查，以及是否接受联合体资格预审申请的要求。

4)**资格预审方法。**明确采用合格制或有限数量制。

5)**申请报名。**明确规定报名具体时间、截止时间及地址。

6)**资格预审文件的获取。**规定符合要求的报名者应持单位介绍信购买资格预审文件，并说明获取资格预审文件的时间、地点和费用。

7)**资格预审申请文件的递交。**说明递交资格预审申请文件截止时间，并规定逾期送达或者未送达指定地点的资格预审申请文件，招件人不予受理。

8)**发布公告的媒介。**

9)**联系方式。**

(2)招标公告的内容。采用公开招标方式的，招标人应当发布招标公告，邀请不特定的法人或者其他组织投标。依法必须进行施工招标项目的招标公告，应当在国家指定的报刊和信息网络上发布。采用邀请招标方式的，招标人应当向三家以上具备承担施工招标项目能力、资信良好的特定的法人或者其他组织发出投标邀请书。招标公告或者投标邀请书应当至少载明下列内容：

1)**招标人的名称和地址；**

2)**招标项目的内容、规模及资金来源；**

3)**招标项目的实施地点和工期；**

4)**获取招标文件或者资格预审文件的地点和时间；**

5)**对招标文件或者资格预审文件收取的费用；**

6)**对招标人资质等级的要求。**

2. 资格审查文件的内容与要求

《工程建设项目施工招标投标办法》规定，资格审查可分为资格预审和资格后审。资格预审是指在投标前对潜在投标人进行的资格审查；资格后审是指在开标后对投标人进行的资格审查。进行资格预审的，一般不再进行资格后审，但招标文件另有规定的除外。

(1)资格预审文件的内容。采取资格预审的，招标人应当在资格预审文件中载明资格预审的条件、标准和方法；采取资格后审的，招标人应当在招标文件中载明对投标人资格要求的条件、标准和方法。

招标人不得改变载明的资格条件或者以没有载明的资格条件对潜在投标人或者投标人进行资格审查。

经资格预审后，招标人应当向资格预审合格的潜在投标人发出资格预审合格通知书，告知获取招标文件的时间、地点和方法，并同时向资格预审不合格的潜在投标人告知资格预审结果。资格预审不合格的潜在投标人不得参加投标。对于经资格后审不合格的投标人的投标应予否决。

(2)资格预审申请文件的内容。资格预审申请文件应包括下列内容：

1)资格预审申请函；

2)法定代表人身份证明或附有法定代表人身份证明的授权委托书；

3)联合体协议书；

4)申请人基本情况表；

5)近年财务状况表；

6)近年完成的类似项目情况表；

7)正在施工和新承接的项目情况表；

8)近年发生的诉讼及仲裁情况；

9)其他材料。

(3)资格审查的主要内容。资格审查应主要审查潜在投标人或者投标人是否符合下列条件：

1)具有独立订立合同的权利；

2)具有履行合同的能力，包括专业、技术资格和能力，资金、设备和其他物质设施状况，管理能力，经验、信誉和相应的从业人员；

3)没有处于被责令停业，投标资格被取消，财产被接管、冻结及破产状态；

4)在最近三年内没有骗取中标和严重违约及重大工程质量问题；

5)国家规定的其他资格条件。

资格审查时，招标人不得以不合理的条件限制、排斥潜在投标人或者投标人，不得对潜在投标人或者投标人实行歧视待遇。任何单位和个人不得以行政手段或者其他不合理方式限制投标人的数量。

四、编制施工招标文件应注意的问题

编制出完整、严谨、科学、合理、客观公正的招标文件是招标成功的关键环节。一份完善的招标文件，对承包商的投标报价、标书编制乃至中标后项目的实施均具有重要的指导作用，而一份粗制滥造的招标文件，则会引起一系列的合同纠纷。因此，编制人员需要针对工程项目特点，对工程项目进行总体策划，选择恰当的编制方法，严格按照招标文件的编制原则，编制出内容完整、科学合理的招标文件。

(一)工程项目的总体策划

编制招标文件前，应做好充分的准备工作，最重要的工作之一就是工程项目的总体策划。总体策划重点考虑的内容有承、发包模式的确定，工程的合理分标(合同数量的确定)，计价模式的确定，合同类型的选择以及合同主要条款的确定等。

1. 承发包模式的确定

一个施工项目的全部施工任务可以只发一个合同包招标，即采取施工总承包模式。在这种模式下，招标人仅与一个中标人签订合同，合同关系简单，业主合同管理工作也比较简单，但有能力参加竞争的投标人较少。若采取平行承发包模式，将全部施工任务分解成若干个单位工程或特殊专业工程分别发包，则需要进行合理的工程分标，招标发包数量多，招标评标工作量就大。

工程项目施工是一个复杂的系统工程，影响因素众多。因此，采用何种承、发包模式，如何进行工程分标，应从施工内容的专业要求、施工现场条件、对工程总投资的影响、建设资金筹措情况以及设计进度等多方面综合考虑。

2. 计价模式的确定

采用工程量清单招标的工程，必须依据“13 计价规范”的“四统一”原则，采用综合单价计价。招标文件提供的工程量清单和工程量清单计价格式必须符合国家规范的规定。

3. 合同类型的选择

按计价方式不同，合同可分为总价合同、单价合同和成本加酬金合同。应依据招标时工程项目设计图纸和技术资料的完备程度、计价模式、承发包模式等因素确定采用何种合同类型。

（二）编制招标文件应注意的重点问题

1. 重点内容的醒目标示

招标文件必须明确招标工程的性质、范围和有关的技术规格标准，对于规定的实质性要求和条件，应当在招标文件中用醒目的方式标明。

（1）**单独分包的工程。**招标工程中需要另行单独分包的工程必须符合政府有关工程分包的规定，且必须明确总包工程需要分包工程配合的具体范围和内容，将配合费用的计算规则列入合同条款。

（2）**甲方提供材料。**涉及甲方提供材料、工作等内容的，必须在招标文件中载明，并将明确的结算规则列入合同主要条款。

（3）**施工工期。**招标项目需要划分标段、确定工期的，招标人应当合理划分标段，确定工期，并在招标文件中载明。对工程技术上联系紧密、不可分割的单位工程不得分割标段。

（4）**合同类型。**招标文件应明确说明招标工程的合同类型及相关内容，并将其列入主要合同条款。

采用固定价合同的，必须明确合同价应包括的内容、数量、风险范围及超出风险范围的调整方法和标准。工期超过 12 个月的工程应慎用固定价合同；采用可调价合同的，必须明确合同价的可调因素、调整控制幅度及其调整方法；采用成本加酬金合同（费率招标）的工程，必须明确酬金（费用）计算标准（或比例）、成本计算规则以及价格取定标准等所有涉及合同价的因素。

2. 合同主要条款

合同主要条款不得与招标文件有关条款存在实质性的矛盾。如固定价合同的工程，在合同主要条款中不应出现“按实调整”的字样，而必须明确量、价变化时的调整控制幅度和价格确定规则。

3. 关于招标控制价

招标项目需要编制招标控制价的，有资格的招标人可以自行编制或委托咨询机构编制。一个工程只能编制一个招标控制价。

施工图中存在的不确定因素，必须如实列出，并由招标控制价编制人员与发包方协商确定暂定金额，同时，应在《中华人民共和国招标投标法》规定的时间内作为招标文件的补充文件送达全部投标人。招标控制价不作为评标决标的依据，仅供参考。

4. 明确工程评标办法

（1）招标文件应明确评标时除价格外的所有评标因素，以及如何将这些因素量化或者据以进行评价的方法。

（2）招标文件应根据工程的具体情况和业主需求设定评标的主体因素（造价、质量和工期），并按主体因素设定不同的技术标、商务标评分标准。

(3)招标文件中规定的评标标准和评标方法应当合理，不得含有倾向或者排斥潜在投标人的内容，不得设定妨碍或者限制投标人之间竞争的条件，不应在招标文件中设定投标人降价(或优惠)幅度作为评标(或废标)的限制条件。

(4)招标文件必须说明废标的认定标准和认定方法。

5. 关于备选标

招标文件应明确是否允许投标人投备选标，并应明确备选标的评审和采纳规则。

6. 明确询标事项

招标文件应明确评标过程的询标事项，规定投标人对投标函在询标过程的补正规则及不予补正时的偏差量化标准。

7. 工程量清单的修改

采用工程量清单招标的工程，招标文件必须明确工程量清单编制偏差的核对、修正规则。招标文件还应考虑当工程量清单误差较大，经核对后，招标人与中标人不能达成一致调整意向时的处理措施。

8. 关于资格审查

采取资格预审的，招标人应当在资格预审文件中载明资格预审的条件、标准和方法；采取资格后审的，招标人应当在招标文件中载明对投标人资格要求的条件、标准和审查方法。

9. 招标文件修改的规定

招标文件必须载明招标投标各环节所需要的合理时间及招标文件修改必须遵循的规则。当对投标人提出的投标疑问需要答复，或者招标文件需要修改，不能符合有关法律法规要求的截标间隔时间规定时，必须修改截标时间，并以书面形式通知所有投标人。

10. 有关盖章、签字的要求

招标文件应明确投标文件中所有需要签字、盖章的具体要求。

第二节　招标工程量清单与招标控制价的编制

一、招标工程量清单的编制

招标工程量清单是指招标人依据国家标准、招标文件和设计文件，以及施工现场实际情况编制的，随招标文件发布供投标报价的工程量清单，包括其说明和表格，是招标阶段供投标人报价的工程量清单，是对工程量清单的进一步具体化。

(一)招标工程量清单编制依据及准备工作

1. 招标工程量清单的编制依据

建设工程工程量清单是招标文件的组成部分，是编制招标控制价、投标报价、计算或调整工程量、索赔等的依据之一。招标工程量清单应由具有编制能力的招标人或受其委托、具有相应资质的工程造价咨询人编制。

工程量清单编制应依据以下内容：

(1)“13 计价规范”和相关工程的国家计量规范。

(2)国家或省级、行业建设主管部门颁发的计价定额和办法。

(3)建设工程设计文件及相关资料。

(4)与建设工程有关的标准、规范及技术资料。

(5)拟定的招标文件。

(6)施工现场情况、地勘水文资料、工程特点及常规施工方案。

(7)其他相关资料。

2. 招标工程量清单编制的准备工作

招标工程量清单编制的相关工作在收集资料包括编制依据的基础上，需进行以下工作：

(1)初步研究。对各种资料进行认真研究，为工程量清单的编制做准备。主要包括以下几个方面：

1)熟悉“13 计价规范”“13 计量规范”及当地计价规定及相关文件；熟悉设计文件，掌握工程全貌，便于清单项目列项的完整、工程量的准确计算及清单项目的准确描述，对设计文件中出现的问题应及时提出。

2)熟悉招标文件和招标图纸，确定工程量清单编审的范围及需要设定的暂估价；收集相关市场价格信息，为暂估价的确定提供依据。

3)对“13 计价规范”缺项的新材料、新技术、新工艺，收集足够的基础资料，为补充项目的制定提供依据。

(2)现场踏勘。为了选用合理的施工组织设计和施工技术方案，需进行现场踏勘，以充分了解施工现场情况及工程特点，主要对以下两个方面进行调查：

1)自然地理条件：工程所在地的地理位置、地形、地貌、用地范围等；气象、水文情况，包括气温、湿度、降雨量等；地质情况，包括地质构造及特征、承载能力等；地震、洪水及其他自然灾害情况。

2)施工条件：工程现场周围的道路、进出场条件、交通限制情况；工程现场施工临时设施、大型施工机具、材料堆放场地的安排情况；工程现场邻近建筑物与招标工程的间距、结构形式、基础埋深、新旧程度、高度；市政给水排水管线位置、管径、压力，废水、污水处理方式，市政、消防供水管道管径、压力、位置等；现场供电方式、方位、距离、电压等；工程现场通信线路的连接和铺设；当地政府有关部门对施工现场管理的一般要求和特殊要求及规定等。

(3)拟订常规施工组织设计。施工组织设计是指导拟建工程项目的施工准备和施工的技术经济文件。根据项目的具体情况编制施工组织设计，拟定工程的施工方案、施工顺序、施工方法等，便于工程量清单的编制及准确计算，特别是工程量清单中的措施项目。施工组织设计编制的主要依据是招标文件中的相关要求，设计文件中的图纸及相关说明，现场踏勘资料，有关定额，现行有关技术标准、施工规范或规则等。作为招标人，仅需拟订常规的施工组织设计即可。在拟定常规的施工组织设计时需注意以下问题：

1)估算整体工程量。根据概算指标或类似工程进行估算，且仅对主要项目加以估算即可，如土石方、混凝土等。

2)拟定施工总方案。施工总方案只需对重大问题和关键工艺作原则性的规定，不需考虑施工步骤，主要包括施工方法、施工机械设备的选择、科学的施工组织、合理的施工进度、现场的平面布置及各种技术措施。制订总方案要满足以下原则：从实际出发，符合现场的实际情况，在切实可行的范围内尽量求其先进和快速；满足工期的要求；确保工程质量和施工安全；尽量降低施工成本，使方案更加经济合理。

3)确定施工顺序。合理确定施工顺序需要考虑以下几点：各分部分项工程之间的关系；施工方法和施工机械的要求；当地的气候条件和水文要求；施工顺序对工期的影响。

4)编制施工进度计划。施工进度计划要满足合同对工期的要求，在不增加资源的前提下尽量提前。编制施工进度计划时要处理好工程中各分部工程、分项工程、单位工程之间的关系，避免出现施工顺序的颠倒或工种相互冲突。

5)计算人工、材料、机具资源需求量。人工工日数量根据估算的工程量、选用的定额、拟定的施工总方案、施工方法及要求的工期来确定，并考虑节假日、气候等的影响。材料需要量主要根据估算的工程量和选用的材料消耗定额进行计算。机具台班数量则根据施工方案确定选择机械设备方案及仪器仪表和种类的匹配要求，再根据估算的工程量和机具消耗定额进行计算。

6)施工平面的布置。施工平面布置是根据施工方案、施工进度要求，对施工现场的道路交通、材料仓库、临时设施等做出合理的规划布置，主要包括建设项目施工总平面图上的一切地上、地下已有和拟建的建筑物如构筑物以及其他设施的位置和尺寸；所有为施工服务的临时设施的布置位置，如施工用地范围，施工用道路，材料仓库，取土与弃土位置，水源、电源位置，安全、消防设施位置；永久性测量放线标桩位置等。

(二)招标工程量清单的编制内容

1. 分部分项工程项目清单编制

分部分项工程项目清单所反映的是拟建工程分部分项工程项目名称和相应数量的明细清单，招标人负责包括项目编码、项目名称、项目特征、计量单位和工程量计算在内的5项内容。

(1)**项目编码。**分部分项工程项目清单的项目编码，应根据拟建工程的工程量清单项目名称设置，同一招标工程的项目编码不得有重码。

(2)**项目名称。**分部分项工程项目清单的项目名称应按“13计量规范”附录的项目名称结合拟建工程的实际确定。

在分部分项工程项目清单中所列出的项目，应是在单位工程的施工过程中以其本身构成该单位工程实体的分项工程，但应注意以下几点：

1)当在拟建工程的施工图纸中有体现，并且在“13计量规范”附录中也有相对应的项目时，则根据附录中的规定直接列项，计算工程量，确定其项目编码。

2)当在拟建工程的施工图纸中有体现，但在“13计量规范”中没有相对应的项目，并且在附录项目的“项目特征”或“工程内容”中也没有提示时，则必须编制针对这些分项工程的补充项目，在清单中单独列项并在清单的编制说明中注明。

(3)**项目特征。**工程量清单的项目特征是确定一个清单项目综合单价不可缺少的重要依据，在编制工程量清单时，必须对项目特征进行准确和全面的描述。但有些项目特征用文字往往又难以准确和全面的描述。为达到规范、简洁、准确、全面描述项目特征的要求，在描述工程量清单项目特征时应按以下原则进行：

1)项目特征描述的内容应按“13 计量规范”附录中的规定，结合拟建工程的实际，满足确定综合单价的需要。

2)若采用标准图集或施工图纸能够全部或部分满足项目特征描述的要求，项目特征的描述可直接采用详见××图集或××图号的方式。对不能满足项目特征描述要求的部分，仍应用文字描述。

(4)**计量单位。**分部分项工程项目清单的计量单位与有效位数应遵守“13 计量规范”规定。当附录中有两个或两个以上计量单位的，应结合拟建工程项目的实际选择其中一个确定。

(5)**工程量的计算。**分部分项工程项目清单中所列工程量应按专业工程量计算规范规定的工程量计算规则计算。另外，对补充项的工程量计算规则必须符合其计算规则要具有可计算性，计算结果要具有唯一性的原则。

工程量的计算是一项繁杂而又细致的工作，为了计算的快速准确，并应尽量避免漏算或重算，必须依据一定的计算原则及方法：

1)**计算口径一致。**根据施工图列出的工程量清单项目，必须与专业工程量计算规范中相应清单项目的口径相一致。

2)**按工程量计算规则计算。**工程量计算规则是综合确定各项消耗指标的基本依据，也是具体工程测算和分析资料的基准。

3)**按图纸计算。**工程量按每一分项工程，根据设计图纸进行计算，计算时采用的原始数据必须以施工图纸所表示的尺寸或施工图纸能读出的尺寸为准进行计算，不得任意增减。

4)**按一定顺序计算。**计算分部分项工程量时，可以按照定额编目顺序或按照施工图专业顺序依次进行计算。对于计算同一张图纸的分项工程量时，一般可采用以下几种顺序：按顺时针或逆时针顺序计算；按先横后纵顺序计算；按轴线编号顺序计算；按施工先后顺序计算；按定额分部分项顺序计算。

2. 措施项目清单编制

措施项目清单是指为完成工程项目施工，发生于该工程施工准备和施工过程中的技术、生活、安全、环境保护等方面的项目清单，措施项目分单价措施项目和总价措施项目。

措施项目清单的编制需考虑多种因素，除工程本身的因素外，还涉及水文、气象、环境、安全等因素。措施项目清单应根据拟建工程的实际情况列项，若出现“13 计价规范”中未列的项目，可根据工程实际情况补充。项目清单的设置要考虑拟建工程的施工组织设计，施工技术方案，相关的施工规范与施工验收规范，招标文件中提出的某些必须通过一定的技术措施才能实现的要求，设计文件中一些不足以写进技术方案的但是要通过一定的技术措施才能实现的内容。

一些可以精确计算工程量的措施项目可采用与分部分项工程项目清单相同的编制方式，编制“分部分项工程和单价措施项目清单与计价表”，而有一些措施项目费用的发生与使用时间、施工方法或者两个以上的工序相关并大都与实际完成的实体工程量的大小关系不大，如安全文明施工，冬、雨期施工，已完工程设备保护等，应编制“总价措施项目清单与计价表”。

3. 其他项目清单的编制

其他项目清单是应招标人的特殊要求而发生的与拟建工程有关的其他费用项目和相应数量的清单。工程建设标准的高低、工程的复杂程度、工程的工期长短、工程的组成内容、发包人对工程管理要求等都直接影响到其具体内容。当出现未包含在表格中的内容的项目时，可根据实际情况补充，其中：

(1)暂列金额。暂列金额是指招标人暂定并包括在合同中的一笔款项。用于工程合同签订时尚未确定或者不可预见的所需材料、工程设备、服务的采购，施工中可能发生的工程变更、合同约定调整因素出现时的合同价款调整以及发生的索赔、现场签证确认等的费用。此项费用由招标人填写其项目名称、计量单位、暂定金额等，若不能详列，也可只列暂定金额总额。由于暂列金额由招标人支配，实际发生后才得以支付，因此，在确定暂列金额时应根据施工图纸的深度、暂估价设定的水平、合同价款约定调整的因素以及工程实际情况合理确定。一般可按分部分项工程项目清单的 10%～15%确定，不同专业预留的暂列金额应分别列项。

(2)暂估价。暂估价是招标人在招标文件中提供的用于支付必然要发生但暂时不能确定价格的材料、工程设备的单价以及专业工程的金额。一般来说，为方便合同管理和计价，需要纳入分部分项工程量项目综合单价中的暂估价，应只是材料、工程设备暂估单价，以方便投标与组价。以“项”为计量单位给出的专业工程暂估价一般应是综合暂估价，即应当包括除规费、税金外的管理费、利润等。

(3)计日工是为了解决现场发生的工程合同范围以外的零星工作或项目的计价而设立的。计日工为额外工作的计价提供一个方便快捷的途径。计日工对完成零星工作所消耗的人工工时、材料数量、机具台班进行计量，并按照计日工表中填报的适用项目的单价进行计价支付。编制计日工表格时，一定要给出暂定数量，并且需要根据经验，尽可能估算一个比较贴近实际的数量，且尽可能把项目列全，以消除因此而产生的争议。

(4)总承包服务费是为了解决招标人在法律法规允许的条件下，进行专业工程发包以及自行采购供应材料、设备时，要求总承包人对发包的专业工程提供协调和配合服务，对供应的材料、设备提供收、发和保管服务，以及对施工现场进行统一管理，对竣工资料进行统一汇总整理等发生并向承包人支付的费用。招标人应当按照投标人的投标报价支付该项费用。

4. 规费税金项目清单的编制

规费税金项目清单应按照规定的内容列项，当出现规范中没有的项目时，应根据省级政府或有关部门的规定列项。税金项目清单除规定的内容外，如国家税法发生变化或增加税种，应对税金项目清单进行补充。规费、税金的计算基础和费率均应按国家或地方相关部门的规定执行。

5. 工程量清单总说明的编制

工程量清单总说明编制包括以下内容：

(1)**工程概况。**工程概况中要对建设规模、工程特征、计划工期、施工现场实际情况、自然地理条件、环境保护要求等做出描述。其中，建设规模是指建筑面积；工程特征应说明基础及结构类型、建筑层数、高度、门窗类型及各部位装饰、装修做法；计划工期是指按工期定额计算的施工天数；施工现场实际情况是指施工场地的地表状况；自然地理条件是指建筑场地所处地理位置的气候及交通运输条件；环境保护要求是针对施工噪声及材料运输可能对周围环境造成的影响和污染所提出的防护要求。

(2)**工程招标及分包范围。**招标范围是指单位工程的招标范围，如建筑工程招标范围为“全部建筑工程”，装饰装修工程招标范围为“全部装饰装修工程”，或招标范围不含桩基础、幕墙、门窗等。工程分包是指特殊工程项目的分包，如招标人自行采购安装“铝合金门窗”等。

（3）**工程量清单编制依据。**包括建设工程工程量清单计价规范、设计文件、招标文件、施工现场情况、工程特点及常规施工方案等。

（4）**工程质量、材料、施工等的特殊要求。**工程质量的要求是指招标人要求拟建工程的质量应达到合格或优良标准；对材料的要求，是指招标人根据工程的重要性、使用功能及装饰装修标准提出，诸如对水泥的品牌、钢材的生产厂家、花岗石的出产地、品牌等的要求；施工要求，一般是指建设项目中对单项工程的施工顺序等的要求。

（5）**其他需要说明的事项。**

6. 招标工程量清单汇总

在分部分项工程项目清单、措施项目清单、其他项目清单、规费和税金项目清单编制完成以后，经审查复核，与工程量清单封面及总说明汇总并装订，由相关责任人签字和盖章，形成完整的招标工程量清单文件。

二、招标控制价编制

招标控制价是指招标人根据国家或省级、行业建设主管部门颁发的有关计价的依据和办法，以及招标文件和设计图纸计算的，对招标工程限定的最高工程造价。招标控制价应由具有编制能力的招标人，或受其委托具有相应资质的工程造价咨询人编制。工程造价咨询人接受招标人委托编制招标控制价，不得再就同一工程接受投标人委托编制投标报价。招标控制价应该编制得符合实际，力求准确、客观，不超出工程投资概算金额。当招标控制价超过批准的概算时，招标人应将其报原概算部门审核。

招标控制价应按照《建设工程质量管理条例》第十条规定："建设工程发包单位不得迫使承包方以低于成本的价格竞标"的规定编制，不应对所编制的招标控制价进行上浮或下调。当招标控制价超过批准的概算时，招标人应将其报原概算审批部门审核。

招标人应在发布招标文件时公布招标控制价，同时应将招标控制价及有关资料报送工程所在地或有该工程管辖权的行业管理部门工程造价管理机构备查。

（一）招标控制价的编制依据

招标控制价应根据下列依据编制与复核：

（1）"13 计价规范"；

（2）国家或省级、行业建设主管部门颁发的计价定额和计价办法；

（3）建设工程设计文件及相关资料；

（4）拟定的招标文件及招标工程量清单；

（5）与建设项目相关的标准、规范、技术资料；

（6）施工现场情况、工程特点及常规施工方案；

（7）工程造价管理机构发布的工程造价信息，当工程造价信息没有发布时，参照市场价；

（8）其他的相关资料。

编制招标控制价时应注意的问题

（二）招标控制价的编制内容

1. 招标控制价计价程序

建设工程的招标控制价反映的是单位工程费用，各单位工程费用是由分部分项工程费、措施项目费、其他项目费、规费和税金组成。单位工程招标控制计价程序见表 5-4。

由于投标人(施工企业)投标报价计价程序与招标人(建设单位)招标控制价计价程序具有相同的表格，为便于对比分析，此处将两种表格合并列出，其中表格栏目中斜线后带括号的内容用于投标报价，其余为通用栏目。

表 5-4　建设单位工程招标控制价计价程序(施工企业投标报价计价程序)表

工程名称：　　　　　　　　　　　　　标段：　　　　　　　　　　　　　第　页　共　页

序号	汇总内容	计算方法	金额/元
1	分部分项工程	按计价规定计算/(自主报价)	
1.1			
1.2			
2	措施项目	按计价规定计算/(自主报价)	
2.1	其中：安全文明施工费	按规定标准估算/(按规定标准计算)	
3	其他项目		
3.1	其中：暂列金额	按计价规定估算/(按招标文件提供金额计列)	
3.2	其中：专业工程暂估价	按计价规定估算/(按招标文件提供金额计列)	
3.3	其中：计日工	按计价规定估算/(自主报价)	
3.4	其中：总承包服务费	按计价规定估算/(自主报价)	
4	规费	按规定标准计算	
5	税金	(人工费＋材料费＋施工机具使用费＋企业管理费＋利润规费)×规定税率	
招标控制价/(投标报价)		合计＝1＋2＋3＋4＋5	
注：本表适用于单位工程招标控制价计算或投标报价计算，如无单位工程划分，单项工程也使用本表。			

2. 分部分项工程费的编制

分部分项工程费应根据招标文件中的分部分项工程项目清单及有关要求，按“13 计价规范”有关规定确定综合单价计价。

(1)综合单价的组价过程。招标控制价的分部分项工程费应由各单位工程的招标工程量清单中给定的工程量乘以其相应综合单价汇总而成。综合单价应按照招标人发布的分部分项工程项目清单的项目名称、工程量、项目特征描述，依据工程所在地区颁发的计价定额和人工、材料、机具台班价格信息等进行组价确定。首先，依据提供的工程量清单和施工图纸，按照工程所在地区颁发的计价定额的规定，确定所组价的定额项目名称，并计算出相应的工程量；其次，依据工程造价政策规定或工程造价信息确定其人工、材料、机具台班单价；同时，在考虑风险因素确定管理费费率和利润率的基础上，按规定程序计算出所组价定额项目的合价，见式(5-1)，然后将若干项所组价的定额项目合价相加再除以工程量清单项目工程量，便得到工程量清单项目综合单价，见式(5-2)，对于未计价材料费(包括暂估单价的材料费)应计入综合单价。

$$\text{定额项目合价} = \text{定额项目工程量} \times [\sum(\text{定额人工消耗量} \times \text{人工单价}) + \sum(\text{定额材料消耗量} \times \text{材料单价}) + \sum(\text{定额机械台班消耗量} \times \text{机械台班单价}) + \text{价差(基价或人工、材料、机具费用)} + \text{管理费和利润}] \quad (5\text{-}1)$$

$$\text{工程量清单综合单价} = \frac{\sum \text{定额项目合价} + \text{未计价材料}}{\text{工程量清单项目工程量}} \tag{5-2}$$

(2)综合单价中的风险因素。为使招标控制价与投标报价所包含的内容一致，综合单价中应包括招标文件中要求投标人所承担的风险内容及其范围(幅度)产生的风险费用。

1)对于技术难度较大和管理复杂的项目，可考虑一定的风险费用，并纳入综合单价中。

2)对于工程设备、材料价格的市场风险，应依据招标文件的规定，工程所在地或行业工程造价管理机构的有关规定，以及市场价格趋势考虑一定率值的风险费用，纳入综合单价中。

3)税金、规费等法律、法规、规章和政策变化的风险和人工单价等风险费用不应纳入综合单价。

3. 措施项目费的编制

(1)措施项目费中的安全文明施工费应当按照国家或省级、行业建设主管部门的规定标准计价，该部分不得作为竞争性费用。

(2)措施项目应按招标文件中提供的措施项目清单确定，措施项目分为以“量”计算和以“项”计算两种。对于可计量的措施项目，以“量”计算即按其工程量用与分部分项工程项目清单单价相同的方式确定综合单价；对于不可计量的措施项目，则以“项”为单位，采用费率法按有关规定综合取定，采用费率法时需确定某项费用的计费基数及其费率，结果应是包括除规费、税金以外的全部费用，其计算公式为

$$\text{以“项”计算的措施项目清单费} = \text{措施项目计费基数} \times \text{费率} \tag{5-3}$$

4. 其他项目费的编制

(1)**暂列金额。**暂列金额由招标人根据工程特点、工期长短，按有关计价规定进行估算，一般可以分部分项工程费的10%～15%为参考。

(2)**暂估价。**暂估价中的材料单价应按照工程造价管理机构发布的工程造价信息中的材料单价计算，工程造价信息未发布的材料单价，其单价参考市场价格估算；暂估价中的专业工程暂估价应分不同专业，按有关计价规定估算。

(3)**计日工。**在编制招标控制价时，对计日工中的人工单价和施工机具台班单价应按省级、行业建设主管部门或其授权的工程造价管理机构公布的单价计算；材料应按工程造价管理机构发布的工程造价信息中的材料单价计算，工程造价信息未发布单价的材料，其价格应按市场调查确定的单价计算。

(4)**总承包服务费。**总承包服务费应按照省级或行业建设主管部门的标准计算，在计算时可参考以下标准：

1)招标人仅要求对分包的专业工程进行总承包管理和协调时，按分包的专业工程估算造价的1.5%计算；

2)招标人要求对分包的专业工程进行总承包管理和协调，并同时要求提供配合服务时，根据招标文件中列出的配合服务内容和提出的要求，按分包的专业工程估算造价的3%～5%计算；

3)招标人自行供应材料的，按招标人供应材料价值的1%计算。

5. 规费和税金的编制

规费和税金必须按照国家或省级、行业建设主管部门的标准计算，其中：

$$\text{税金} = (\text{人工费} + \text{材料费} + \text{施工机具使用费} + \text{企业管理费} + \text{利润} + \text{规费}) \times \text{综合税税率} \tag{5-4}$$

第三节 投标报价的编制

一、施工投标的概念与程序

建设工程投标是指投标人(承包人、施工单位等)为了获取工程任务而参与竞争的一种手段；也就是投标人在同意招标人在招标文件中所提出的条件和要求的前提下，对招标项目估计自己的报价，在规定的日期内填写标书并递交给招标人，参加竞争及争取中标的过程。整个投标过程需遵循如下程序进行：

投标报价前期准备工作

(1)获取招标信息、投标决策。

(2)申报资格预审(若资格预审未通过到此结束)，购买招标文件。

(3)组织投标班子，选择咨询单位，现场勘察。

(4)计算和复核工程量、业主答复问题。

(5)询价及市场调查，制定施工规划。

(6)制订资金计划，投标技巧研究。

(7)选择定额，确定费率，计算单价及汇总投标价。

(8)投标价评估及调整、编制投标文件。

(9)封送投标书、保函(后期)开标。

(10)评标(若未中标到此结束)、定标。

(11)办理履约保函、签订合同。

二、编制投标文件

(一)投标文件的内容

投标人应当按照招标文件的要求编制投标文件。投标文件应当包括下列内容：

(1)投标函及投标函附录。

(2)法定代表人身份证明或附有法定代表人身份证明的授权委托书。

(3)联合体协议书(如工程允许采用联合体投标)。

(4)投标保证金。

(5)已标价工程量清单。

(6)施工组织设计。

(7)项目管理机构。

(8)拟分包项目情况表。

(9)资格审查资料。

(10)规定的其他材料。

（二）投标文件编制时应遵循的规定

(1)**投标文件应按“投标文件格式”进行编写，如有必要，可以增加附页，作为投标文件的组成部分。**其中，投标函附录在满足招标文件实质性要求的基础上，可以提出比招标文件要求更有利于招标人的承诺。

(2)**投标文件应由投标人的法定代表人或其委托代理人签字和盖单位章。**由委托代理人签字的，投标文件应附法定代表人签署的授权委托书。投标文件应尽量避免涂改、行间插字或删除。如果出现上述情况，改动之处应加盖单位章或由投标人的法定代表人或其授权的代理人签字确认。

(3)**投标文件正本一份，副本份数按招标文件有关规定。**正本和副本的封面上应清楚地标记“正本”或“副本”的字样。投标文件的正本与副本应分别装订成册，并编制目录。当副本和正本不一致时，以正本为准。

(4)**除招标文件另有规定外，投标人不得递交备选投标方案。**允许投标人递交备选投标方案的，只有中标人所递交的备选投标方案方可予以考虑。评标委员会认为中标人的备选投标方案优于其按照招标文件要求编制的投标方案的，招标人可以接受该备选投标方案。

（三）投标文件的递交

投标人应当在招标文件规定的提交投标文件的截止时间前，将投标文件密封送达投标地点。招标人收到招标文件后，应当向投标人出具标明签收人和签收时间的凭证，在开标前任何单位和个人不得开启投标文件。在招标文件要求提交投标文件的截止时间后送达或未送达指定地点的投标文件，为无效的投标文件，招标人不予受理。有关投标文件的递交还应注意以下问题。

1. 投标保证金与投标有效期

(1)投标人在递交投标文件的同时，应按规定的金额形式递交投标保证金，并作为其投标文件的组成部分。联合体投标的，其投标保证金由牵头人或联合体各方递交，并应符合规定。投标保证金除现金外，可以是银行出具的银行保函、保兑支票、银行汇票或现金支票。投标保证金的数额不得超过项目估算价的2%，且最高不超过80万元。依法必须进行招标的项目的境内投标单位，以现金或者支票形式提交的投标保证金应当从其基本账户转出。投标人不按要求提交投标保证金的，其投标文件应被否决。出现下列情况的，投标保证金将不予返还。

1)**投标人在规定的投标有效期内撤销或修改其投标文件；**

2)**中标人在收到中标通知书后，无正当理由拒签合同协议书或未按招标文件规定提交履约担保。**

(2)投标有效期。投标有效期从投标截止时间起开始计算，主要用作组织评标委员会评标、招标人定标、发出中标通知书，以及签订合同等工作，一般考虑以下因素：

1)组织评标委员会完成评标需要的时间；

2)确定中标人需要的时间；

3)签订合同需要的时间。

一般项目投标有效期为60～90天，大型项目为120天左右。投标保证金的有效期应与投标有效期保持一致。

出现特殊情况需要延长投标有效期的，招标人以书面形式通知所有投标人延长投标有效期。投标人同意延长的，应相应延长其投标保证金的有效期，但不得要求或被允许修改或撤销其投标文件；投标人拒绝延长的，其投标失效，但投标人有权收回其投标保证金。

2. 投标文件的递交方式

(1)**投标文件的密封和标识。**投标文件的正本与副本应分开包装，加贴封条，并在封套上清楚标记"正本"或"副本"字样，于封口处加盖投标人单位章。

(2)**投标文件的修改与撤回。**在规定的投标截止时间前，投标人可以修改或撤回已递交的投标文件，但应以书面形式通知招标人。在招标文件规定的投标有效期内，投标人不得要求撤销或修改其投标文件。

(3)**费用承担与保密责任。**投标人准备和参加投标活动发生的费用自理。参与招标投标活动的各方应对招标文件和投标文件中的商业和技术等秘密保密，违者应对由此造成的后果承担法律责任。

(四)对投标行为的限制性规定

1. 联合体投标

两个以上法人或者其他组织可以组成一个联合体，以一个投标人的身份共同投标。联合体投标需遵循以下规定：

(1)联合体各方应按招标文件提供的格式签订联合体协议书，联合体各方应当指定牵头人，授权其代表所有联合体成员负责投标和合同实施阶段的主办、协调工作，并应当向招标人提交由所有联合体成员法定代表人签署的授权书。

(2)联合体各方签订共同投标协议后，不得再以自己名义单独投标，也不得组成新的联合体或参加其他联合体在同一项目中投标。联合体各方在同一招标项目中以自己名义单独投标或者参加其他联合体投标的，相关投标均为无效。

(3)招标人接受联合体投标并进行资格预审的，联合体应当在提交资格预审申请文件前组成。资格预审后联合体增减、更换成员的，其投标无效。

(4)由同一专业的单位组成的联合体，按照资质等级较低的单位确定资质等级。

(5)联合体投标的，应当以联合体各方或者联合体中牵头人的名义提交投标保证金。以联合体中牵头人名义提交的投标保证金，对联合体各成员具有约束力。

2. 串通投标

在投标过程有串通投标行为的，招标人或有关管理机构可以认定该行为无效。

(1)有下列情形之一的，属于投标人相互串通投标：

1)投标人之间协商投标报价等投标文件的实质性内容；

2)投标人之间约定中标人；

3)投标人之间约定部分投标人放弃投标或者中标；

4)属于同一集团、协会、商会等组织成员的投标人按照该组织要求协同投标；

5)投标人之间为谋取中标或者排斥特定投标人而采取的其他联合行动。

(2)有下列情形之一的，视为投标人相互串通投标：

1)不同投标人的投标文件由同一单位或者个人编制；

2)不同投标人委托同一单位或者个人办理投标事宜；

3)不同投标人的投标文件载明的项目管理成员为同一人；

4)不同投标人的投标文件异常一致或者投标报价呈规律性差异；

5)不同投标人的投标文件相互混装；

6)不同投标人的投标保证金从同一单位或者个人的账户转出。

(3)有下列情形之一的，属于招标人与投标人串通投标：

1)招标人在开标前开启投标文件并将有关信息泄露给其他投标人；

2)招标人直接或者间接向投标人泄露标底、评标委员会成员等信息；

3)招标人明示或者暗示投标人压低或者抬高投标报价；

4)招标人授意投标人撤换、修改投标文件；

5)招标人明示或者暗示投标人为特定投标人中标提供方便；

6)招标人与投标人为谋求特定投标人中标而采取的其他串通行为。

(五)投标报价的编制方法

现阶段，我国规定的编制投标报价的方法主要有两种：一种是工料单价法；另一种是综合单价法。

虽然工程造价计价的方法各不相同，但其计价的基本过程和原理都是相同的。从建设项目的组成与分解来说，工程造价计价的顺序是：**分部分项工程造价→单位工程造价→单项工程造价→建设项目总造价。**

工程计价的原理就在于项目的分解和组合，影响工程造价的因素主要有两个，即单位价格和实物工程数量，可以用下列计算式基本表达：

$$\text{建筑安装工程造价} = \sum[\text{单位工程基本构造要素工程量(分项工程)} \times \text{相应单价}] \quad (5\text{-}5)$$

1. 工程量

这里的工程量是指根据工程建设定额或工程量清单计价规范的项目划分和工程量计算规则、以适当计量单位进行计算的分项工程的实物量。工程量是计价的基础，不同的计价方式有不同的计算规则规定。目前，工程量计算规则包括以下两类：

(1)各类工程建设定额规定的计算规则。

(2)国家标准“13计价规范”“13计量规范”中规定的计算规则。

2. 单位价格

单位价格是指与分项工程相对应的单价。工料单价法是指定额单价，即包括人工费、材料费、机具使用费在内的工料单价；清单计价是指除包括人工费、材料费、机具使用费外，还包括企业管理费、利润和风险因素在内的综合单价。

工程量清单计价投标报价的编制内容主要如下：

(1)**分部分项工程费。**采用的工程量应是依据分部分项工程量清单中提供的工程量，综合单价的组成内容包括完成一个规定计量单位的分部分项工程量清单项目所需的人工费、材料费、机具使用费和企业管理费与利润，以及招标文件确定范围内的风险因素费用；招标人提供了有暂估单价的材料，应按暂定的单价计入综合单价。

在投标报价中，没有填写单价和合价的项目将不予支付款项。因此，投标企业应仔细填写每一单项的单价和合价，做到报价时不漏项、不重项。这就要求工程造价人员责任心要强，严格遵守职业道德，本着实事求是的原则认真计算，做到正确报价。

(2)**措施项目费。**措施项目内容为：依据招标文件中措施项目清单所列内容；措施项目清单费的计价方式：凡可精确计量的措施清单项目宜采用综合单价方式计价，其余的措施清单项目采用以“项”为计量单位的方式计价。

(3)**其他项目清单费。**暂列金额应根据工程特点，按有关计价规定估算；暂估价中的材料单价应根据工程造价信息或参考市场价格估算；暂估价中专业工程金额应分不同专业，按有关计价规定估算；计日工应根据工程特点和有关计价依据计算；总承包服务费应根据招标人列出的内容和要求估算。

(4)**规费。**规费必须按照国家或省级、行业建设主管部门的有关规定计算。

(5)**税金。**税金必须按照国家或省级、行业建设主管部门的有关规定计算。

综合单价法编制投标报价的步骤如下：

(1)首先根据企业定额或参照预算定额及市场材料价格确定各分部分项工程量清单的综合单价，该单价包括完成清单所列分部分项工程的成本、利润和一定的风险费。

(2)以给定的各分部分项工程的工程量及综合单价确定工程费。

(3)结合投标企业自身的情况及工程的规模、质量、工期要求等确定工程有关的费用。

(六)投标报价编制技巧

施工企业投标时要根据工程对象的具体情况，确定具体的报价策略、利用报价技巧。如采用的报价策略正确，又掌握一定的报价编制技巧，就可以做出合理的报价，从而赢得工程，获得较高利润。报价编制技巧是在服从投标报价策略的前提下，采取的具体做法。

1. 开标前的投标技巧

(1)**不平衡报价。**不平衡报价是指在总价基本确定的前提下，如何调整内部各个子项的报价，以期既不影响总报价，又在中标后投标人可尽早收回垫支于工程中的资金和获取较好的经济效益。但要注意避免不正常的调高或压低现象，避免失去中标机会。通常采用的不平衡报价有下列几种情况：

1)对能早期结账收回工程款的项目的单价可报较高价，以利于资金周转；对后期项目单价可适当降低。

2)估计今后工程量可能增加的项目，其单价可提高；而工程量可能减少的项目，其单价可降低。

但上述两点要统筹考虑。对于工程量数量有错误的早期工程，如不可能完成工程量表中的数量，则不能盲目抬高单价，需要具体分析后再确定。

3)图纸内容不明确或有错误，估计修改后工程量要增加的，其单价可提高；而工程内容不明确的，其单价可降低。

4)暂定项目又称为任意项目或选择项目，对这类项目要做具体分析，因为这一类项目要在开工后由发包人研究决定是否实施，由哪一家承包人实施。如果工程不分标，只由一家承包人施工，则其中肯定要做的项目单价可高些，不一定要做的项目则应低些。如果工程分标，该暂定项目也可能由其他承包人施工时，则不宜报高价，以免抬高总报价。

5)单价包干混合制合同中，发包人要求有些项目采用包干报价时，宜报高价。一是这类项目多半有风险；二是这类项目在完成后可全部按报价结账，即可以全部结算回来。而其余单价项目则可适当降低。

6)有的招标文件要求投标者对工程量大的项目报“单价分析表”，投标时可将单价分析表中的人工费及机械设备费报得较高，而材料费算得较低。这主要是为了在今后补充项目报价时，可以参考选用“单价分析表”中较高的人工费和机构设备费，而材料则往往采用市场价，因而可获得较高的收益。

7)在议标时，承包人一般都要压低标价。这时应该首先压低那些工程量小的单价，这样即使压低了很多个单价，总的标价也不会降低很多，而给发包人的感觉却是工程量清单上的单价大幅度下降，承包人很有让利的诚意。

8)如果是单纯报计日工或计台班机械单价，可以高些，以便在日后发包人用工或使用机械时可多营利。但如果计日工表中有一个假定的“名义工程量”时，则需要具体分析是否报高价，以免抬高总报价。总之，要分析发包人在开工后可能使用的计日工数量，然后确定报价技巧。

不平衡报价一定要建立在对工程量表中工程量风险仔细核对的基础上，特别是对于报低单价的项目，如工程量一旦增多，将造成承包人的重大损失，同时一定要控制在合理幅度内(一般可在10%左右)，以免引起发包人反对，甚至导致废标。如果不注意这一点，有时发包人会挑选出报价过高的项目，要求投标者进行单价分析，而围绕单价分析中过高的内容压价，以致承包人得不偿失。

(2)**计日工的报价。**分析业主在开工后可能使用的计日工数量确定报价方针。较多时则可适当提高，可能很少时，则下降。另外，如果是单纯报计日工的报价，可适当报高，如果关系到总价水平则不宜提高。

(3)**多方案报价法。**有时招标文件中规定，可以提一个建议方案；或对于一些招标文件，如果发现工程范围不是很明确，条款不清楚或很不公正，或技术规范要求过于苛刻时，则要在充分估计风险的基础上，按多方案报价法处理。即是按原招标文件报一个价，然后再提出如果某条款做某些变动，报价可降低的额度。这样可以降低总价，吸引发包人。

投标者这时应组织一批有经验的设计和施工工程师，对原招标文件的设计和施工方案仔细研究，提出更理想的方案以吸引发包人，促成自己的方案中标。这种新的建议可以降低总造价或提前竣工或使工程运用更合理。但要注意的是对原招标方案一定也要报价，以供发包人比较。

增加建议方案时，不要将方案写得太具体，保留方案的技术关键，防止发包人将此方案交给其他承包人；同时要强调的是，建议方案一定要比较成熟，或过去有这方面的实践经验。因为投标时间往往较短，如果仅为中标而匆忙提出一些没有把握的建议方案，可能会引起很多后患。

(4)**突然袭击法。**由于投标竞争激烈，为迷惑对方，有意泄露一些假情报，如不打算参加投标，或准备投标，表现出无利可图不干等假象，到投标截止之前几个小时，突然前往投标，并压低投标价，使对手措手不及从而败北。

(5)**低投标价夺标法。**低投标价夺标法是非常情况下采用的非常手段。例如，企业大量窝工，为减少亏损；或为打入某一建筑市场；或为挤走竞争对手保住自己的地盘，于是制定了严重亏损标，力争夺标。若企业无经济实力，信誉不佳，此法也不一定会奏效。

(6)**先亏后盈法。**对大型分期建设工程。在第一期工程投标时，可以将部分人工费、材料费、施工机械使用费分摊到第二期工程中，减少计算利润以争取中标。这样，在第二期工程投标时，凭借第一期工程的经验、临时设施以及创立的信誉，比较容易拿到第二期工程。但在第二期工程遥遥无期时，则不宜这样考虑，以免承担过高的风险。

(7)**开口升级法。**将报价视为协商过程，将工程中某项造价高的特殊工作内容从报价中减掉，使报价成为竞争对手无法相比的“低价”。利用这种“低价”来吸引发包人，从而取得与发包人进一步商谈的机会，在商谈过程中逐步提高价格。当发包人明白过来当初的“低价”实际上是个钓饵时，往往已经在时间上处于谈判弱势，丧失了与其他承包人谈判的机会。利用这种方法时，要特别注意在最初的报价中说明某项工作的缺项，否则可能会弄巧成拙，真的以“低价”中标。

(8)**联合保标法。**在竞争对手众多的情况下，可以采取几家实力雄厚的承包商联合起来的方法来控制标价，一家出面争取中标，再将其中部分项目转让给其他承包商二包，或轮流相互保标。但此种报价方法实行起来难度较大，一方面要注意到联合保标几家公司之间的利益均衡，又要保密，否则一旦被业主发现，有取消投标资格的可能。

2. 开标后的投标技巧

投标人通过公开开标这一程序可以得知众多投标人的报价，但低报价并不一定中标，需要综合各方面的因素、反复考虑，并经过议标谈判，方能确定中标者。所以，开标只是选定中标候选人，而非确定中标者。投标人可以利用议标谈判施展竞争手段，从而改变自己原投标书中的不利因素而成为有利因素，以增加中标的机会。

从招标的原则来看，投标人在标书有效期内，是不能修改其报价的。但是，某些议标谈判可以例外。在议标谈判中的投标技巧如下：

(1)降低投标价格。投标价格不是中标的唯一因素，但却是中标的关键性因素。在议标中，投标者适时提出降价要求是议标的主要手段。但需要注意两个问题：一是要摸清招标人的意图，在得到其希望降低标价的暗示后，再提出降低的要求；二是降低投标价要适当，不得损害投标人自己的利益。

(2)补充投标优惠条件。除中标的关键因素价格外，在议标谈判的技巧中，还可以考虑其他诸多重要因素，如缩短工期、提高工程质量、降低支付条件要求、提出新技术和新设计方案，以及提供补充物资和设备等，以此优惠条件争取得到招标人的赞许，而争取中标。

第四节　中标价及合同价款的约定

一、评标程序及评审标准

(一)投标书评标的程序

开标应当在招标文件确定的提交投标文件截止时间的同一时间公开进行；开标地点应当为招标文件中预先确定的地点。开标后，招标人在招标文件要求提交投标文件的截止时间前收到的所有投标文件，开标时都应当众予以拆封、宣读。

评标委员会由招标人负责组建，一般应于开标前确定。评标委员会由招标人或其委托的招标代理机构熟悉相关业务的代表，以及有关技术、经济等方面的专家组成，成员人数为5人以上单数，其中技术、经济等方面的专家不得少于成员总数的2/3。评标委员会设负责人的，由评标委员会成员推举产生或者由招标人确定。评标委员会负责人与评标委员会的其他成员有同等的表决权。

1. 评标的准备

评标委员会成员应当编制供评标使用的相应表格，认真研究招标文件，至少应了解和熟悉以下内容：

(1)招标的目标；

(2)招标项目的范围和性质；

(3)招标文件中规定的主要技术要求、标准和商务条款；

(4)招标文件规定的评标标准、评标方法和在评标过程中考虑的相关因素。

2. 初步评审阶段

(1)招标人或者其委托的招标代理机构应当向评标委员会提供评标所需的重要信息和数据，但不得带有明示或者暗示倾向，或者排斥特定投标人的信息。

招标人设有标底的，标底在开标前应当保密，并在评标时作为参考。

(2)评标委员会应当根据招标文件规定的评标标准和方法，对投标文件进行系统的评审和比较。招标文件中没有规定的标准和方法不得作为评标的依据。

招标文件中规定的评标标准和评标方法应当合理，不得含有倾向或者排斥潜在投标人的内容，不得妨碍或者限制投标人之间的竞争。

(3)评标委员会应当按照投标报价的高低或者招标文件规定的其他方法对投标文件排序。以多种货币报价的，应当按照中国银行在开标日公布的汇率中间价换算成人民币。

招标文件应当对汇率标准和汇率风险做出规定。未做规定的，汇率风险由投标人承担。

(4)评标委员会可以书面方式要求投标人对投标文件中含义不明确、对同类问题表述不一致，或者有明显文字和计算错误的内容做必要的澄清、说明或者补正。澄清、说明或者补正应以书面方式进行，并不得超出投标文件的范围或者改变投标文件的实质性内容。

投标文件中的大写金额和小写金额不一致的，以大写金额为准；总价金额与单价金额不一致的，以单价金额为准，但单价金额小数点有明显错误的除外；对不同文字文本投标文件的解释发生异议的，以中文文本为准。

(5)在评标过程中，评标委员会发现投标人以他人的名义投标、串通投标、以行贿手段谋取中标或者以其他弄虚作假方式投标的，应当否决该投标人的投标资格。

(6)在评标过程中，评标委员会发现投标人的报价明显低于其他投标报价或者在设有标底时明显低于标底，使得其投标报价可能低于其个别成本的，应当要求该投标人做出书面说明并提供相关证明材料。投标人不能合理说明或者不能提供相关证明材料的，由评标委员会认定该投标人以低于成本报价竞标，应当否决其投标资格。

(7)投标人资格条件不符合国家有关规定和招标文件要求的，或者拒不按照要求对投标文件进行澄清、说明或者补正的，评标委员会可以否决其投标资格。

(8)评标委员会应当审查每一投标文件是否对招标文件提出的所有实质性要求和条件做出响应。未能在实质上响应的投标，应当予以否决。

(9)评标委员会应当根据招标文件，审查并逐项列出投标文件的全部投标偏差。投标偏差可分为重大偏差和细微偏差。

(10)重大偏差与细微偏差。

1)下列情况属于重大偏差：没有按照招标文件要求提供投标担保或者所提供的投标担保有瑕疵；投标文件没有投标人授权代表签字和加盖公章；投标文件载明的招标项目完成期限超过招标文件规定的期限；明显不符合技术规格、技术标准的要求；投标文件载明的货物包装方式、检验标准和方法等不符合招标文件的要求；投标文件附有招标人不能接受的条件；不符合招标文件中规定的其他实质性要求。

投标文件有上述情形之一的，表示未能对招标文件作出实质性响应，并按规定做否决投标处理。

2)细微偏差是指投标文件在实质上响应招标文件要求，但在个别地方存在漏项或者提供了不完整的技术信息和数据等情况，并且补正这些遗漏或者不完整不会对其他投标人造成不公平的结果。细微偏差不影响投标文件的有效性。

评标委员会应当以书面形式要求存在细微偏差的投标人在评标结束前予以补正。拒绝补正的，在详细评审时可以对细微偏差作不利于该投标人的量化，量化标准应当在招标文件中予以规定。

3. 详细评审

经初步评审合格的投标文件，评标委员会应当根据招标文件确定的评标标准和方法，对其技术部分和商务部分做进一步评审和比较。评标方法包括经评审的最低投标价法、综合评估法或者法律、行政法规允许的其他评标方法。

(1)最低投标价法。

1)经评审的最低投标价法一般适用于具有通用技术、性能标准或者招标人对其技术、性能没有特殊要求的招标项目。

2)根据经评审的最低投标价法，能够满足招标文件的实质性要求，并且经评审的最低投标价的投标，应当推荐为中标候选人。

3)采用经评审的最低投标价法的，评标委员会应当根据招标文件中规定的评标价格调整方法，对所有投标人的投标报价以及投标文件的商务部分做必要的价格调整。

采用经评审的最低投标价法的，中标人的投标应当符合招标文件规定的技术要求和标准，但评标委员会无须对投标文件的技术部分进行价格折算。

4)根据经评审的最低投标价法完成详细评审后，评标委员会应当拟定一份“标价比较表”，连同书面评标报告提交招标人。“标价比较表”应当载明投标人的投标报价、对商务偏差的价格调整和说明以及经评审的最终投标价。

(2)综合评估法。

1)不宜采用经评审的最低投标价法的招标项目，一般应当采取综合评估法进行评审。

2)根据综合评估法，最大限度地满足招标文件中规定的各项综合评价标准的投标，应当推荐为中标候选人。

衡量投标文件是否最大限度地满足招标文件中规定的各项评价标准，可以采取折算为货币的方法、打分的方法或者其他方法。需量化的因素及其权重应当在招标文件中明确规定。

3)评标委员会对各个评审因素进行量化时，应当将量化指标建立在同一基础或者同一标准上，使各投标文件具有可比性。

对技术部分和商务部分进行量化后，评标委员会应当对这两部分的量化结果进行加权，计算出每一投标的综合评估价或者综合评估分。

4)根据综合评估法完成评标后，评标委员会应当拟定一份"综合评估比较表"，连同书面评标报告提交招标人。"综合评估比较表"应当载明投标人的投标报价、所做的任何修正、对商务偏差的调整、对技术偏差的调整、对各评审因素的评估以及对每一投标的最终评审结果。

5)根据招标文件的规定，允许投标人投备选标的，评标委员会可以对中标人所投的备选标进行评审，以决定是否采纳备选标。不符合中标条件的投标人的备选标不予考虑。

6)对于划分有多个单项合同的招标项目，招标文件允许投标人为获得整个项目合同而提出优惠的，评标委员会可以对投标人提出的优惠进行审查，以决定是否将招标项目作为一个整体合同授予中标人。将招标项目作为一个整体合同授予的，整体合同中标人的投标应当最有利于招标人。

7)评标和定标应当在投标有效期内完成。不能在投标有效期内完成评标和定标的，招标人应当通知所有投标人延长投标有效期。拒绝延长投标有效期的投标人有权收回投标保证金。同意延长投标有效期的投标人应当相应延长其投标担保的有效期，但不得修改投标文件的实质性内容。因延长投标有效期造成投标人损失的，招标人应当给予补偿，但因不可抗力需延长投标有效期的除外。

招标文件应当载明投标有效期。投标有效期从提交投标文件截止日起计算。

(二)投标书评审及评价的方法

1. 评标方法的分类

建设工程施工评标方法一般可分为综合评估法和经评审的最低投标价法两类。

《中华人民共和国招标投标法》第四十一条规定，中标人的投标应当符合下列条件之一：

(1)能够最大限度地满足招标文件中规定的各项综合评价标准；

(2)能够满足招标文件的实质性要求，并且经评审的投标价格最低，但是投标价格低于成本的除外。

2. 综合评估法

综合评估法是以投标文件能否最大限度地满足招标文件规定的各项综合评价标准为前提，在全面评审商务标、技术标、综合标等内容的基础上，评判投标人关于具体招标项目的技术、施工、管理难点把握的准确程度、技术措施采用的恰当和适用程度、管理资源投入的合理及充分程度等。一般采用量化评分的办法，商务部分不得低于60%，技术部分不得高于40%。综合投标价格、施工方案、进度安排、生产资源投入、企业实力和业绩以及项目经理等各项因素的评分，按最终得分的高低确定中标候选人排序，原则上综合得分最高的投标人为中标人。

综合评估法一般适用于招标人对招标项目的技术、性能有特殊要求的招标项目，适用于建设规模较大，履约工期较长，技术复杂，质量、工期和成本受不同施工方案影响较大，工程管理要求较高的施工招标的评标。

(1)评标准备。

1)评标委员会成员签到。评标委员会成员到达评标现场时应在签到表上签到以证明其出席情况。

2)评标委员会的分工。评标委员会首先推选一名评标委员会主任。招标人也可以直接指定评标委员会主任。评标委员会主任负责评标活动的组织领导工作。评标委员会主任在与其他评标委员会成员商议的基础上可以将评标委员会划分为技术组和商务组。

3)**熟悉文件资料。**评标委员会主任应组织评标委员会成员认真研究招标文件，了解和熟悉招标目的、招标范围、主要合同条件、技术标准和要求、质量标准和工期要求，掌握评标标准和方法，熟悉综合评估法及评标表格的使用，如果综合评估法及评标使用到的表格不能满足评标所需时，评标委员会应补充编制评标所需的表格，尤其是用于详细分析计算的表格。未在招标文件中规定的标准和方法不得作为评标的依据。

招标人或招标代理机构应向评标委员会提供评标所需的信息和数据，包括招标文件，未在开标会上当场拒绝的各投标文件，开标会记录，资格预审文件及各投标人在资格预审阶段递交的资格预审申请文件(适用于已进行资格预审的)，标底(有)，工程所在地工程造价管理部门颁布的工程造价信息，定额(作为计价依据时)，有关的法律、法规、规章、国家标准以及招标人或评标委员会认为必要的其他信息和数据。

4)**暗标编号(适用于对施工组织设计进行暗标评审的)。**《标准施工招标文件》(2010年版)第二章“投标人须知前附表”第10.3款要求对施工组织设计采用“暗标”评审方式且第八章“投标文件格式”中对施工组织设计的编制有暗标要求，则在评标工作开始前，招标人将指定专人负责编制投标文件暗标编码，并就暗标编码与投标人的对应关系做好暗标记录。暗标编码按随机方式编制。在评标委员会全体成员均完成暗标部分评审并对评审结果进行汇总和签字确认后，招标人方可向评标委员会公布暗标记录。暗标记录公布前必须妥善保管并予以保密。

5)**对投标文件进行基础性数据分析和整理工作(清标)。**在不改变投标人投标文件实质性内容的前提下，评标委员会应当对投标文件进行基础性数据分析和整理(简称为“清标”)，从而发现并提取其中可能存在的对招标范围理解的偏差、投标报价的算术性错误、错漏项、投标报价构成不合理、不平衡报价等存在明显异常的问题，并就这些问题整理形成清标成果。评标委员会对清标成果审议后，决定需要投标人进行书面澄清、说明或补正的问题，形成质疑问卷，向投标人发出问题澄清通知(包括质疑问卷)。

在不影响评标委员会成员的法定权利的前提下，评标委员会可委托由招标人专门成立的清标工作小组完成清标工作。在这种情况下，清标工作可以在评标工作开始之前完成，也可以与评标工作平行进行。清标工作小组成员应为具备相应执业资格的专业人员，且应当符合有关法律法规对评标专家的回避规定和要求，不得与任何投标人有利益关系，上、下级关系等，不得代行依法应当由评标委员会及其成员行使的权利。清标成果应当经过评标委员会的审核确认，经过评标委员会审核确认的清标成果视同是评标委员会的工作成果，并由评标委员会以书面方式追加对清标工作小组的授权，书面授权委托书必须由评标委员会全体成员签名。

投标人接到评标委员会发出的问题澄清通知后，应按评标委员会的要求提供书面澄清资料并按要求进行密封，在规定的时间内递交到指定地点。投标人递交的书面澄清资料由评标委员会开启。

(2)**初步评审。**

1)**形式评审。**评标委员会根据评标办法前附表中规定的评审因素和评审标准，对投标人的投标文件进行形式评审。

2)**资格评审。**

①评标委员会根据评标办法前附表中规定的评审因素和评审标准，对投标人的投标文件进行资格评审，并记录评审结果(适用于未进行资格预审的)。

②当投标人资格预审申请文件的内容发生重大变化时，评标委员会依据资格预审文件中规定的标准和方法，对照投标人在资格预审阶段递交的资格预审文件中的资料以及在投标文件中更新的资料，对其更新的资料进行评审(适用于已进行资格预审的)。其中：

a. 资格预审采用“合格制”的，投标文件中更新的资料应当符合资格预审文件中规定的审查标准，否则其投标作废标处理；

b. 资格预审采用“有限数量制”的，投标文件中更新的资料应当符合资格预审文件中规定的审查标准，其中以评分方式进行审查的，其更新的资料按照资格预审文件中规定的评分标准评分后，其得分应当保证即便在资格预审阶段仍然能够获得投标资格且没有对未通过资格预审的其他资格预审申请人构成不公平，否则其投标作废标处理。

3)**响应性评审。**评标委员会根据评标办法前附表中规定的评审因素和评审标准，对投标人的投标文件进行响应性评审，并记录评审结果。

投标人投标价格不得超出(不含等于)按照规定计算的“拦标价”，凡是投标人的投标价格超出“拦标价”，该投标人的投标文件不能通过响应性评审(适用于设立拦标价的情形)。

投标人投标价格不得超出(不含等于)按照《标准施工招标文件》(2010 年版)第二章“投标人须知前附表”第 10.2 款载明的招标控制价，凡是投标人的投标价格超出招标控制价的，该投标人的投标文件不能通过响应性评审(适用于设立招标控制价的情形)。

4)**算术错误修正。**评标委员会依据规定的相关原则对投标报价中存在的算术错误进行修正，并根据算术错误修正结果计算评标价。

5)**澄清、说明或补正。**在初步评审过程中，评标委员会应当就投标文件中不明确的内容要求投标人进行澄清、说明或者补正。投标人对此以书面形式予以澄清、说明或者补正。

(3)**详细评审。**只有通过了初步评审、被判定为合格的投标，方可进入详细评审。

1)**详细评审的程序。**评标委员会按照规定的程序进行详细评审：

①施工组织设计评审和评分；

②项目管理机构评审和评分；

③投标报价评审和评分，并对明显低于其他投标报价的投标报价，或者在设有标底时明显低于标底的投标报价，判断其是否低于个别成本；

④其他因素评审和评分；

⑤汇总评分结果。

2)**施工组织设计评审和评分。**按照评标办法前附表中规定的分值设定、各项评分因素、评分标准，对施工组织设计进行评审和评分，并记录对施工组织设计的评分结果，施工组织设计的得分记录为 A。

3)**项目管理机构评审和评分。**按照评标办法前附表中规定的分值设定、各项评分因素、评分标准，对项目管理机构进行评审和评分，并记录对项目管理机构的评分结果，项目管理机构的得分记录为 B。

4)**投标报价评审和评分(仅按投标总报价进行评分)。**

①按照评标办法前附表中规定的方法计算“评标基准价”。

②按照评标办法前附表中规定的方法，计算每个已通过了初步评审、施工组织设计评审和项目管理机构评审并且经过评审认定为不低于其成本的投标报价的偏差率。

③按照评标办法前附表中规定的评分标准，对照投标报价的偏差率，分别对各个投标报价进行评分，并记录对投标报价的评分结果，投标报价的得分记录为C。

5)**投标报价评审和评分(按投标总报价中的分项报价分别进行评分)。**

投标报价按以下项目的分项投标报价分别进行评审和评分：

①按照评标办法前附表中规定的方法，分别计算各个分项投标报价“评标基准价”。

②按照评标办法前附表中规定的方法，分别计算各个分项投标报价与对应的分项投标报价评标基准价之间的偏差率。

③按照评标办法前附表中规定的评分标准，对照分项投标报价的偏差率，分别对各个分项投标报价进行评分，汇总各个分项投标报价的得分，并记录对各个投标报价的评分结果，投标报价的得分记录为C。

6)**其他因素的评审和评分。**根据评标办法前附表中规定的分值设定、各项评分因素和相应的评分标准，对其他因素(如有)进行评审和评分，并记录对其他因素的评分结果，其他因素的得分记录为D。

7)**判断投标报价是否低于成本。**评标委员会根据规定的程序、标准和方法，判断投标报价是否低于其成本。由评标委员会认定投标人以低于成本竞标的，其投标作废标处理。

8)**澄清、说明或补正。**在详细评审过程中，评标委员会应当就投标文件中不明确的内容要求投标人进行澄清、说明或者补正。投标人对此以书面形式予以澄清、说明或者补正。

9)**汇总评分结果。**

①评标委员会成员应按要求填写详细评审评分汇总表。

②详细评审工作全部结束后，按要求汇总各个评标委员会成员的详细评审评分结果，并按照详细评审最终得分由高至低的次序对投标人进行排序。

(4)**推荐中标候选人或者直接确定中标人。**

1)**推荐中标候选人。**

①除了《标准施工招标文件》(2010年版)第二章“投标人须知前附表”第7.1款授权直接确定中标人外，评标委员会在推荐中标候选人时，应遵照以下原则：

a. 评标委员会按照最终得分由高至低的次序排列，并根据《标准施工招标文件》(2010年版)第二章“投标人须知前附表”第7.1款规定的中标候选人数量，将排序在前的投标人推荐为中标候选人。

b. 如果评标委员会根据规定作废标处理后，有效投标不足三个，且少于《标准施工招标文件》(2010年版)第二章“投标人须知前附表”第7.1款规定的中标候选人数量的，则评标委员会可以将所有有效投标按最终得分由高至低的次序作为中标候选人向招标人推荐。如果有效投标不足三个使得投标明显缺乏竞争的，评标委员会可以建议招标人重新招标。

②投标人数量少于三个或者所有投标被否决的，招标人应当依法重新招标。

2)**直接确定中标人。**《标准施工招标文件》(2010年版)第二章“投标人须知前附表”授权评标委员会直接确定中标人的，评标委员会按照最终得分由高至低的次序排列，并确定排名第一的投标人为中标人。

3)**编制评标报告。**评标委员会根据规定向招标人提交评标报告。评标报告应当由全体评标委员会成员签字，并于评标结束时抄送有关行政监督部门。评标报告应当包括以下内容：

①基本情况和数据表；

②评标委员会成员名单；

③开标记录；

④符合要求的投标一览表；

⑤废标情况说明；

⑥评标标准、评标方法或者评标因素一览表；

⑦经评审的价格一览表(包括评标委员会在评标过程中所形成的所有记载评标结果、结论的表格、说明以及记录等文件)；

⑧经评审的投标人排序；

⑨推荐的中标候选人名单(如果第二章“投标人须知前附表”授权评标委员会直接确定中标人，则为“确定的中标人”)与签订合同前要处理的事宜；

⑩澄清、说明和补正事项纪要。

(5)**特殊情况的处置程序。**

1)**关于评标活动暂停。**

①评标委员会应当执行连续评标的原则，按评标办法中规定的程序、内容、方法、标准完成全部评标工作。只有发生不可抗力导致评标工作无法继续时，评标活动方可暂停。

②发生评标暂停情况时，评标委员会应当封存全部投标文件和评标记录，待不可抗力的影响结束且具备继续评标的条件时，由原评标委员会继续评标。

2)**关于评标中途更换评委。**

①除非发生下列情况之一，评标委员会成员不得在评标中途更换：

a. 因不可抗拒的客观原因，不能到场或需在评标中途退出评标活动。

b. 根据法律法规规定，某个或某几个评标委员会成员需要回避。

②退出评标的评标委员会成员，其已完成的评标行为无效。由招标人根据本招标文件规定的评标委员会成员产生方式另行确定替代者进行评标。

3)**记名投票。**在任何评标环节中，需评标委员会就某项定性的评审结论做出表决的，由评标委员会全体成员按照少数服从多数的原则，以记名投票方式表决。

3. 经评审的最低投标价法

经评审的最低投标价法强调的是优惠而合理的价格。适用于具有通用技术、性能标准或者招标人对其技术、性能没有特殊要求，工期较短，质量、工期、成本受不同施工方案的影响较小，工程管理要求一般的施工招标的评标。

(1)评标准备。

1)评标委员会成员签到。评标委员会成员到达评标现场时应在签到表上签到以证明其出席情况。

2)评标委员会的分工。评标委员会首先推选一名评标委员会主任。招标人也可以直接指定评标委员会主任。评标委员会主任负责评标活动的组织领导工作。评标委员会主任在与其他评标委员会成员协商的基础上，可以将评标委员会划分为技术组和商务组。

3)熟悉文件资料。评标委员会主任应组织评标委员会成员认真研究招标文件，了解和熟悉招标目的、招标范围、主要合同条件、技术标准和要求、质量标准和工期要求等。掌握评标标准和方法，熟悉经评审的最低投标价法及评标表格的使用。如果经评审的最低投标价法及评标所用到的表格不能满足评标所需时，评标委员会应补充编制评标所需的表格，尤其是用于详细分析计算的表格。未在招标文件中规定的标准和方法不得作为评标的依据。

招标人或招标代理机构应向评标委员会提供评标所需的信息和数据，包括招标文件。未在开标会上当场拒绝的各投标文件，开标会记录，资格预审文件及各投标人在资格预审阶段递交的资格预审申请文件(适用于已进行资格预审的)，招标控制价或标底(如有)，工程所在地工程造价管理部门颁布的工程造价信息，定额(如作为计价依据时)，有关的法律、法规、规章、国家标准以及招标人或评标委员会认为必要的其他信息和数据。

4)对投标文件进行基础性数据分析和整理工作(清标)。在不改变投标人投标文件实质性内容的前提下，评标委员会应当对投标文件进行基础性数据分析和整理(简称为“清标”)，从而发现并提取其中可能存在的对招标范围理解的偏差、投标报价的算术性错误、错漏项、投标报价构成不合理、不平衡报价等存在明显异常的问题，并就这些问题整理形成清标成果。评标委员会对清标成果审议后，决定需要投标人进行书面澄清、说明或补正的问题，形成质疑问卷，向投标人发出问题澄清通知(包括质疑问卷)。

在不影响评标委员会成员的法定权利的前提下，评标委员会可委托由招标人专门成立的清标工作小组完成清标工作。在这种情况下，清标工作可以在评标工作开始之前完成，也可以同评标工作平行进行。清标工作小组成员应为具备相应执业资格的专业人员，且应当符合有关法律法规对评标专家的回避规定和要求，不得与任何投标人有利益关系，上、下级等关系，不得代行依法应当由评标委员会及其成员行使的权利。清标成果应当经过评标委员会的审核确认，经过评标委员会审核确认的清标成果视同是评标委员会的工作成果，并由评标委员会以书面方式追加对清标工作小组的授权，书面授权委托书必须由评标委员会全体成员签名。

投标人接到评标委员会发出的问题澄清通知后，应按评标委员会的要求提供书面澄清资料并按要求进行密封，在规定的时间递交到指定地点。投标人递交的书面澄清资料由评标委员会开启。

(2)初步评审。

1)形式评审。评标委员会根据评标办法前附表中规定的评审因素和评审标准，对投标人的投标文件进行形式评审。

2)资格评审。

未进行资格预审的，评标委员会根据评标办法前附表中规定的评审因素和评审标准，对投标人的投标文件进行资格评审。

已进行资格预审的，当投标人资格预审申请文件的内容发生重大变化时，评标委员会依据资格预审文件中规定的标准和方法，对照投标人在资格预审阶段递交的资格预审文件中的资料以及在投标文件中更新的资料，对其更新的资料进行评审。其中：

①资格预审采用“合格制”的，投标文件中更新的资料应当符合资格预审文件中规定的审查标准，否则其投标作废标处理；

②资格预审采用“有限数量制”的，投标文件中更新的资料应当符合资格预审文件中规定的审查标准，其中以评分方式进行审查的，其更新的资料按照资格预审文件中规定的评分标准评分后，其得分应当保证即便在资格预审阶段仍然能够获得投标资格且没有对未通

过资格预审的其他资格预审申请人构成不公平，否则其投标作废标处理。

3)响应性评审。

评标委员会根据评标办法前附表中规定的评审因素和评审标准，对投标人的投标文件进行响应性评审。

建立拦标价的情形，投标人投标价格不得超出(不含等于)按照规定计算的“拦标价”，凡投标人的投标价格超出“拦标价”的，该投标人的投标文件不能通过响应性评审。

设立招标控制价的情形，投标人投标价格不得超出(不含等于)按照《标准施工招标文件》(2010年版)第二章“投标人须知前附表”第10.2款载明的招标控制价，凡是投标人的投标价格超出招标控制价的，该投标人的投标文件不能通过响应性评审。

4)施工组织设计和项目管理机构评审。评标委员会根据评标办法前附表中规定的评审因素和评审标准，对投标人的施工组织设计和项目管理机构进行评审。

5)判断投标是否为废标。

①投标人或其投标文件有下列情形之一的，其投标作废标处理：

a. 有《标准施工招标文件》(2010年版)第二章“投标人须知”第1.4.3项规定的任何一种情形的。

b. 有串通投标或弄虚作假或有其他违法行为的。

c. 不按评标委员会要求澄清、说明或补正的。

d. 在形式评审、资格评审(适用于未进行资格预审的)、响应性评审中，评标委员会认定投标人的投标文件不符合评标办法前附表中规定的任何一项评审标准的。

e. 当投标人资格预审申请文件的内容发生重大变化时，其在投标文件中更新的资料，未能通过资格评审的(适用于已进行资格预审的)。

f. 投标报价文件(投标函除外)未经有资格的工程造价专业人员签字并加盖执业专用章的。

g. 在施工组织设计和项目管理机构评审中，评标委员会认定投标人的投标未能通过此项评审的。

h. 评标委员会认定投标人以低于成本报价竞标的。

i. 投标人未按《标准施工招标文件》(2010年版)第二章“投标人须知”第10.6款规定出席开标会的。

②评标委员会在评标(包括初步评审和详细评审)过程中，依据上述规定的废标条件判断投标人的投标是否为废标。

6)算术错误修正。评标委员会依据规定的相关原则对投标报价中存在的算术错误进行修正，并根据算术错误修正结果计算评标价。

7)澄清、说明或补正。在初步评审过程中，评标委员会应当就投标文件中不明确的内容要求投标人进行澄清、说明或者补正。投标人应当根据问题澄清通知要求，以书面形式予以澄清、说明或者补正。

(3)详细评审。只有通过了初步评审、被判定为合格的投标方可进入详细评审。

1)价格折算。评标委员会根据《标准施工招标文件》(2010年版)评标办法前附表、附件C中规定的程序、标准和方法，以及算术错误修正结果，对投标报价进行价格折算，计算出评标价。

2)判断投标报价是否低于成本。评标委员会结合清标成果，对各个投标价格和影响投标价格合理性的以下因素逐一进行分析，并修正其中任何可能存在的错误和不合理内容：

①算术性错误分析和修正；

②错漏项分析和修正；

③分部分项工程量清单部分价格合理性分析和修正；

④措施项目清单和其他项目清单部分价格合理性分析和修正；

⑤企业管理费合理性分析和修正；

⑥利润水平合理性分析和修正；

⑦法定税金和规费的完整性分析和修正；

⑧不平衡报价分析和修正。

评标委员会汇总对投标报价的疑问，启动“澄清、说明或补正”程序，发出问题澄清通知并附上质疑问卷，要求投标人进行澄清和说明并提交有关证明材料。

评标委员会根据投标人澄清和说明的结果，计算出对投标人投标报价进行合理化修正后所产生的最终差额，判断投标人的投标报价是否低于其成本。由评标委员会认定投标人以低于成本竞标的，其投标作废标处理。

(4)澄清、说明或补正。在初步评审过程中，评标委员会应当就投标文件中不明确的内容要求投标人进行澄清、说明或者补正。投标人应当根据问题澄清通知要求，以书面形式予以澄清、说明或者补正。

(5)推荐中标候选人或者直接确定中标人。

1)汇总评标结果。投标报价评审工作全部结束后，评标委员会应按照要求填写评标结果汇总表。

2)推荐中标候选人。除第二章“投标人须知前附表”授权直接确定中标人外，评标委员会在推荐中标候选人时，应遵照以下原则：

①评标委员会对有效的投标按照评标价由低至高的次序排列，根据《标准施工招标文件》(2010 年版)第二章“投标人须知前附表”第 7.1 款的规定推荐中标候选人。

②如果评标委员会根据规定作废标处理后，有效投标不足三个，且少于《标准施工招标文件》(2010 年版)第二章“投标人须知前附表”第 7.1 款规定的中标候选人数量的，则评标委员会可以将所有有效投标按评标价由低至高的次序作为中标候选人向招标人推荐。如果因有效投标不足三个使得投标明显缺乏竞争的，评标委员会可以建议招标人重新招标。

投标截止时间前递交投标文件的投标人数量少于三个或者所有投标被否决的，招标人应当依法重新招标。

3)直接确定中标人。《标准施工招标文件》(2010 年版)第二章“投标人须知前附表”授权评标委员会直接确定中标人的，评标委员会对有效的投标按照评标价由低至高的次序排列，并确定排名第一的投标人为中标人。

4)编制及提交评标报告。评标委员会根据《标准施工招标文件》(2010 年版)的规定向招标人提交评标报告。评标报告应当由全体评标委员会成员签字，并于评标结束时抄送有关行政监督部门。评标报告应当包括以下内容：

①基本情况和数据表；

②评标委员会成员名单；

③开标记录；

④符合要求的投标一览表；

⑤废标情况说明；

⑥评标标准、评标方法或者评标因素一览表；

⑦经评审的价格一览表(包括评标委员会在评标过程中所形成的所有记载评标结果、结论的表格、说明、记录等文件)；

⑧经评审的投标人排序；

⑨推荐的中标候选人名单(如果第二章“投标人须知前附表”授权评标委员会直接确定中标人，则为“确定的中标人”)与签订合同前要处理的事宜；

⑩澄清、说明或补正事项纪要。

(6)特殊情况的处置程序。

1)关于评标活动暂停。评标委员会应当执行连续评标的原则，按评标办法中规定的程序、内容、方法、标准完成全部评标工作。只有发生不可抗力导致评标工作无法继续时，评标活动方可暂停。

发生评标暂停情况时，评标委员会应当封存全部投标文件和评标记录，待不可抗力的影响结束且具备继续评标的条件时，由原评标委员会继续评标。

2)关于评标中途更换评标委员会成员。除非发生下列情况之一，评标委员会成员不得在评标中途更换：

①因不可抗拒的客观原因，不能到场或需在评标中途退出评标活动。

②根据法律法规规定，某个或某几个评标委员会成员需要回避。

退出评标的评标委员会成员，其已完成的评标行为无效。由招标人根据本招标文件规定的评标委员会成员产生方式另行确定替代者进行评标。

3)记名投票。在任何评标环节中，需评标委员会就某项定性的评审结论做出表决的，由评标委员会全体成员按照少数服从多数的原则，以记名投票方式表决。

(三)投标书评审阶段投资控制的注意事项

总报价最低不表示单项报价最低；总价符合要求不表示单项报价符合要求。投标人采用不平衡报价时，将可能变化较大的项目单价增大，以达到在竣工结算时追加工程款的目的。在招标投标中对不平衡报价应进行评价和分析并进行限制，以保证不出现单价偏高或偏低的现象，保证合同价格具有较好的公平性和可操作性，降低由此给业主带来的风险。

对于早期发生的项目、结构中较早涉及费用的子项应严格审查，使承包人不能提早收到工程款，从而避免使发包商蒙受利息损失。

对于计日工作表内的单价也应严格审核，需按实计量，这也是投资控制的一个方面。

二、中标人的确定

(一)评标报告

评标报告是评标委员会评标结束后提交给招标人的一份重要文件。评标委员会完成评标后，应当向招标人提出书面评标报告，并推荐合格的中标候选人。招标人也可以授权评标委员会直接确定中标人。在评标报告中，评标委员会不仅要推荐中标候选人，而且要说明这种推荐的具体理由。评标报告作为招标人定标的重要依据，一般应包括以下内容：

(1)对投标人的技术方案评价，技术和经济风险分析。

(2)对投标人技术力量及设施条件评价。

(3)对满足评标标准的投标人，对其投标进行排序。

(4)需进一步协商的问题及协商应达到的要求。

招标人根据评标委员会的评标报告，在推荐的中标候选人(一般为1～3个)中最后确定中标人；在某些情况下，招标人也可以直接授权评标委员会直接确定中标人。

评标报告应当由评标委员会全体成员签字。对评标结果有不同意见的评标委员会成员应当以书面形式说明其不同意见和理由，评标报告应当注明该不同意见。评标委员会成员拒绝在评标报告上签字又不书面说明其不同意见和理由的，视为同意评标结果。

(二)废标、否决所有投标和重新招标

1. 废标

废标，一般是评标委员会履行评标职责过程中，对投标文件依法做出的取消其中标资格、不再予以评审的处理决定。

除非法律有特别规定，废标是评标委员会依法做出的处理决定。其他相关主体，如招标人或招标代理机构，无权对投标作废标处理。废标应符合法定条件。评标委员会不得任意废标，只能依据法律规定及招标文件的明确要求，对投标进行审查决定是否应予废标。被作废标处理的投标，不再参加投标文件的评审，也完全丧失了中标的机会。

《评标委员会和评标方法暂行规定》规定了以下四类废标情况：

(1)在评标过程中，评标委员会发现投标人以他人的名义投标、串通投标、以行贿手段谋取中标或者以其他弄虚作假方式投标的，该投标人的投标应作废标处理。

(2)在评标过程中，评标委员会发现投标人的报价明显低于其他投标报价或者在设有标底时明显低于标底，使得其投标报价可能低于其个别成本的，应当要求该投标人做出书面说明并提供相关证明材料。投标人不能合理说明或不能提供相关证明材料的，由评标委员会认定该投标人以低于成本报价竞标，其投标应作废标处理。

(3)投标人资格条件不符合国家有关规定和招标文件要求的，或者拒绝按照要求对投标文件进行澄清、说明或者补正的，评标委员会可以否决其投标。

(4)未能在实质上响应招标文件要求、对招标文件未做出实质性响应的有重大偏差的投标应作废标处理。

2. 否决所有投标

《招标投标法》第四十二条第一款规定：“评标委员会经评审，认为所有投标都不符合招标文件要求的，可以否决所有投标。”《评标委员会和评标方法暂行规定》规定，评标委员会否决不合格投标或者界定为废标后，因有效投标不足3个使得投标明显缺乏竞争的，评标委员会可以否决全部投标。从上述规定可以看出，否决所有投标包括两种情况：一是所有的投标都不符合招标文件要求，因每个投标均被界定为废标、被认为无效或不合格，所以，评标委员会否决了所有的投标；二是部分投标被界定为废标、被认为无效或不合格之后，仅剩余不足3个的有效投标，使得投标明显缺乏竞争的，违反了招标采购的根本目的，所以，评标委员会可以否决全部投标。对于个体投标人而言，无论其投标是否合格有效，都可能发生所有投标被否决的风险，即使投标符合法律和招标文件要求，但结果却是无法中标。对于招标人而言，上述两种情况下，结果都是相同的，即所有的投标被依法否决，当次招标结束。

3. 重新招标

如果到投标截止时间止，投标人少于3个或经评标专家评审后否决所有投标的，评标委员会可以建议重新招标。《招标投标法》第二十八条第一款规定：**“投标人应当在招标文件要求提交投标文件的截止时间前，将投标文件送达投标地点。招标人收到投标文件后，应当签收保存，并不得开启。投标人少于3个的，招标人应当依照本法重新招标。”**第四十二条第二款规定：**“依法必须进行招标的项目的所有投标被否决的，招标人应当依照本法重新招标。”**

重新招标是一个招标项目发生法定情况无法继续进行评标并推荐中标候选人，当次招标结束后，如何开展项目采购的一种选择。所谓法定情况，包括于投标截止时间到达时投标人少于3个、评标中所有投标被否决或其他法定情况。

(三)关于禁止串标的有关规定

我国的《建筑法》《招标投标法》《评标委员会和评标方法暂行规定》《工程建设项目施工招标投标办法》都有禁止串标的有关规定。其中，《招标投标法》第三十二条规定：**“投标人不得相互串通投标报价，不得排挤其他投标人的公平竞争，损害招标人或者其他投标人的合法权益。投标人不得与招标人串通投标，损害国家利益、社会公共利益或者他人的合法权益。禁止投标人以向招标人或者评标委员会成员行贿的手段谋取中标。”**《招标投标法》第三十三条规定：**“投标人不得以低于成本的报价竞标，也不得以他人名义投标或者以其他方式弄虚作假，骗取中标。”**对于禁止串标的详细规定如下。

1. 招标人和投标人串标

《工程建设项目施工招标投标办法》第四十七条规定下列行为均属招标人与投标人串通投标：

(1)**招标人在开标前开启投标文件并将有关信息泄露给其他投标人，或者授意投标人撤换、修改投标文件；**

(2)**招标人向投标人泄露标底、评标委员会成员等信息；**

(3)**招标人明示或暗示投标人压低或抬高投标报价；**

(4)**招标人明示或暗示投标人为特定投标人中标提供方便；**

(5)**招标人与投标人为谋求特定中标人中标而采取的其他串通行为。**

2. 投标人之间串标

依据《中华人民共和国反不正当竞争法》(以下简称《反不正当竞争法》)的有关规定制订的《关于禁止串通招标投标行为的暂行规定》第三条指出，投标者不得违反《反不正当竞争法》第十五条第一款的规定，实施下列串通投标行为：

(1)**投标者之间相互约定，一致抬高或者压低投标报价。**

(2)**投标者之间相互约定，在招标项目中轮流以高价位或者低价位中标。**

(3)**投标者之间先进行内部竞价，内定中标人，然后再参加投标。**

(4)**投标者之间的其他串通投标行为。**

(四)定标方式

确定中标人前，招标人不得与投标人就投标价格及投标方案等实质性内容进行谈判。除投标人须知前附表规定评标委员会直接确定中标人外，招标人依据评标委员会推荐的中标候选人确定中标人，评标委员会推荐中标候选人的人数应符合招标文件的要求，并标明

排列顺序。中标人的投标应当符合下列条件之一：

（1）能够最大限度地满足招标文件中规定的各项综合评价标准。

（2）能够满足招标文件的实质性要求，并且经评审的投标价格最低，但是投标价格低于成本的除外。

对使用国有资金投资或者国家融资的项目，招标人应当确定排名第一的中标候选人为中标人。排名第一的中标候选人放弃中标，因不可抗力提出不能履行合同，或者招标文件规定应当提交履约保证金而在规定的期限内未能提交的，招标人可以确定排名第二的中标候选人为中标人。排名第二的中标候选人因上述同样原因不能签订合同的，招标人可以确定排名第三的中标候选人为中标人。

（五）公示和中标通知

1. 公示中标候选人

为维护公开、公平、公正的市场环境，鼓励各种招投标当事人积极参与监督，按照中华人民共和国国务院令第 613 号《中华人民共和国招标投标法实施条例》（以下简称《招标投标实施条例》）的规定，依法必须进行招标的项目，招标人应当自收到评标报告之日起 3 日内公示中标候选人，公示期不得少于 3 天。投标人或者其他利害关系人对依法必须进行招标的项目的评标结果有异议的，应当在中标候选人公示期间提出。招标人应当自收到异议之日起 3 天内做出答复，做出答复前，应当暂停招标投标活动。

对中标候选人的公示需明确以下几个方面：

（1）**公示范围。**公示的项目范围是依法必须进行招标的项目，其他招标项目是否公示中标候选人由招标人自主决定。公示的对象是全部中标候选人。

（2）**公示媒体。**招标人在确定中标人之前，应当将中标候选人在交易场所和指定媒体上公示。

（3）**公示时间（公示期）。**公示由招标人统一委托当地招投标中心在开标当天发布。公示期从公示的第二天开始算起，在公示期满后招标人才可以签发中标通知书。

（4）**公示内容。**对中标候选人全部名单及排名进行公示，而不是只公示排名第一的中标候选人。同时，对有业绩信誉条件的项目，在投标报名或开标时提供作为资格条件或业绩信誉的情况，应一并进行公示，但不含投标人各评分要素的得分情况。

（5）**异议处置。**公示期间，投标人及其他利害关系人应当先向招标人提出异议，经核查后发现在招标投标过程中确有违反相关法律法规且影响评标结果公正性的，招标人应当重新组织评标或招标。招标人拒绝自行纠正或无法自行纠正的，则根据《招标投标法实施条例》第六十条的规定向行政监督部门提出投诉。对故意虚构事实，扰乱招投标市场秩序的，则按照有关规定进行处理。

2. 发出中标通知书

中标人确定后，在规定的投标有效期内，招标人以书面形式向中标人发出中标通知书，见表 5-5，同时将中标结果通知未中标的投标人，见表 5-6。中标通知书对招标人和中标人具有法律效力。中标通知书发出后，招标人改变中标结果，或者中标人放弃中标项目的，应当依法承担法律责任。**依据《招标投标法》的规定，依法必须进行招标的项目，招标人应当自确定中标人之日起十五日内，向有关行政监督部门提交招标投标情况的书面报告。**书面报告中至少应包括下列内容：

(1)招标范围。

(2)招标方式和发布招标公告的媒介。

(3)招标文件中投标人须知、技术条款、评标标准和方法以及合同主要条款等内容。

(4)评标委员会的组成和评标报告。

(5)中标结果。

表 5-5 中标通知书

中标通知书

__________(中标人名称):

你方于__________(投标日期)所递交的__________(项目名称)__________标段施工投标文件已被我方接受,被确定为中标人。

中标价:____________元。

工期:____________日历天。

工程质量:____________符合标准。

项目经理:____________(姓名)。

请你方在接到本通知书后的_____日内到________________(指定地点)与我方签订施工承包合同,在此之前按招标文件第二章"投标人须知"第 7.3 款规定向我方提交履约担保。

招标人:__________(盖单位章)

法定代表人:__________(签字)

_______年___月___日

表 5-6 中标结果通知书

中标结果通知书

__________(未中标人名称):

我方已接受__________(中标人名称)于____________(投标日期)所递交的____________(项目名称)____________标段施工投标文件,确定__________(中标人名称)为中标人。

感谢你单位对我方工作的大力支持!

招标人:__________(盖单位章)

法定代表人:__________(签字)

_____年___月___日

3. 履约担保

在签订合同前,中标人以及联合体的中标人应按招标文件有关规定的金额、担保形式和招标文件规定的履约担保格式,向招标人提交履约担保。**履约担保有现金、支票、履约担保书和银行保函等形式,可以选择其中的一种作为招标项目的履约保证金,履约保证金不得超过中标合同金额的10%。**

中标人不能按要求提交履约保证金的,视为放弃中标,其投标保证金不予退还,给招标人造成的损失超过投标保证金数额的，中标人还应当对超过部分予以赔偿。中标后的承包人应保证其履约保证金在发包人颁发工程接收证书前一直有效。发包人应在工程接收证书颁发后28天内把履约保证金退还给承包人。

三、合同价款类型的选择

招标人和中标人应当自中标通知书发出之日起30天内，根据招标文件和中标人的投标文件订立书面合同。中标人无正当理由拒签合同的，招标人取消其中标资格，其投标保证金不予退还；给招标人造成的损失超过投标保证金数额的，中标人还应当对超过部分予以赔偿。发出中标通知书后，招标人无正当理由拒签合同的，招标人向中标人退还投标保证金；给中标人造成损失的，还应当赔偿损失。

《建筑工程施工发包与承包计价管理办法》第十三条规定："发承包双方在确定合同价款时，应当考虑市场环境和生产要素价格变化对合同价款的影响。实行工程量清单计价的建筑工程，鼓励发承包双方采用单价方式确定合同价款。建设规模较小、技术难度较低、工期较短的建筑工程，发承包双方可以采用总价方式确定合同价款。紧急抢险、救灾以及施工技术特别复杂的建筑工程，发承包双方可以采用成本加酬金方式确定合同价款。"

(一)合同总价

1. 固定合同总价

固定合同总价是指承包整个工程的合同价款总额已经确定，在工程实施中不再因物价上涨而变化。所以，固定合同总价应考虑价格风险因素，也需在合同中明确规定合同总价包括的范围。这类合同价可以使发包人对工程总开支做到心中有数，在施工过程中可以更有效地控制资金的使用。但对承包人来说，要承担较大的风险，如物价波动、气候条件、地质地基条件及其他意外风险等，因此，合同价款一般会高些。

2. 可调合同总价

可调合同总价一般是以设计图纸及规定、规范为基础，在报价及签约时，按招标文件中的要求和当时的物价计算合同总价。合同中确定的工程合同总价在实施期间可随价格变化而调整。发包人和承包人在商订合同时，以招标文件的要求及当时的物价计算出合同总价。如果在执行合同期间，通货膨胀引起成本增加达到某一限度时，合同总价则做相应调整。可调合同价使发包人承担了通货膨胀的风险，承包人则承担其他风险。一般适合于工期较长(1年以上)的项目。

(二)合同单价

1. 固定合同单价

固定合同单价是指合同中确定的各项单价在工程实施期间不因价格变化而调整，而在每月(或每阶段)工程结算时，根据实际完成的工程量结算，在工程全部完成时以竣工图的工程量最终结算工程总价款。

2. 可调单价

合同单价可调，一般是在工程招标文件中规定。在合同中签订的单价，根据合同约定的条款，如在工程实施过程中物价发生变化等，可做调整。有的工程在招标或签约时，因某些不确定性因素而在合同中暂定某些分部分项工程的单价，在工程结算时，再根据实际情况和合同约定对合同单价进行调整，确定实际结算单价。

关于可调价格的调整方法，常用的有以下几种：

(1)主料按抽料法计算价差，其他材料按系数计算价差。主要材料按施工图预算计算的用量和竣工当月当地工程造价管理机构公布的材料结算价或信息价与基价对比计算差价。其他材料按当地工程造价管理机构公布的竣工调价系数计算方法计算差价。

(2)按主材计算价差。发包人在招标文件中列出需要调整价差的主要材料表及其基期价格(一般采用当时当地工程造价管理机构公布的信息价或结算价)，工程竣工结算时按竣工当时当地工程造价管理机构公布的材料信息价或结算价，与招标文件中列出的基期价比较计算材料差价。

(3)按工程造价管理机构公布的竣工调价系数及调价计算方法计算差价。

(4)调值公式法。调值公式一般包括固定部分、材料部分和人工部分三项。当工程规模和复杂性增大时，公式也会变得复杂。调值公式一般如下：

$$P=P_0\left(a_0+a_1\frac{A}{A_0}+a_2\frac{B}{B_0}+a_3\frac{C}{C_0}+\cdots\right) \quad (5\text{-}6)$$

式中　P——调值后的工程价格；

P_0——合同价款中工程预算进度款；

a_0——固定要素的费用在合同总价中所占比重，这部分费用在合同支付中不能调整；

a_1，a_2，a_3，… ——代表各项变动要素的费用(人工费、钢材费用、水泥费用、运输费用等)在合同总价中所占比重，$a_1+a_2+a_3+\cdots=1$；

A_0，B_0，C_0，… ——签订合同时与a_1，a_2，a_3，…对应的各种费用的基期价格指数或价格；

A，B，C，… ——在工程结算月份与a_1，a_2，a_3，…对应的各种费用的现行价格指数或价格。

各部分费用在合同总价中所占比重在许多标书中要求承包人在投标时即提出，并在价格分析中予以论证。也有的由发包人在招标文件中规定一个允许范围，由投标人在此范围内选定。

(5)实际价格结算法。有些地区规定对钢材、木材、水泥三大材料的价格按实际价格结算的方法，工程承包人可凭发票按实报销。此法操作方便，但也容易导致承包人忽视降低成本。为避免副作用，地方建设主管部门要定期公布最高结算限价，同时，合同文件中应规定发包人有权要求承包人选择更廉价的供应来源。

以上几种方法究竟采用哪一种，应按工程价格管理机构的规定，经双方协商后在合同的专用条款中约定。

(三)成本加酬金合同价

成本加酬金合同价是指由业主向承包人支付工程项目的实际成本，并按事先约定的某一种方式支付一定的酬金。在这类合同中，业主需承担项目实际发生的一切费用，因此，也就承担了项目的全部风险。而承包人由于无风险，其报酬往往也较低。这类合同的缺点是业主对工程总造价不易控制，承包人也往往不注意降低项目成本。这类合同主要适用于以下项目：需要立即开展工作的项目，如地震后的救灾工作；新型的工程项目或工程内容及技术指标；未确定的项目；风险很大的项目等。

合同中确定的工程合同价，其工程成本部分按现行计价计算，酬金部分则按工程成本乘以通过竞争确定的费率计算，将两者相加，确定出合同价。一般分为以下几种形式。

1. 成本加固定百分比酬金确定的合同价

这种合同价是发包人对承包人支付的人工、材料和施工机械使用费、措施费、施工管理费等按实际直接成本全部据实补偿，同时按照实际直接成本的固定百分比付给承包人一笔酬金，作为承包方的利润，其计算公式如下：

$$C = C_a(1+P) \tag{5-7}$$

式中 C——总造价；

C_a——实际发生的工程成本；

P——固定的百分数。

从式(5-7)中可以看出，总造价 C 将随工程成本 C_a 的增加而增长，显然不能鼓励承包商关心缩短工期和降低成本，因而对建设单位是不利的。现在这种承包方式已很少被采用。

2. 成本加固定酬金确定的合同价

工程成本实报实销，但酬金是事先商定的一个固定数目，其计算公式为

$$C = C_a + F \tag{5-8}$$

式中 F——酬金，通常按估算的工程成本的一定百分比确定，数额是固定不变的。这种承包方式虽然不能鼓励承包商关心降低成本。但从尽快取得酬金出发，承包商将会关心缩短工期，这是其可取之处。为了鼓励承包单位更好地工作，也有在固定酬金之外，再根据工程质量、工期和降低成本情况另加奖金的。在这种情况下，奖金所占比例的上限可大于固定酬金，以充分发挥奖励的积极作用。

3. 目标成本加奖罚确定的合同价

在仅有初步设计和工程说明书即迫切要求开工的情况下，可根据粗略估算的工程量和适当的单价表编制概算，作为目标成本；随着详细设计逐步具体化，工程量和目标成本可加以调整，另外规定一个百分数作为酬金。最后结算时，如果实际成本高于目标成本并超过事先商定的界限(5%)，则减少酬金，如果实际成本低于目标成本(也有一个幅度界限)，则增加酬金。用公式表示如下：

$$C = C_a + P_1C_0 + P_2(C_0 - C_a) \tag{5-9}$$

式中 C_0——目标成本；

P_1——基本酬金百分数；

P_2——奖罚百分数。

另外，还可另加工期奖罚。

这种承包方式可以促使承包商关心降低成本和缩短工期，而且目标成本是随设计的进展而加以调整才确定下来的，故建设单位和承包商双方都不会承担多大风险，这是其可取之处。当然也要求承包商和建设单位的代表都应具有比较丰富的经验并掌握充分的信息。

4. 成本加浮动酬金确定的合同价

这种承包方式要经过双方事先商定工程成本和酬金的预期水平。如果实际成本恰好等于预期水平，工程造价就是成本加固定酬金；如果实际成本低于预期水平，则增加酬金；如果实际成本高于预期水平，则减少酬金。这三种情况可用如下公式表示：

$$C_a = C_0,\text{则 } C = C_a + F \tag{5-10}$$

$$C_a < C_0，则 C = C_a + F + \Delta F \quad (5\text{-}11)$$

$$C_a > C_0，则 C = C_a + F - \Delta F \quad (5\text{-}12)$$

式中 C_0——预期成本；

ΔF——酬金增减部分，可以是一个百分数，也可以是一个固定的绝对数。

采用这种承包方式，通常规定，当实际成本超支而减少酬金时，以原定的固定酬金数额为减少的最高限度。也就是在最坏的情况下，承包人将得不到任何酬金，但不必承担赔偿超支的责任。

从理论上讲，这种承包方式既对承发包双方都没有太多的风险，又能促使承包商关心降低成本和缩短工期。但在实践中准确地估算预期成本比较困难，预期成本在达到70%以上的精度才较为理想。所以，要求承发包双方具有丰富的经验并掌握充分的信息。

四、合同价款的约定

合同价款是合同文件的核心要素，建设项目无论是招标发包还是直接发包，合同价款的具体数额均在“合同协议书”中载明。

(一)签约合同价与中标价的关系

签约合同价是指合同双方签订合同时在协议书中列明的合同价格，对于以单价合同形式招标的项目，工程量清单中各种价格的总计即为合同价。合同价就是中标价，因为中标价是指评标时经过算术修正的、并在中标通知书中申明招标人接受的投标价格。法理上，经公示后招标人向投标人所发出的中标通知书(投标人向招标人回复确认中标通知书已收到)，中标的中标价就受到法律保护，招标人不得以任何理由反悔。这是因为，合同价格属于招标投标活动中的核心内容，根据《招标投标法》第四十六条有关“招标人和中标人应当按照招标文件和中标人的投标文件订立书面合同，招标人和中标人不得再行订立背离合同实质性内容的其他协议”之规定，发包人应根据中标通知书确定的价格签订合同。

(二)工程合同价款约定一般规定

(1)实行招标的工程合同价款应在中标通知书发出之日起30天内，由发承包双方依据招标文件和中标人的投标文件在书面合同中约定。

合同约定不得违背招标、投标文件中关于工期、造价和质量等方面的实质性内容。招标文件与中标人投标文件不一致的地方，应以投标文件为准。

工程合同价款的约定是建设工程合同的主要内容，根据有关法律条款的规定，工程合同价款的约定应满足以下几个方面的要求：

1)约定的依据要求：招标人向中标的投标人发出的中标通知书。

2)约定的时间要求：自招标人发出中标通知书之日起30天内。

3)约定的内容要求：招标文件和中标人的投标文件。

4)合同的形式要求：书面合同。

在工程招标投标及建设工程合同签订过程中，招标文件应视为要约邀请，投标文件为要约，中标通知书为承诺。因此，在签订建设工程合同时，若招标文件与中标人的投标文件有不一致的地方，应以投标文件为准。

(2)**不实行招标的工程合同价款，应在发、承包双方认可的工程价款基础上，由发承包双方在合同中约定。**

(三)合同价款约定内容

1. 工程价款进行约定的基本事项

《中华人民共和国建筑法》第十八条规定："建筑工程造价应当按照国家有关规定，由发包单位与承包单位在合同中约定。公开招标发包的，其造价的约定，须遵守招标投标法律的规定。"发承包双方应在合同中对工程价款进行如下基本事项的约定：

(1)**预付工程款的数额、支付时间及抵扣方式。**预付工程款是发包人为解决承包人在施工准备阶段资金周转问题提供的协助。如使用的水泥、钢材等大宗材料，可根据工程具体情况设置工程材料预付款。应在合同中约定预付款数额：可以是绝对数，如50万元、100万元，也可以是额度，如合同金额的10%、15%等；约定支付时间：如合同签订后一个月支付、开工日前7天支付等；约定抵扣方式：如在工程进度款中按比例抵扣；约定违约责任：如不按合同约定支付预付款的利息计算，违约责任等。

(2)**安全文明施工措施的支付计划，使用要求等。**

(3)**工程计量与进度款支付。**应在合同中约定计量时间和方式，可按月计量，如每月30天，可按工程形象部位(目标)划分分段计量。进度款支付周期与计量周期保持一致，约定支付时间，如计量后7天、10天支付；约定支付数额，如已完工作量的70%、80%等；约定违约责任，如不按合同约定支付进度款的利率，违约责任等。

(4)**合同价款的调整。**约定调整因素，如工程变更后综合单价调整，钢材价格上涨超过投标报价时的3%，工程造价管理机构发布的人工费调整等；约定调整方法，如结算时一次调整，材料采购时报发包人调整等；约定调整程序，承包人提交调整报告交发包人，由发包人现场代表审核签字等；约定支付时间与工程进度款支付同时进行等。

(5)**索赔与现场签证。**约定索赔与现场签证的程序，如由承包人提出、发包人现场代表或授权的监理工程师核对等；约定索赔提出时间，如知道索赔事件发生后的28天内等；约定核对时间，如收到索赔报告后7天以内、10天以内等；约定支付时间，如原则上与工程进度款同期支付等。

(6)**承担风险。**约定风险的内容范围，如全部材料、主要材料等；约定物价变化调整幅度，如钢材、水泥价格涨幅超过投标报价的3%，其他材料超过投标报价的5%等。

(7)**工程竣工结算。**约定承包人在什么时间提交竣工结算书，发包人或其委托的工程造价咨询企业，在什么时间内核对，核对完毕后，在多长时间内支付等。

(8)**工程质量保证金。**在合同中约定数额，如合同价款的3%等；约定预付方式，如竣工结算一次扣清等；约定归还时间，如质量缺陷期退还等。

(9)**合同价款争议。**约定解决价款争议的办法：是协商还是调解，如调解由哪个机构调解；如在合同中约定仲裁，应标明具体的仲裁机关名称，以免仲裁条款无效，约定诉讼等。

(10)**与履行合同、支付价款有关的其他事项等。**需要说明的是，合同中涉及价款的事项较多，能够详细约定的事项应尽可能具体约定，约定的用词应尽可能唯一，如有几种解释，最好对用词进行定义，尽量避免因理解上的歧义造成合同纠纷。

2. 合同中未约定事项或约定不明事项

合同中没有按照工程价额进行约定的基本要求约定或约定不明的，若发承包双方在合同履行中发生争议由双方协商确定；当协商不能达成一致时，应按规定执行。

《中华人民共和国合同法》第六十一条规定："合同生效后，当事人就质量、价款或者报酬、履行地点等内容没有约定或者约定不明确的，可以协议补充；不能达成补充协议的，按照合同有关条款或交易习惯确定。"

《最高人民法院关于审理建设工程施工合同纠纷案件适用法律问题的解释》第十六条第二款规定："因设计变更导致建设工程的工程量或者质量标准发生变化，当事人对该部分工程价款不能协商一致的，可以参照签订建设工程施工合同时当地建设行政主管部门发布的计价方式或者计价标准结算工程价款。"

本章小结

建设工程发承包既是完善市场经济体制的重要举措，也是维护工程建设市场竞争秩序的有效途径。建设工程发承包最核心的问题是合同价款的确定，而建设工程项目签约合同价款的确定取决于发承包方式。目前，发承包方式有直接发包和招标发包两种，其中招标发包是主要的发承包方式。

建设工程招标投标的推行使计划经济条件下建设任务的发包从以计划为主转变到以投标竞争为主，使我国承发包方式发生了重要变化，因此，推行建设工程招标投标对降低工程造价，使工程造价得到合理控制具有非常重要的影响。本章介绍了施工招标的方式和程序、招标文件的组成内容及其编制要求、招标工程量清单与招标控制价的编制、投标文件及投标报价的编制、中标价及合同价款的约定等。

思考与练习

一、填空题

1. 投标人须知通常包括__________和__________两部分。

2. 招标文件的澄清将在投标人须知前附表规定的投标截止时间__________前以书面形式发给所有购买招标文件的投标人。

3. 评标办法可选择经评审的__________和__________。

4. 合同主要条款不得与__________有关条款存在实质性的矛盾。

5. __________是指招标人根据国家或省级、行业建设主管部门颁发的有关计价依据和办法，以及招标文件和设计图纸计算的，对招标工程限定的最高工程造价。

6. 措施项目应按招标文件中提供的措施项目清单确定，措施项目可分为以__________计算和以__________计算两种。

7. 现阶段，我国规定的编制投标报价的方法主要有____________和____________。

8. 如果到投标截止时间止，投标人少于________或经评标专家评审后否决所有投标的，评标委员会可以建议重新招标。

二、多项选择题

1. 施工合同一般由(　　)三部分组成。
   A. 公开招标书　　B. 合同协议书
   C. 通用合同条款　　D. 专用合同条款
   E. 中标通知书
2. 施工招标文件的编制内容包括(　　)。
   A. 合同条款及格式　　B. 工程量清单
   C. 技术标准和要求　　D. 投标文件格式
   E. 招标协议书
3. 资格预审申请文件应包括(　　)内容。
   A. 资格预审申请函
   B. 法定代表人身份证明或附有法定代表人身份证明的授权委托书
   C. 联合体协议书
   D. 评审人基本情况表
   E. 近年财务状况表
4. 有(　　)情形之一的，属于投标人相互串通投标。
   A. 投标人之间协商投标报价等投标文件的实质性内容
   B. 投标人之间约定招标人
   C. 投标人之间约定部分投标人放弃投标或者中标
   D. 属于同一集团、协会、商会等组织成员的投标人按照该组织要求协同投标
   E. 投标人之间为谋取中标或者排斥特定投标人而采取的其他联合行动

三、简答题

1. 招标公告的内容主要包括哪些?
2. 简述招标文件的澄清和修改的要求。
3. 资格审查的主要内容包括哪些?
4. 投标文件编制时应遵循哪些规定?
5. 工程合同价款的约定应满足哪几个方面的要求?

第六章　建设项目施工阶段造价控制与管理

知识目标

1. 了解施工阶段造价控制的程序，掌握资金使用计划的编制方法。

2. 熟悉工程变更的范围和程序，工程变更价款的调整方法；熟悉程量清单缺项、工程量偏差、计日工的概念及确定方法。

3. 熟悉物价波动、暂估价、不可抗力、提前竣工(赶工补偿)与误期赔偿的概念及确定方法。

4. 了解索赔的概念、特征、原因、分类；掌握费用索赔的计算。

5. 熟悉工程计量概念、原则，预付款的支付、扣回，工程竣工结算的编制依据、原则；掌握工程计量的方法、竣工结算款的支付、最终结清付款的方法、合同价款纠纷处理的方法。

能力目标

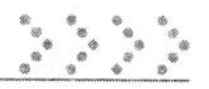

1. 初步具备工程结算的能力，知道如何调整合同价款。

2. 能书写简单的索赔文件，能够按照施工索赔程序及其时限处理施工索赔事项。

第一节　建设项目施工阶段造价控制概述

施工阶段的工程造价控制一般是指在建设项目已完成施工图设计，并完成招标阶段工作和签订工程承包合同以后的投资控制的工作。施工阶段投资控制的基本原理是将计划投资额作为投资控制的目标值，在工程施工过程中定期地进行投资实际值与目标值的比较，通过比较分析找出实际支出额与投资控制目标值之间的偏差，然后分析产生偏差的原因，并采取有效措施加以控制，以保证投资控制目标的实现。

一、施工阶段造价控制的程序

施工阶段造价控制的程序如图 6-1 所示。

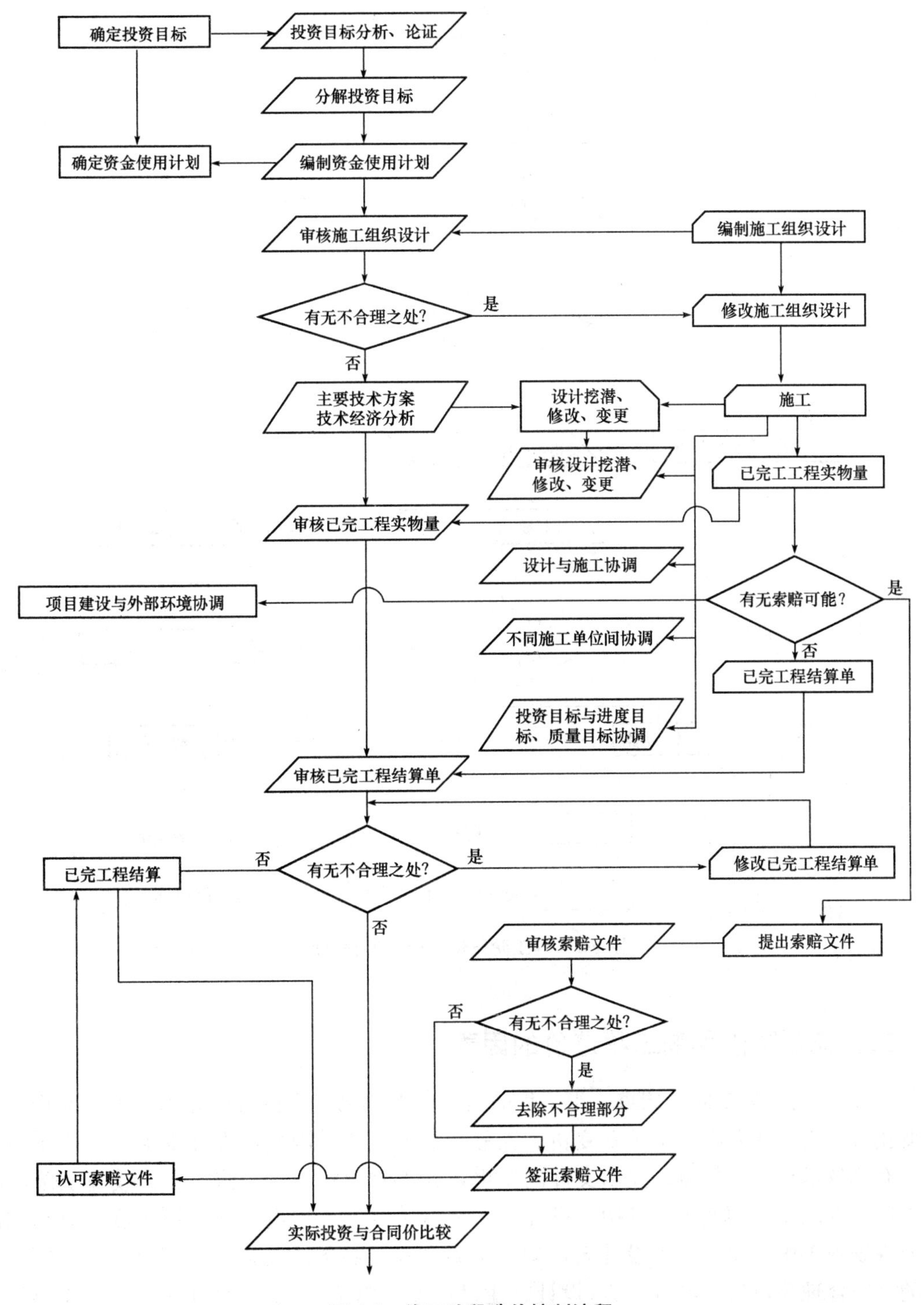

图 6-1 施工阶段造价控制流程

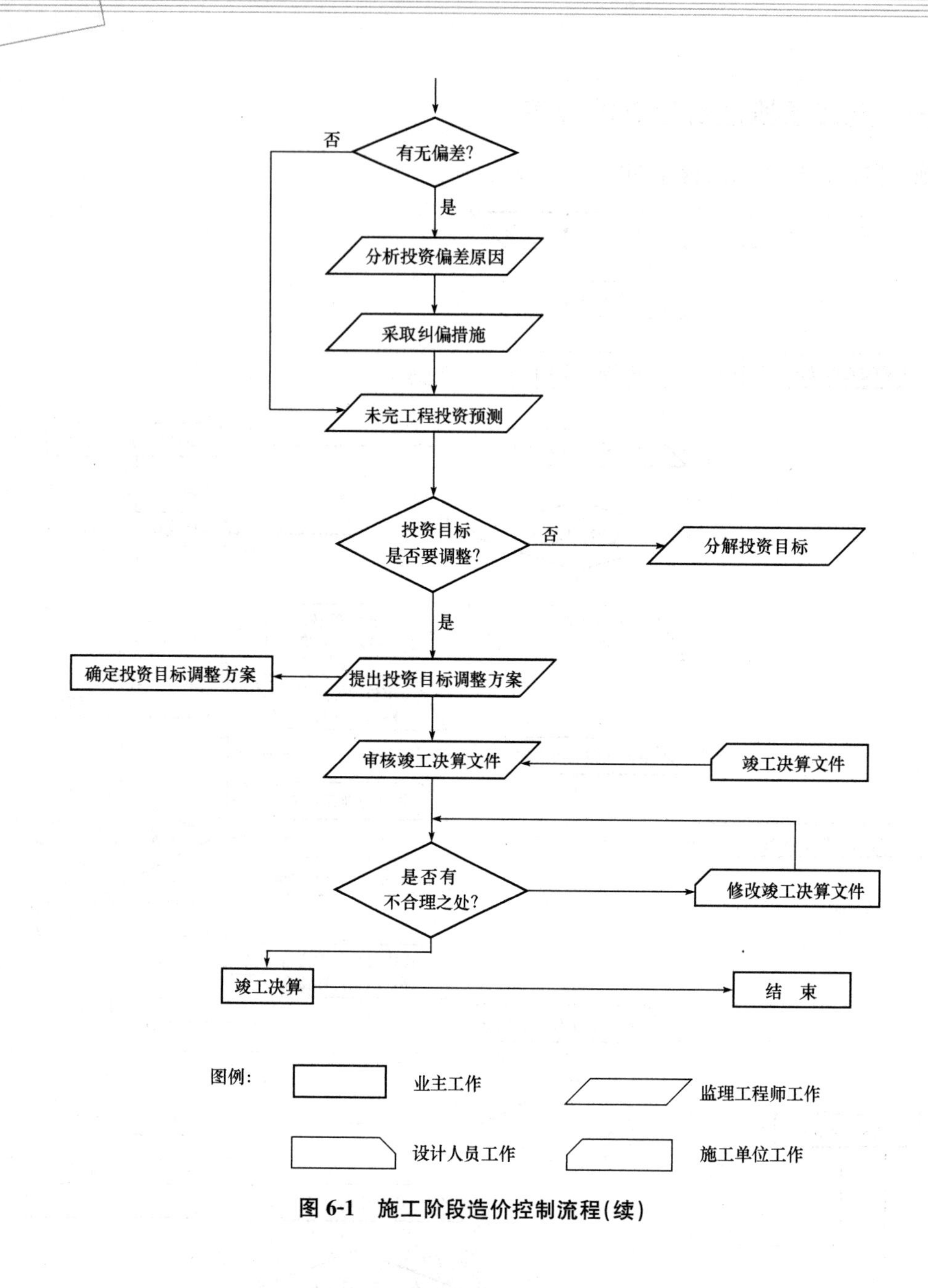

图 6-1 施工阶段造价控制流程(续)

二、施工阶段影响工程造价的因素

(1)**工程变更与合同价调整。**当工程的实际施工情况与招标投标时的工程情况相比发生变化时，就意味着发生了工程变更。工程变更的主要原因包括设计变更，工程量的变更，有关技术标准、规范、技术文件的变更，施工时间的变更，施工工艺或施工次序的变更以及合同条件的变更。其中，设计变更是由于建筑工程项目施工图在技术交底会议上或现场施工中出现的由于设计人员构思不周，或某些条件限制，或建设单位、施工单位的某些合理化建议，经过三方(设计、建设、施工单位)同意，而对原设计图纸的某些部位或内容所进行的局部修改。设计变更由工程项目原设计单位编制并出具“设计变更通知书”。由于设计变更会导致原预算书中某些分部分项工程量的增多或减少，所有相关的原合同文件要进行全面的审查和修改，合同价要进行调整，因此会引起工程造价的增多或减少。

(2)**工程索赔。**当合同一方违约或第三方原因使另一方蒙受损失时，则工程索赔便会发生。发生工程索赔后，工程造价必然受到严重的影响。

(3)**工期。**工期与工程造价有着对立统一的关系，加快工期需要增加投入；而延缓工期则会导致管理费的提高。

(4)**工程质量。**工程质量与工程造价也有着对立统一的关系，工程质量有较高的要求，则应作财务上的准备，将会增加较多地投入。而工程质量降低，则意味着事故成本的提高。

(5)**人工、材料和机械设备等资源的市场供求规律的影响。**供求规律是商品供给和需求变化的规律。供求规律要求社会总劳动应按社会需求分配于国民经济各部门，如果这一规律不能实现，就会产生供求不平衡，从而就会影响价格。

(6)**材料代用。**材料代用是指设计图中所采用的某种材料规格、型号或品牌不能适应工程质量要求，或难以订货采购，或没有库存且一时很难订货，工艺上又不允许等待，经施工单位提出，设计驻现场代表同意用相近材料代用，并签发代用材料通知单所引起的材料用量及价格的增减。

(7)**定额或单位估价表版次变化。**定额或单位估价表版次变化是指项目承包时合同中所注明使用定额或单位估价表，在项目竣工时又颁发了新的版本，且颁发文件允许按新版本结算的工程项目。

(8)**应计取费用标准(定额)变化。**定额或单位估价表版次变化是指项目竣工时人工工日单价、施工机械台班单价的调增；其他直接费费率、现场经费费率、间接费费率等，主管部门发布了新的标准。

(9)**不可预见工程内容出现。**例如，原施工图预算按场地钻探定额子目列计费用，当开工钻探时发现场地下存在枯井回填腐殖土和墓坑多处，这部分的土方处理，应增列相应子目工程和费用。

(10)**其他涉及工程造价调整的有关因素。**

三、资金使用计划的编制

施工阶段编制资金使用计划的目的是控制施工阶段投资，合理地确定工程项目投资控制目标值，也就是根据工程概算或预算确定计划投资的总目标值、分目标值以及细目标值。

1. 按项目分解编制资金使用计划

根据建设项目的组成，首先将总投资分解到各单项工程，再分解到单位工程，最后分解到分部分项工程，分部分项工程的支出预算既包括人工费、材料费、机械费，也包括承包企业的间接费、利润等，是分部分项工程的综合单价与工程量的乘积。按单价合同签订的招标项目，可根据签订合同时提供的工程量清单所定的单价确定。其他形式的承包合同，可利用招标编制标底时所计算的人工费、材料费、机械费及考虑分摊的间接费、利润等确定综合单价，同时核实工程量，准确确定支出预算。资金使用计划见表6-1。

表 6-1　按项目分解的资金使用计划

编　码	工程内容	单　位	工程数量	综合单价	合　价	备　注

编制资金使用计划时，既要在项目总的方面考虑总预备费，也要在主要的工程分项中安排适当的不可预见费。所核实的工程量与招标时的工程量估算值有较大出入时，应予以调整并作“预计超出子项”注明。

2. 按时间进度编制资金使用计划

建设项目的投资总是分阶段、分期支出的，资金应用是否合理与资金时间安排有密切关系。为了合理地制订资金筹措计划，尽可能减少资金占用和利息支付，编制按时间进度分解的资金使用计划是很有必要的。

通过对施工对象的分析和施工现场的考察，结合当代施工技术特点制订出科学合理的施工进度计划，在此基础上编制按时间进度划分的投资支出预算。其步骤如下：

(1)编制施工进度计划。

(2)根据单位时间内完成的工程量计算出这一时间内的预算支出，在时标网络图上按时间编制投资支出计划。

(3)计算工期内各时点的预算支出累计额，绘制时间-投资累计曲线(S 形曲线)。时间投资累计曲线如图 6-2 所示。

对时间-投资累计曲线，根据施工进度计划的最早可能开始时间和最迟必须开始时间来绘制，则可得两条时间-投资累计曲线，俗称“香蕉”形曲线(图 6-3)。一般而言，按最迟必须开始时间安排施工，对建设资金贷款利息节约有利，但同时也降低了项目按期竣工的保证率，故监理工程师必须合理地确定投资支出预算，达到既节约投资支出，又能控制项目工期的目的。

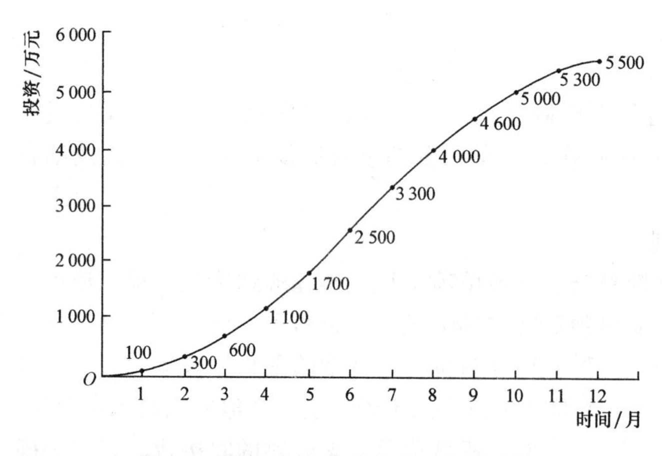

图 6-2　时间-投资累计曲线(S 形曲线)

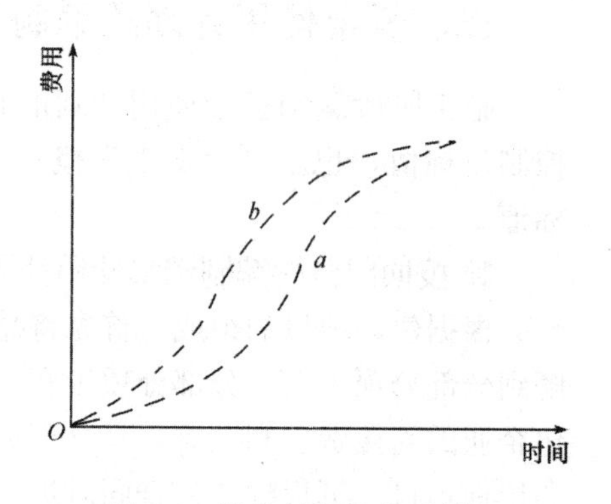

图 6-3　投资计划值的香蕉图

a—所有工作按最迟开始时间开始的曲线；
b—所有工作按最早开始时间开始的曲线

在实际操作中可同时绘制出计划进度预算支出累计线、实际进度预算支出累计线和实际进度实际支出累计线，以进行比较，了解施工过程中费用的节约或超支情况。

第二节　合同价款调整

一、合同价款调整一般规定

一般来说，合同价款调整事件主要包括法律法规变化、工程变更、项目特征不符、工程量清单缺项、工程量偏差、计日工、物价变化、暂估价、不可抗力、提前竣工(赶工补偿)、误期赔偿、索赔、现场签证、暂列金额、发承包双方约定的其他调整事项。

(1)出现合同价款调增事项(不含工程量偏差、计日工、现场签证、索赔)后的14天内，承包人应向发包人提交合同价款调增报告并附上相关资料；承包人在14天内未提交合同价款调增报告的，应视为承包人对该事项不存在调整价款请求；出现合同价款调减事项(不含工程量偏差、索赔)后的14天内，发包人应向承包人提交合同价款调减报告并附相关资料；发包人在14天内未提交合同价款调减报告的，应视为发包人对该事项不存在调整价款请求。

基于上述同样的原因，此处合同价款调减事项中不包括工程量偏差和索赔两项。

(2)发(承)包人应在收到承(发)包人合同价款调增(减)报告及相关资料之日起14天内对其核实，予以确认的应以书面通知承(发)包人。当有疑问时，应向承(发)包人提出协商意见。发(承)包人在收到合同价款调增(减)报告之日起14天内未确认也未提出协商意见的，应视为承(发)包人提交的合同价款调增(减)报告已被发(承)包人认可。发(承)包人提出协商意见的，承(发)包人应在收到协商意见后的14天内对其核实，予以确认的应书面通知发(承)包人。承(发)包人在收到发(承)包人的协商意见后14天内既不确认也未提出不同意见的，应视为发(承)包人提出的意见已被承(发)包人认可。

(3)发包人与承包人对合同价款调整的不同意见不能达成一致的，只要对发承包双方履约不产生实质影响，双方应继续履行合同义务，直到其按照合同约定的争议解决方式得到处理。

(4)根据财政部、原建设部印发的《建设工程价款结算暂行办法》(财建〔2004〕369号)的相关规定，如第十五条：发包人和承包人要加强施工现场的造价控制，及时对工程合同外的事项如实纪录并履行书面手续。凡由发承包双方授权的现场代表签字的现场签证以及发承包双方协商确定的索赔等费用，应在工程竣工结算中如实办理，不得因发承包双方现场代表的中途变更改变其有效性，“13计价规范”对发承包双方确定调整的合同价款的支付方法进行了约定，即经发承包双方确认调整的合同价款，作为追加(减)合同价款，应与工程进度款或结算款同期支付。

二、法规变化类合同价款调整事项

因国家法律、法规、规章和政策发生变化影响合同价款的风险，发承包双方应在合同中约定由发包人承担。

1. 基准日的确定

为了合理划分发承包双方的合同风险，施工合同中应当约定一个基准日，对于基准日之后发生的，作为一个有经验的承包人在招标投标阶段不可能合理预见的风险，应当由发包人承担。对于实行招标的建设工程，一般以施工招标文件中规定的提交投标文件的截止时间前的第 28 天作为基准日；对于不实行招标的建设工程，一般以建设工程施工合同签订前的第 28 天作为基准日。

2. 合同价款的调整方法

施工合同履行期间，国家颁布的法律、法规、规章和有关政策在合同工程基准日之后发生变化，且因执行相应的法律、法规、规章和政策引起工程造价发生增减变化的，合同双方当事人应当依据法律、法规、规章和有关政策的规定调整合同价款。但是，如果有关价格（如人工、材料和工程设备等价格）的变化已经包含在物价波动事件的调价公式中，则不再予以考虑。

3. 工期延误期间的特殊处理

如果由于承包人的原因导致的工期延误，按不利于承包人的原则调整合同价款。在工程延误期间国家的法律、行政法规和相关政策发生变化引起工程造价变化的，造成合同价款增加的，合同价款不予调整；造成合同价款减少的，合同价款予以调整。

三、工程变更类合同价款调整事项

（一）工程变更

工程变更是在工程项目实施过程中，按照合同约定的程序对部分或全部工程在材料、工艺、功能、构造、尺寸、技术指标、工程数量及施工方法等方面做出的改变。建设工程施工合同签订以后，对合同文件中的任何一部分的变更都属于工程变更的范畴。建设单位、设计单位、施工单位和监理单位等都可以提出工程变更的要求。因此，在工程建设的过程中，如果对工程变更处理不当，则会对工程的投资、进度计划及工程质量造成影响，甚至引发合同有关方面的纠纷。因此，对工程变更应予以重视，严加控制，并依照法定程序予以解决。

1. 工程变更的范围

除专用合同条款另有约定外，合同履行过程中发生以下情形的，应进行变更。

（1）**增加或减少合同中任何工作，或追加额外的工作；**

（2）**取消合同中任何工作，但转由他人实施的工作除外；**

（3）**改变合同中任何工作的质量标准或其他特性；**

（4）**改变工程的基线、标高、位置和尺寸；**

（5）**改变工程的时间安排或实施顺序。**

发包人和监理人均可以提出变更。变更指示中均通过监理人发出，监理人发出变更指示前应征得发包人同意。承包人收到经发包人签认的变更指示后，方可实施变更。未经许可，承包人不得擅自对工程的任何部分进行变更。

涉及设计变更的，应由设计人提供变更后的图纸和说明。如变更超过原设计标准或批准的建设规模时，发包人应及时办理规划、设计变更等审批手续。

2. 工程变更程序

(1)**发包人提出变更。**发包人提出变更的，应通过监理人向承包人发出变更指示，变更指示中应说明计划变更的工程范围和变更的内容。

(2)**监理人提出变更建议。**监理人提出变更建议的，需要向发包人以书面形式提出变更计划，说明计划变更工程范围和变更的内容、理由，以及实施该变更对合同价格和工期的影响。发包人同意变更的，由监理人向承包人发出变更指示。发包人不同意变更的，监理人无权擅自发出变更指示。

(3)**变更执行。**承包人收到监理人下达的变更指示后，认为该变更不能执行，应立即提出不能执行该变更指示的理由。承包人认为可以执行变更的，应当书面说明实施该变更指示对合同价格和工期的影响，且合同当事人应当按照变更估价约定确定变更估价。

1)变更估价原则。除专用合同条款另有约定外，变更估价按照本款约定处理：

①已标价工程量清单或预算书有相同项目的，按照相同项目单价认定；

②已标价工程量清单或预算书中无相同项目，但有类似项目的，参照类似项目的单价认定；

③变更导致实际完成的变更工程量与已标价工程量清单或预算书中列明的该项目工程量的变化幅度超过15%的，或已标价工程量清单或预算书中无相同项目及类似项目单价的，按照合理的成本与利润构成的原则，由合同当事人按照合同约定确定变更工作的单价。

2)变更估价程序。承包人应在收到变更指示后14天内，向监理人提交变更估价申请。监理人应在收到承包人提交的变更估价申请后7天内审查完毕并报送发包人，监理人对变更估价申请有异议，通知承包人修改后重新提交。发包人应在承包人提交变更估价申请后14天内审批完毕。发包人逾期未完成审批或未提出异议的，视为认可承包人提交的变更估价申请。

因变更引起的价格调整，应计入最近一期的进度款中支付。

3. 工程变更价款的调整

建设工程施工合同在实施过程中，如果合同签订时所依赖的承包范围、设计标准及施工条件等发生变化，则必须在新的承包范围、新的设计标准或新的施工条件等前提下对发承包双方的权利和义务进行重新分配，使合同双方的权利和义务重新达致平衡，使合同的履行变得公正合理。由于施工条件变化和发包人要求变化等原因，往往会发生合同约定的工程材料性质和品种、建筑物结构形式、施工工艺和方法等的变动，此时，必须变更合同才能维护合同的公平。

(1)因工程变更引起已标价工程量清单项目或其工程数量发生变化时，应按照下列规定调整：

1)已标价工程量清单中有适用于变更工程项目的，应采用该项目的单价；但当工程变更导致该清单项目的工程数量发生变化，且工程量偏差超过15%时，该项目单价应按照“13计价规范”的规定调整。

2)已标价工程量清单中没有适用但有类似于变更工程项目的，可在合理范围内参照类似项目的单价。

3)已标价工程量清单中没有适用也没有类似于变更工程项目的，应由承包人根据变更工程资料、计量规则和计价办法、工程造价管理机构发布的信息价格和承包人报价浮动率提出变更工程项目的单价，并应报发包人确认后调整。承包人报价浮动率可按下列公式计算：

招标工程

$$承包人报价浮动率 L=(1-中标价/招标控制价)\times 100\% \tag{6-1}$$

非招标工程

$$承包人报价浮动率 L=(1-报价/施工图预算)\times 100\% \tag{6-2}$$

4)已标价工程量清单中没有适用也没有类似于变更工程项目，且工程造价管理机构发布的信息价格缺价的，应由承包人根据变更工程资料、计量规则、计价办法和通过市场调查等取得有合法依据的市场价格提出变更工程项目的单价，并应报发包人确认后调整。

(2)工程变更引起施工方案改变并使措施项目发生变化时，承包人提出调整措施项目费的，应事先将拟实施的方案提交发包人确认，并应详细说明与原方案措施项目相比的变化情况。拟实施的方案经发承包双方确认后执行，并应按照下列规定调整措施项目费：

1)安全文明施工费应按照实际发生变化的措施项目依据规定计算。

2)采用单价计算的措施项目费，应按照实际发生变化的措施项目，按规定确定单价。

3)按总价(或系数)计算的措施项目费，按照实际发生变化的措施项目调整，但应考虑承包人报价浮动因素，即调整金额按照实际调整金额乘以规定的承包人报价浮动率计算。

如果承包人未事先将拟实施的方案提交给发包人确认，则应视为工程变更不引起措施项目费的调整或承包人放弃调整措施项目费的权利。

(3)当发包人提出的工程变更因非承包人原因删减了合同中的某项原定工作或工程，致使承包人发生的费用或(和)得到的收益不能被包括在其他已支付或应支付的项目中，也未被包含在任何替代的工作或工程中时，承包人有权提出并应得到合理的费用及利润补偿。

(二)项目特征不符

1. 项目特征描述

项目的特征描述是确定综合单价的重要依据之一，承包人在投标报价时应依据发包人提供的招标工程量清单中的项目特征描述，确定其清单项目的综合单价。发包人在招标工程量清单中对项目特征的描述，应被认为是准确的和全面的，并且与实际施工要求相符合。承包人应按照发包人提供的招标工程量清单，根据其项目特征描述的内容及有关要求实施合同工程，直到其被改变为止。

2. 合同价款的调整方法

承包人应按照发包人提供的设计图纸实施合同工程，若在合同履行期间，出现设计图纸(含设计变更)与招标工程量清单任一项目的特征描述不符，且该变化引起该项目的工程造价增减变化的，发承包双方应当按照实际施工的项目特征，重新确定相应工程量清单项目的综合单价，并调整合同价款。

(三)工程量清单缺项

1. 清单缺项、漏项的责任

招标工程量清单必须作为招标文件的组成部分，其准确性和完整性由招标人负责。因此，招标工程量清单是否准确和完整，其责任应当由提供工程量清单的发包人负责，作为投标人的承包人不应承担因工程量清单的缺项、漏项以及计算错误带来的风险与损失。

2. 合同价款的调整方法

(1)分部分项工程费的调整。施工合同履行期间，由于招标工程量清单中分部分项工程出现缺项、漏项，造成新增工程清单项目的，应按照工程变更事件中关于分部分项工程费的调整方法，调整合同价价款。

(2)措施项目费的调整。新增分项工程项目清单后，引起措施项目发生变化的，应当按照工程变更事件中关于措施项目费的调整方法，在承包人提交的实施方案被发包人批准后，调整合同价款；由于招标工程量清单中措施项目缺项，承包人应将新增措施项目实施方案提交发包人批准后，按照工程变更时间中的有关规定调整合同价款。

(四)工程量偏差

工程量偏差是指承包人根据发包人提供的图纸进行施工，按照现行国家计量规范规定的工程量计算规则，计算得到的完成合同工程项目应予计量的工程量与相应的招标工程量清单项目列出的工程量之间出现的量差。

在施工过程中，由于施工条件、地质水文、工程变更等变化以及招标工程量清单编制人专业水平的差异，往往会造成实际工程量与招标工程量清单出现偏差，工程量偏差过大，对综合成本的分摊带来影响。如突然增加太多，仍按原综合单价计价，对发包人不公平；如突然减少太多，仍按原综合单价计价，对承包人不公平。并且，这给有经验的承包人的不平衡报价打开了大门。**对于任何一个招标工程量清单项目，当因工程量偏差和工程变更等原因导致工程量偏差超过15%时，可进行调整。当工程量增加15%以上时，增加部分的工程量的综合单价应予调低；当工程量减少15%以上时，减少后剩余部分的工程量的综合单价应予调高。**可按下列公式调整：

(1)当 $Q_1>1.15Q_0$ 时，其计算公式为

$$S=1.15Q_0\times P_0+(Q_1-1.15Q_0)\times P_1 \tag{6-3}$$

(2)当 $Q_1<0.85Q_0$ 时，其计算公式为

$$S=Q_1\times P_1 \tag{6-4}$$

式中 S——调整后的某一分部分项工程费结算价；

Q_1——最终完成的工程量；

Q_0——招标工程量清单中列出的工程量；

P_1——按照最终完成工程量重新调整后的综合单价；

P_0——承包人在工程量清单中填报的综合单价。

由式(6-3)和式(6-4)中可以看出，计算调整后的某一分部分项工程费结算价的关键是确定新的综合单价 P_1。确定的方法：一是发承包双方协商确定；二是与招标控制价相联系。当工程量偏差项目出现承包人在工程量清单中填报的综合单价与发包人招标控制价相对清单项目的综合单价偏差超过15%时，工程量偏差项目综合单价的调整可参考以下内容确定：

(3)当 $P_0<P_2\times(1-L)\times(1-15\%)$ 时，该类项目的综合单价 P_1 按 $P_2\times(1-L)\times(1-15\%)$ 进行调整；

(4)当 $P_0>P_2\times(1+15\%)$ 时，该类项目的综合单价 P_1 按 $P_2\times(1+15\%)$ 进行调整；

(5)当 $P_0>P_2\times(1-L)\times(1-15\%)$ 或 $P_0<P_2\times(1+15\%)$ 时，可不进行调整。

式中 P_0——承包人在工程量清单中填报的综合单价；

P_2——发包人招标控制价相应项目的综合单价；

L——承包人报价浮动率。

【例6-1】 某工程项目投标报价浮动率为8%，各项目招标控制价及投标报价的综合单

价见表6-2，试确定当招标工程量清单中工程量偏差超过15%时，其综合单价是否应进行调整？应怎样调整？

【解】 该工程综合单价调整情况见表6-2。

表6-2 工程量偏差项目综合单价调整

项目	综合单价/元		投标报价浮动率 L	综合单价偏差	$P_2\times(1-L)\times(1-15\%)$	$P_2\times(1+15\%)$	结论
	招标控制价 P_2	投标报价 P_0					
1	540	432	8%	20%	422.28	—	由于 $P_0>422.28$ 元，故当该项目工程量偏差超过15%时，其综合单价不予调整
2	450	531	8%	18%	—	517.5	由于 $P_0>517.5$，故当该项目工程量偏差超过15%时，其综合单价应调整为517.5元

当工程量出现上述变化，且该变化引起相关措施项目相应发生变化时，按系数或单一总价方式计价的，工程量增加的措施项目费调增，工程量减少的措施项目费调减。

(五)计日工

1. 计日工费用的产生

发包人通知承包人以计日工方式实施的零星工作，承包人应予执行。采用计日工计价的任何一项变更工作，承包人应在该项变更的实施过程中，按合同约定提交以下报表和有关凭证送发包人复核：

(1)工作名称、内容和数量；

(2)投入该工作所有人员的姓名、工种、级别和耗用工时；

(3)投入该工作的材料名称、类别和数量；

(4)投入该工作的施工设备型号、台数和耗用台时；

(5)发包人要求提交的其他资料和凭证。

2. 计日工费用的确认和支付

任一计日工项目实施结束。承包人应按照确认的计日工现场签证报告核实该类项目的工程数量，并根据核实的工程数量和承包人已标价工程量清单中的计日工单价计算，提出应付价款；已标价工程量清单中没有该类计日工单价的，由发承包双方按工程变更的有关的规定商定计日工单价计算。

每个支付期末，承包人应与进度款同期向发包人提交本期间所有计日工记录的签证汇总表，以说明本期间自己认为有权得到的计日工金额，调整合同价款，列入进度款支付。

四、物价变化类合同价款调整事项

(一)物价波动

合同履行期间，因人工、材料、工程机械台班价格波动而影响合同价款时，应根据合同约定调整合同价款。因物价波动引起的合同价款调整方法有两种：**一种是采用价格指数**

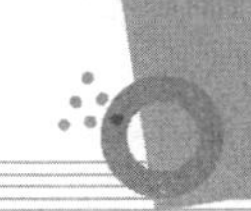

调整价格差额；另一种是采用造价信息调整价格差额。

1. 价格指数调整价格差额

(1)**价格调整公式。**因人工、材料和工程设备、施工机械台班等价格波动影响合同价格时，应由投标人在投标函附录中的价格指数和权重表约定的数据，按下式计算差额并调整合同价款：

$$\Delta P=P_0\left[A+\left(B_1\times\frac{F_{t1}}{F_{01}}+B_2\times\frac{F_{t2}}{F_{02}}+B_3\times\frac{F_{t3}}{F_{03}}+\cdots+B_n\times\frac{F_{tn}}{F_{0n}}\right)-1\right] \tag{6-5}$$

式中 ΔP——需调整的价格差额；

P_0——约定的付款证书中承包人应得到的已完成工程量的金额。此项金额应不包括价格调整、不计质量保证金的扣留和支付、预付款的支付和扣回。约定的变更及其他金额已按现行价格计价的，也不计在内；

A——定值权重(不调部分的权重)；

B_1，B_2，B_3，…，B_n——各可调因子的变值权重(可调部分的权重)，为各可调因子在投标函投标总报价中所占的比例；

F_{t1}，F_{t2}，F_{t3}，…，F_{tn}——各可调因子的现行价格指数，指约定的付款证书相关周期最后一天的前42天的各可调因子的价格指数；

F_{01}，F_{02}，F_{03}，…，F_{0n}——各可调因子的基本价格指数，指基准日期的各可调因子的价格指数。

以上价格调整公式中的各可调因子、定值和变值权重，以及基本价格指数及其来源在投标函附录价格指数和权重表中约定。价格指数应首先采用工程造价管理机构提供的价格指数，缺乏上述价格指数时，可采用工程造价管理机构提供的价格代替。

(2)**暂时确定调整差额。**在计算调整差额时得不到现行价格指数的，可暂用上一次价格指数计算，并在以后的付款中再按实际价格指数进行调整。

(3)**权重的调整。**约定的变更导致原定合同中的权重不合理时，由承包人和发包人协商后进行调整。

(4)**承包人工期延误后的价格调整。**由于承包人原因未在约定的工期内竣工的，对原约定竣工日期后继续施工的工程，在使用价格调整公式时，应采用原约定竣工日期与实际竣工日期的两个价格指数中较低的一个作为现行价格指数。

(5)**若可调因子包括了人工在内，则不适用由发包人承担的规定。**

【例6-2】 某工程项目合同约定采用价格指数调整价格差额，由发、承包双方确认的《承包人提供主要材料和工程设备一览表(适用于价格指数调整法)》见表6-3。已知本期完成合同价款为589 073元，其中包括已按现行价格计算的计日工价款2 600元，发承包双方确认应增加的索赔金额2 879元。试对此工程项目该期应调整的合同价款差额进行计算。

表6-3 承包人提供主要材料和工程设备一览表(适用于价格指数调整法)

工程名称： 某工程 标段： 第1页 共1页

序号	名称、规格、型号	变值权重 B	基本价格指数 F_0	现行价格指数 F_t	备注
1	人工费	0.15	120%	128%	
2	钢材	0.23	4 500元/t	4 850元/t	

续表

序号	名称、规格、型号	变值权重 B	基本价格指数 F_0	现行价格指数 F_t	备注
3	水泥	0.11	420元/t	445元/t	
4	烧结普通砖	0.05	350元/千块	320元/千块	
5	施工机械费	0.08	100%	110%	
	定值权重 A	0.38	—	—	
合 计		1	—	—	

【解】 (1)本期完成的合同价款应扣除已按现行价格计算的计日工价款和双方确认的索赔金额，即

$$P_0=589\ 073-2\ 600-2\ 879=583\ 594(\text{元})$$

(2)按公式计算应调整的合同价款差额。

$$\Delta P=583\ 594\times\left[0.38+\left(0.15\times\frac{128}{120}+0.23\times\frac{4\ 850}{4\ 500}+0.11\times\frac{445}{420}+0.05\times\frac{320}{350}+0.08\times\frac{110}{100}\right)-1\right]$$
$$=583\ 594\times0.038$$
$$=22\ 176.57(\text{元})$$

即本期应增加合同价款22 176.57元。

若本期合同价款中人工费单独按有关规定进行调整，则应扣除人工费所占变值权重，将其列入定值权重，即

$$\Delta P=583\ 594\times\left[(0.38+0.15)+\left(0.23\times\frac{4\ 850}{4\ 500}+0.11\times\frac{445}{420}+0.05\times\frac{320}{350}+0.08\times\frac{110}{100}\right)-1\right]$$
$$=583\ 594\times0.028$$
$$=16\ 340.63(\text{元})$$

即本期应增加合同价款16 340.63元。

2. 造价信息调整价格差额

(1)施工期内，因人工、材料和工程设备、施工机械台班价格波动影响合同价格时，人工、机械使用费应按照国家或省、自治区、直辖市建设行政管理部门、行业建设管理部门或其授权的工程造价管理机构发布的人工成本信息、机械台班单价或机械使用费系数进行调整；需要进行价格调整的材料，其单价和采购数应由发包人复核，发包人确认需调整的材料单价及数量，作为调整合同价款差额的依据。

(2)人工单价发生变化且该变化因省级或行业建设主管部门发布的人工费调整文件所致时，发承包双方应按省级或行业建设主管部门或其授权的工程造价管理机构发布的人工成本文件调整合同价款。人工费调整时应以调整文件的时间为界限进行。

(3)材料、工程设备价格变化按照发包人提供的《承包人提供主要材料和工程设备一览表(适用于造价信息差额调整法)》，由发承包双方约定的风险范围按下列规定调整合同价款：

1)承包人投标报价中材料单价低于基准单价：施工期间材料单价涨幅以基准单价为基础，超过合同约定的风险幅度值，或材料单价跌幅以投标报价为基础超过合同约定的风险

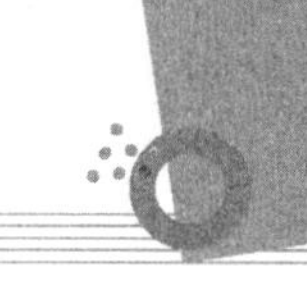

幅度值时，其超过部分按实调整。

2)承包人投标报价中材料单价高于基准单价：施工期间材料单价跌幅以基准单价为基础，超过合同约定的风险幅度值，或材料单价涨幅以投标报价为基础超过合同约定的风险幅度值时，其超过部分按实调整。

3)承包人投标报价中材料单价等于基准单价：施工期间材料单价涨、跌幅以基准单价为基础，超过合同约定的风险幅度值时，其超过部分按实调整。

4)承包人应在采购材料前将采购数量和新的材料单价报送发包人核对，确认用于本合同工程时，发包人应确认采购材料的数量和单价。发包人在收到承包人报送的确认资料后3个工作日不予答复的视为已经认可，即可作为调整合同价款的依据。如果承包人未报经发包人核对即自行采购材料，再报发包人确认调整合同价款的，如发包人不同意，则不做调整。

(4)施工机械台班单价或施工机械使用费发生变化超过省级或行业建设主管部门或其授权的工程造价管理机构规定的范围时，按其规定调整合同价款。

【例 6-3】 某工程项目合同中约定工程中所用钢材由承包人提供，所需品种见表6-4。在施工期间，采购的各品种钢筋的单价分别为Φ6：4 800元/t，Φ16：4 750元/t，Φ22：4 900元/t。试对合同约定的钢材单价进行调整。

表 6-4 承包人提供主要材料和工程设备一览表(适用于造价信息差额调整法)

工程名称： 某工程 标段： 第1页 共1页

序号	名称、规格、型号	单位	数量	风险系数/%	基准单价/元	投标单价/元	发承包人确认单价/元	备注
1	钢筋 Φ6	t	15	≤5	4 400	4 500	4 575	
2	钢筋 Φ16	t	38	≤5	4 600	4 550	4 550	
3	钢筋 Φ22	t	26	≤5	4 700	4 700	4 700	
4								

【解】 (1)钢筋Φ6：投标单价高于基准单价，现采购单价为4 800元/t，则以投标单价为基准的钢材涨幅为

$$(4\ 800-4\ 500)\div 4\ 500=6.67\%$$

由于涨幅已超过约定的风险系数，故应对单价进行调整：

$$4\ 500+4\ 500\times(6.67\%-5\%)=4\ 575(\text{元})$$

(2)钢筋Φ16：投标单价低于基准单价，现采购单价为4 750元/t，则以基准单价为基准的钢材涨幅为

$$(4\ 750-4\ 600)\div 4\ 600=3.26\%$$

由于涨幅未超过约定的风险系数，故不应对单价进行调整。

(3)钢筋Φ22：投标单价等于基准单价，现采购单价为4 900元/t，则以基准单价为基准的钢材涨幅为

$$(4\ 900-4\ 700)\div 4\ 700=4.26\%$$

由于涨幅未超过约定的风险系数，故不应对单价进行调整。

(二)暂估价

暂估价是指招标人在工程量清单中提供的用于支付必然发生但暂时不能确定价格的材料、工程设备的单价以及专业工程的金额。

1. 给定暂估价的材料、工程设备

(1)不属于依法必须招标的项目。发包人在招标工程量清单中给定暂估价的材料和工程设备不属于依法必须招标的，由承包人按照合同约定价格采购，经发包人确认后以此为依据取代暂估价，调整合同价款。

(2)属于依法必须招标的项目。发包人在招标工程量清单中给定暂估价的材料和工程设备属于依法必须招标的，由发承包双方以招标的方式选择供应商。依法确定中标价格后，以此为依据取代暂估价，调整合同价款。

2. 给定暂估价的专业工程

(1)不属于依法必须招标的项目。发包人在工程量清单中给定暂估价的专业工程不属于依法必须招标的，应按照前述工程变更事件的合同价款调整方法，确定专业工程价款。并以此为依据取代专业工程暂估价，调整合同价款。

(2)属于依法必须招标的项目。发包人在招标工程量清单中给定暂估价的专业工程，依法必须招标的，应当由发承包双方依法组织招标选择专业分包人，并接受有建设工程招标投标管理机构的监督。

1)除合同另有约定外，承包人不参加投标的专业工程，应由承包人作为招标人，但拟定的招标文件、评标方法、评标结果应报送发包人批准。与组织招标工作有关的费用应当被认为已经包括在承包人的签约合同价(投标总报价)中。

2)承包人参加投标的专业工程，应由发包人作为招标人，与组织招标工作有关的费用由发包人承担。同等条件下，应优先选择承包人中标。

3)由专业工程依法进行招标后，以中标价为依据取代专业工程暂估价，调整合同价款。

五、工程索赔类合同价款调整事项

(一)不可抗力

1. 不可抗力的范围

不可抗力是指合同双方在合同履行中出现的不能预见、不能避免且不能克服的客观情况。不可抗力的范围一般包括因战争、敌对行动(无论是否宣战)、入侵、外敌行为、军事政变、恐怖主义、骚动、暴动、空中飞行物坠落或其他非合同双方当事人责任或原因造成的罢工、停工、爆炸、火灾等，以及当地气象、地震、卫生等部门规定的情形。双方当事人应当在合同专用条款中明确约定不可抗力的范围以及具体的判断标准。

2. 不可抗力造成损失的承担

(1)费用损失的承担原则。因不可抗力事件导致的人员伤亡、财产损失及其费用增加，发、承包双方应按以下原则分别承担并调整合同价款和工期：

1)合同工程本身的损害、因工程损害导致第三方人员伤亡和财产损失以及运至施工场地用于施工的材料和待安装的设备的损害，由发包人承担；

2)发包人、承包人人员伤亡由其所在单位负责，并承担相应费用；

3)承包人的施工机械设备损坏及停工损失，由承包人承担；

4)停工期间，承包人应发包人要求留在施工场地的必要的管理人员及保卫人员的费用由发包人承担；

5)工程所需的清理、修复费用，由发包人承担；

(2)工期的处理。因发生不可抗力事件导致工期延误的，工期相应顺延。发包人要求赶工的，承包人应采取赶工措施，赶工费用应由发包人承担。

(二)提前竣工(赶工补偿)与误期赔偿

1. 提前竣工(赶工补偿)

《建设工程质量管理条例》第十条规定："建设工程发包单位不得迫使承包方以低于成本的价格竞标，不得任意压缩合理工期"。因此，为了保证工程质量，承包人除根据标准规范、施工图纸进行施工外，还应当按照科学合理的施工组织设计，按部就班地进行施工作业。

(1)赶工费用。招标人应依据相关工程的工期定额合理计算工期，压缩的工期天数不得超过定额工期的20%，若是超过，应在招标文件中明示增加赶工费用。

(2)提前竣工奖励。发包人要求合同工程提前竣工的，应征得承包人同意后与承包人商定采取加快工程进度的措施，并应修订合同工程进度计划。发包人应承担承包人由此增加的提前竣工(赶工补偿)费用。

发承包双方应在合同中约定提前竣工每日历天应补偿额度，此项费用应作为增加合同价款列入竣工结算文件中，应与结算款一并支付。

2. 误期赔偿

(1)承包人未按照合同约定施工，导致实际进度迟于计划进度的，承包人应加快进度，实现合同工期。

合同工程发生误期，承包人应赔偿发包人由此造成的损失，并应按照合同约定向发包人支付误期赔偿费。即使承包人支付误期赔偿费，也不能免除承包人按照合同约定应承担的任何责任和应履行的任何义务。

(2)发承包双方应在合同中约定误期赔偿费，并应明确每日历天应赔额度。误期赔偿费应列入竣工结算文件中，并应在结算款中扣除。

(3)在工程竣工之前，合同工程内的某单项(位)工程已通过了竣工验收，且该单项(位)工程接收证书中表明的竣工日期并未延误，而是合同工程的其他部分产生了工期延误时，误期赔偿费应按照已颁发工程接收证书的单项(位)工程造价占合同价款的比例幅度予以扣减。

(三)索赔

1. 索赔的概念与特征

索赔是当事人在合同实施过程中，根据法律、合同规定及惯例，对不应由自己承担责任的情况造成的损失，向合同的另一方当事人提出给予赔偿或补偿要求的行为。

建设工程索赔通常是指在工程合同履行过程中，合同当事人一方因非自身因素或对方不履行或未能正确履行合同而受到经济损失或权利损害时，通过一定的合法程序向对方提出经济或时间补偿的要求。索赔是一种正当的权利要求，它是发包方、监理工程师和承包方之间一项正常的、大量发生而且普遍存在的合同管理业务，是一种以法律和合同为依据的、合情合理的行为。

2. 索赔发生的原因

在现代承包工程中，特别是在国际承包工程中，索赔经常发生，而且索赔额很大。这主要是由以下几个方面原因造成的：

(1)**施工延期。**施工延期是指由于非承包商的各种原因而造成工程的进度推迟，施工不能按原计划时间进行。施工延期的原因有时是单一的，有时又是多种因素综合交错形成的。

施工延期的事件发生后，会给承包商造成两个方面的损失：一是时间方面的损失；二是经济方面的损失。因此，当出现施工延期的索赔事件时，往往在分清责任和损失补偿方面，合同双方易发生争端。常见的施工延期索赔多由于发包人未能及时提交施工场地，以及气候条件恶劣，如连降暴雨，使大部分的工程无法开展等。

(2)**合同变更。**对于工程项目实施过程来说，变更是客观存在的，只是这种变更必须是指在原合同工程范围内的变更，若属超出工程范围的变更，承包商有权予以拒绝。特别是当工程量变化超出招标时工程量清单的20%以上时，可能会导致承包商的施工现场人员不足，需另雇工人；也可能会导致承包商的施工机械设备失调，工程量的增加，往往要求承包商增加新型号的施工机械设备，或增加机械设备数量等。

(3)**合同中存在的矛盾和缺陷。**合同矛盾和缺陷常表现为合同文件规定不严谨，合同中有遗漏或错误，这些矛盾常反映为设计与施工规定相矛盾，技术规范和设计图纸不符合或相矛盾，以及一些商务和法律条款规定有缺陷等。

(4)**恶劣的现场自然条件。**恶劣的现场自然条件是一般有经验的承包商事先无法合理预料的，这需要承包商花费更多的时间和金钱去克服和除掉这些障碍与干扰。因此，承包商有权据此向发包人提出索赔要求。

(5)**参与工程建设主体的多元性。**由于工程参与单位多，一个工程项目往往会有发包人、总包商、监理工程师、分包商、指定分包商及材料设备供应商等众多参加单位，各方面的技术、经济关系错综复杂，相互联系又相互影响，只要有一方失误，不仅会造成自己的损失，而且会影响其他合作者，造成他人损失，从而导致索赔和争执。

3. 索赔的分类

索赔从不同的角度、按不同的方法和不同的标准，可以有多种分类方法，见表6-5。

表6-5 索赔的分类

分类标准	索赔类别	说明
按索赔的目的分类	工期索赔	由于非承包人责任的原因而导致施工进程延误，要求批准顺延合同工期的索赔，称为工期索赔。工期索赔形式上是对权利的要求，以避免在原定合同竣工日不能完工时，被发包人追究拖期违约责任。一旦获得批准合同工期顺延后，承包人不仅可免除承担拖期违约赔偿费的严重风险，而且还可能因提前工期得到奖励，最终仍反映在经济收益上
	费用索赔	费用索赔的目的是要求经济补偿。当施工的客观条件改变导致承包人增加开支，要求对超出计划成本的附加开支给予补偿，以挽回不应由他承担的经济损失
按索赔当事人分类	承包商与发包人间索赔	这类索赔大都是有关工程量计算、变更、工期、质量和价格方面的争议，也有中断或终止合同等其他违约行为的索赔
	承包商与分包商间索赔	其内容与前一种大致相似，但大多数是分包商向总承包商索要付款和赔偿及总承包商向分包商罚款或扣留支付款等
	承包商与供货商间索赔	其内容多系商贸方面的争议，如货品质量不符合技术要求、数量短缺、交货拖延及运输损坏等

续表

分类标准	索赔类别	说　明
按索赔的原因分类	工程延误索赔	因发包人未按合同要求提供施工条件，如未及时交付设计图纸、施工现场及道路等，或因发包人指令工程暂停或不可抗力事件等原因造成工期拖延的，承包商对此提出索赔
	工程范围变更索赔	工作范围的索赔是指发包人和承包商对合同中规定工作理解的不同而引起的索赔。其责任和损失不如延误索赔那么容易确定，如某分项工程所包含的详细工作内容和技术要求，施工要求很难在合同文件中用语言描述清楚，设计图纸也很难对每一个施工细节的要求都说得清清楚楚。另外，设计的错误和遗漏，或发包人和设计者主观意志的改变都会向承包商发布变更设计的命令。 工作范围的索赔很少能独立于其他类型的索赔，例如，工作范围的索赔通常导致延期索赔。如设计变更引起的工作量和技术要求的变化都可能被认为是工作范围的变化，为完成此变更可能增加时间，并影响原计划工作的执行，从而可能导致随之而来的延期索赔
	施工加速索赔	施工加速索赔经常是延期或工作范围索赔的结果，有时也被称为“赶工索赔”。而加速施工索赔与劳动生产率的降低关系极大，因此，又可称为劳动生产率损失索赔。 如果发包人要求承包商比合同规定的工期提前，或者因工程前段的承包商的工程拖期，要后一阶段工程的另一位承包商弥补已经损失的工期，使整个工程按期完工。这样，承包商可以因施工加速成本超过原计划的成本而提出索赔，其索赔的费用一般应考虑加班工资，雇用额外劳动力，采用额外设备，改变施工方法，提供额外监督管理人员和由于拥挤、干扰加班引起的疲劳所造成的劳动生产率损失等引起费用的增加。在国外的许多索赔案例中对劳动生产率损失通常数量很大，但一般不易被发包人接受。这就要求承包商在提交施工加速索赔报告中提供施工加速对劳动生产率的消极影响的证据
	不利现场条件索赔	不利的现场条件是指合同的图纸和技术规范中所描述的条件与实际情况有实质性的不同或虽合同中未做描述，是一个有经验的承包商无法预料的。一般是地下的水文地质条件，但也包括某些隐藏着的、不可知的地面条件。 不利现场条件索赔近似于工作范围索赔，然而又不大像大多数工作范围索赔。不利现场条件索赔应归咎于确实不易预知的某个事实。如现场的水文、地质条件在设计时全部弄得一清二楚几乎是不可能的，只能根据某些地质钻孔和土样试验资料来分析和判断。要对现场进行彻底全面的调查将会耗费大量的成本和时间，一般发包人不会这样做，承包商在短短投标报价的时间内更不可能做这种现场调查工作。这种不利现场条件的风险由发包人来承担是合理的
	合同内索赔	此种索赔是以合同条款为依据，在合同中有明文规定的索赔，如工期延误、工程变更、工程师提供的放线数据有误、发包人不按合同规定支付进度款等。这种索赔由于在合同中有明文规定，往往容易成功
	合同外索赔	此种索赔在合同文件中没有明确的叙述，但可以根据合同文件的某些内容合理推断出可以进行此类索赔，而且此索赔并不违反合同文件的其他任何内容。例如，在国际工程承包中，当地货币贬值可能给承包商造成损失，对于合同工期较短的，合同条件中可能没有规定如何处理。当由于发包人原因使工期拖延，而又出现汇率大幅度下跌时，承包商可以提出这方面的补偿要求
	道义索赔（又称额外支付）	道义索赔是指承包商在合同内或合同外都找不到可以索赔的合同依据或法律根据，因而没有提出索赔的条件和理由，但承包商认为自己有要求补偿的道义基础，而对其遭受的损失提出具有优惠性质的补偿要求，即道义索赔。道义索赔的主动权在发包人手中，发包人在下面四种情况下，可能会同意并接受这种索赔：第一，若另找其他承包商，费用会更大；第二，为了树立自己的形象；第三，出于对承包商的同情和信任；第四，谋求与承包商更理解或更长久的合作

续表

分类标准	索赔类别	说　　明
按索赔处理方式分类	单项索赔	单项索赔是针对某一干扰事件提出的，在影响原合同正常运行的干扰事件发生时，或发生后，由合同管理人员立即处理，并在合同规定的索赔有效期内向发包人或监理工程师提交索赔要求和报告。单项索赔通常原因单一，责任单一，分析起来相对容易，由于涉及的金额一般较小，双方容易达成协议，处理起来也比较简单。因此，合同双方应尽可能地用此种方式来处理索赔
	综合索赔	综合索赔又称一揽子索赔，一般在工程竣工前和工程移交前，承包商将工程实施过程中因各种原因未能及时解决的单项索赔集中起来进行综合考虑，提出一份综合索赔报告，由合同双方在工程交付前后进行最终谈判，以一揽子方案解决索赔问题。在合同实施过程中，有些单项索赔问题比较复杂，不能立即解决，为了不影响工程进度，经双方协商并同意后，留待以后解决。有的是发包人或监理工程师对索赔采用拖延办法，迟迟不作答复，使索赔谈判旷日持久。还有的是承包商因自身原因，未能及时采用单项索赔方式等，都有可能出现一揽子索赔。由于在一揽子索赔中许多干扰事件交织在一起，影响因素比较复杂，而且相互交叉，责任分析和索赔值计算都很困难，索赔涉及的金额往往又很大，双方都不愿或不容易做出让步，使索赔的谈判和处理都很困难。因此，综合索赔的成功率比单项索赔要低得多

4. 索赔的作用

索赔与工程施工合同同时存在，它主要有以下作用：

(1)索赔是合同和法律赋予正确履行合同者免受意外损失的权利，索赔是当事人一种保护自己、避免损失、增加利润和提高效益的重要手段。

(2)索赔是落实和调整合同双方经济责、权、利关系的手段，也是合同双方风险分担的又一次合理再分配，离开了索赔，合同责任就不能全面体现，合同双方的责、权、利关系就难以平衡。

(3)索赔是合同实施的保证。索赔是合同法律效力的具体体现，对合同双方形成约束条件，特别能对违约者起到警戒作用，违约方必须考虑违约后的后果，从而尽量减少其违约行为的发生。

(4)索赔对提高企业和工程项目管理水平起着重要的促进作用。我国承包商在许多项目上提不出或不能提出有效的索赔，与其企业管理松散混乱、计划实施不严、成本控制不力等有着直接关系；没有正确的工程进度网络计划就难以证明延误的发生及延误的天数；没有完整翔实的记录，就缺乏索赔定量要求的基础。

承包商应正确地、辩证地对待索赔问题。在任何工程中，索赔都是不可避免的，通过索赔能使损失得到补偿，增加收益。所以，承包商要保护自身利益，争取营利，就不能不重视索赔问题。

5. 费用索赔的计算

(1)**索赔费用的组成。**对于不同原因引起的索赔，承包人可索赔的具体费用内容是不完全一样的。但归纳起来，索赔费用的要素与工程造价的构成基本类似，一般可归结为**人工费、材料费、施工机具使用费、分包费、施工管理费、利息、利润、保险费等。**

1)人工费。人工费的索赔包括：由于完成合同之外的额外工作所花费的人工费用；超过法定工作时间加班劳动；法定人工费增长；因非承包商原因导致工效降低所增加的人工费用；因非承包商原因导致工程停工的人员窝工费和工资上涨费等。在计算停工损失中人工费时，通常采取人工单价乘以折算系数计算。

2)材料费。材料费的索赔包括：由于索赔事件的发生造成材料实际用量超过计划用量而增加的材料费；由于发包人原因导致工程延期期间的材料价格上涨和超期储存费用。材料费中应包括运输费、仓储费以及合理的损耗费用。如果由于承包商管理不善，造成材料损坏失效，则不能列入索赔款项内。

3)施工机具使用费。其主要内容为施工机械使用费。施工机械使用费的索赔包括：由于完成合同之外的额外工作所增加的机械使用费；非因承包人原因导致工效降低所增加的机械使用费；由于发包人或工程师指令错误或迟延导致机械停工的台班停滞费。在计算机械设备台班停滞费时，不能按机械设备台班费计算，因为台班费中包括设备使用费。如果机械设备是承包人自有设备，一般按台班折旧费、人工费与其他费之和计算；如果是承包人租赁的设备，一般按台班租金加上每台班分摊的施工机械进出场费计算。

4)现场管理费。现场管理费的索赔包括承包人完成合同之外的额外工作，以及由于发包人原因导致工期延期期间的现场管理费，包括管理人员工资、办公费、通信费、交通费等。现场管理费索赔金额的计算公式为

$$现场管理费索赔金额=索赔的直接成本费用\times现场管理费费率 \tag{6-6}$$

其中，现场管理费费率的确定可以选用下面的方法：合同百分比法，即管理费比率在合同中规定；行业平均水平法，即采用公开认可的行业标准费率；原始估价法，即采用投标报价时确定的费率；历史数据法，即采用以往相似工程的管理费费率。

5)总部(企业)管理费。总部管理费的索赔主要指的是由于发包人原因导致工程延期期间所增加的承包人向公司总部提交的管理费，包括总部职工工资、办公大楼折旧、办公用品、财务管理、通信设施以及总部领导人员赴工地检查指导工作等开支。总部管理费索赔金额的计算，目前还没有统一的方法。通常可采用以下几种方法：

①按总部管理费的比率计算，其计算公式为

$$总部管理费索赔金额=(直接费索赔金额+现场管理费索赔金额)\times总部管理费比率(\%) \tag{6-7}$$

其中，总部管理费的比率可以按照投标书中的总部管理费比率计算(一般为3%～8%)，也可以按照承包人公司总部统一规定的管理费比率计算。

②按已获补偿的工程延期天数为基础计算。该公式是在承包人已经获得工程延期索赔的批准后，进一步获得总部管理费索赔的计算方法，其计算步骤如下：

a. 计算被延期工程应当分摊的总部管理费的计算公式为

$$延期工程应分摊的总部管理费=同期公司计划总部管理费\times\frac{延期工程合同价格}{同期公司所有工程合同总价} \tag{6-8}$$

b. 计算被延期工程的日平均总部管理费的计算公式为

$$延期工程的日平均总部管理费=\frac{延期工程应分摊的总部管理费}{延期工程计划工期} \tag{6-9}$$

$$索赔的总部管理费=延期工程的日平均总部管理费\times工程延期的天数 \tag{6-10}$$

6)保险费。因发包人原因导致工程延期时，承包人必须办理工程保险、施工人员意外伤害保险等各项保险的延期手续，对于由此而增加的费用，承包人可以提出索赔。

7)保函手续费。因发包人原因导致工程延期时，承包人必须办理相关履约保函的延期手续，对于由此而增加的手续费，承包人可以提出索赔。

8)利息。利息的索赔包括：发包人拖延支付工程款利息；发包人迟延退还工程质量保证金的利息；承包人垫资施工的垫资利息；发包人错误扣款的利息等。至于具体的利率标准，双方可以在合同中明确约定，没有约定或约定不明确的，可以按照中国人民银行发布的同期同类贷款利率计算。

9)利润。一般来说，由于工程范围的变更、发包人提供的文件有缺陷或错误、发包人未能提供施工场地以及因发包人违约导致的合同终止等事件引起的索赔，承包人都可以列入利润。比较特殊的是，根据《标准施工招标文件》(2010年版)通用合同条款第11.3款的规定，对于因发包人原因暂停施工导致的工期延误，承包人有权要求发包人延长工期和(或)增加费用，并支付合理的利润。索赔利润的计算通常是与原报价单中的利润百分率保持一致。但是应当注意的是，由于工程量清单中的单价是综合单价，已经包含了人工费、材料费、施工机具使用费、企业管理费、利润以及一定范围内的风险费用，在索赔计算中不应重复计算。

同时，由于一些引起索赔的事件，同时，也可能是合同中约定的合同价款调整因素(如工程变更、法律法规的变化以及物价波动等)，因此，对于已经进行了合同价款调整的索赔事件，承包人在费用索赔的计算时，不能重复计算。

10)分包费用。由于发包人的原因导致分包工程费用增加时，分包人只能向总承包人提出索赔，但分包人的索赔款项应当列入总承包人对发包人的索赔款项中。分包费用索赔是指分包人的索赔费用，一般也包括与上述费用类似的内容索赔。

(2)**费用索赔的计算方法。**索赔费用的计算应以赔偿实际损失为原则，包括直接损失和间接损失。**索赔费用的计算方法通常有实际费用法、总费用法和修正的总费用法三种。**

1)实际费用法。实际费用法又称为分项法，即根据索赔事件所造成的损失或成本增加，按费用项目逐项进行分析、计算索赔金额的方法。这种方法比较复杂，但能客观地反映施工单位的实际损失，比较合理，易于被当事人接受，在国际工程中被广泛采用。

由于索赔费用组成的多样化，不同原因引起的索赔，承包人可索赔的具体费用内容有所不同，必须具体问题具体分析。由于实际费用法所依据的是实际发生的成本记录或单据，因此，在施工过程中，系统而准确地积累记录资料是非常重要的。

2)总费用法。总费用法也称为总成本法，就是当发生多次索赔事件后，重新计算工程的实际总费用，再从该实际总费用中减去投标报价时的估算总费用，即为索赔金额。总费用法计算索赔金额的公式如下：

$$索赔金额=实际总费用-投标报价估算总费用 \tag{6-11}$$

但是，在总费用法的计算方法中，没有考虑实际总费用中可能包括由于承包商的原因(如施工组织不善)而增加的费用，投标报价估算总费用也可能由于承包人为谋取中标而导致过低的报价，因此，总费用法并不十分科学。只有在难于精确地确定某些索赔事件导致的各项费用增加额时，总费用法才得以采用。

3)修正的总费用法。修正的总费用法是对总费用法的改进，即在总费用计算的原则上，去掉一些不合理的因素，使其更为合理。修正的内容如下：

①将计算索赔款的时段局限于受到索赔事件影响的时间，而不是整个施工期；

②只计算受到索赔事件影响时段内的某项工作所受影响的损失，而不是计算该时段内

所有施工工作所受的损失；

③与该项工作无关的费用不列入总费用中；

④对投标报价费用重新进行核算，即按受影响时段内该项工作的实际单价进行核算，乘以实际完成的该项工作的工程量，得出调整后的报价费用。

按修正后的总费用计算索赔金额的公式如下：

$$索赔金额=某项工作调整后的实际总费用-该项工作的报价费用 \tag{6-12}$$

修正的总费用法与总费用法相比，有了实质性的改进，它的准确程度已接近于实际费用法。

【例 6-4】 某施工合同约定，施工现场主导施工机械一台，由施工企业租得，台班单价为 300 元/台班，租赁费为 100 元/台班，人工工资为 40 元/工日，窝工补贴为 10 元/工日，以人工费为基数的综合费费率为 35%，在施工过程中，发生了如下事件：

1)出现异常恶劣天气导致工程停工 2 天，人员窝工 30 个工日；

2)因恶劣天气导致场外道路中断抢修道路用工 20 工日；

3)场外大面积停电，停工 2 天，人员窝工 10 工日。

为此，施工企业可向业主索赔费用为多少?

【解】 各事件处理结果如下：

1)异常恶劣天气导致的停工通常不能进行费用索赔。

2)抢修道路用工的索赔额=20×40×(1+35%)=1 080(元)

3)停电导致的索赔额=2×100+10×10=300(元)

总索赔费用=1 080+300=1 380(元)

(3)**工期索赔的计算方法。**

1)**直接法。**如果某干扰事件直接发生在关键线路上，造成总工期的延误，可以直接将该干扰事件的实际干扰时间(延误时间)作为工期索赔值。

2)**比例计算法。**如果某干扰事件仅仅影响某单项工程、单位工程或分部分项工程的工期，要分析其对总工期的影响，可以采用比例计算法。

①已知受干扰部分工程的延期时间。

$$工期索赔值=受干扰部分工期拖延时间\times\frac{受干扰部分工程的合同价格}{原合同总价} \tag{6-13}$$

②已知额外增加工程量的价格。

$$工期索赔值=原合同总工期\times\frac{额外增加的工程量的价格}{原合同总价} \tag{6-14}$$

比例计算法虽然简单方便，但有时不符合实际情况，而且比例计算法不适用于变更施工顺序、加速施工、删减工程量等事件的索赔。

3)**网络图分析法。**网络图分析法是利用进度计划的网络图，分析其关键线路。如果延误的工作为关键工作，则延误的时间为索赔的工期；如果延误的工作为非关键工作，当该工作由于延误超过时差限制而成为关键工作时，可以索赔延误时间与时差的差值；若该工作延误后仍为非关键工作，则不存在工期索赔问题。

该方法通过分析干扰事件发生前和发生后网络计划的计算工期之差来计算工期索赔值，可以用于各种干扰事件和多种干扰事件共同作用所引起的工期索赔。

(4)**共同延误的处理。**在实际施工过程中，工期拖期很少是只由一方造成的，往往是多种原因同时发生(或相互作用)而形成的，故称为“共同延误”。在这种情况下，要具体分析哪一种情况延误是有效的，应依据以下原则：

1)首先判断造成拖期的哪一种原因是最先发生的，即确定“初始延误”者，它应对工程拖期负责。在初始延误发生作用期间，其他并发的延误者不承担拖期责任。

2)如果初始延误者是发包人原因，则在发包人原因造成的延误期内，承包人既可得到工期延长，又可得到经济补偿。

3)如果初始延误者是客观原因，则在客观因素发生影响的延误期内，承包人可以得到工期延长，但很难得到费用补偿。

4)如果初始延误者是承包人原因，则在承包人原因造成的延误期内，承包人既不能得到工期补偿，也不能得到费用补偿。

其他类合同价款调整事项

第三节　工程计量与合同价款结算

一、工程计量

(一)工程计量的原则和范围

1. 工程计量的概念

所谓工程计量，就是发承包双方根据合同约定，对承包人完成合同工程的数量进行的计算和确认。具体地说，就是双方根据设计图纸、技术规范以及施工合同约定的计量方式和计算方法，对承包人已经完成的质量合格的工程实体数量进行测量与计算，并以物理计量单位或自然计量单位进行标识、确认的过程。

招标工程量清单中所列的数量，通常是根据设计图纸计算的数量，是对合同工程的估计工程量。工程施工过程中，通常会由于一些原因导致承包人实际完成工程量与工程量清单中所列工程量的不一致，例如，招标工程量清单缺项或项目特征描述与实际不符；工程变更；现场施工条件的变化；现场签证；暂估价中的专业工程发包等。因此，在工程合同价款结算前，必须对承包人履行合同义务所完成的实际工程进行准确的计量。

2. 工程计量的原则

(1)**不符合合同文件要求的工程不予计量。**即工程必须满足设计图纸、技术规范等合同文件对其在工程质量上的要求，同时有关的工程质量验收资料齐全、手续完备，满足合同文件对其在工程管理上的要求。

(2)**按合同文件所规定的方法、范围、内容和单位计量。**工程计量的方法、范围、内容和单位受合同文件所约束，其中，工程量清单(说明)、技术规范、合同条款均会从不同角度、不同侧面涉及这方面的内容。在计量中要严格遵循这些文件的规定，并且一定要结合起来使用。

(3)**因承包人原因造成的超出合同工程范围施工或返工的工程量，发包人不予计量。**

3. 工程计量的范围与依据

(1)**工程计量的范围。**工程计量的范围包括工程量清单及工程变更所修订的工程量清单的内容；合同文件中规定的各种费用支付项目，如费用索赔、各种预付款、价格调整、违约金等。

(2)**工程计量的依据。**工程计量的依据包括工程量清单及说明、合同图纸、工程变更令及其修订的工程量清单、合同条件、技术规范、有关计量的补充协议、质量合格证书等。

(二)工程计量的方法

工程量必须按照相关工程现行国家工程量计算规范规定的工程量计算规则计算。工程计量可选择按月或按工程形象进度分段计量，具体计量周期在合同中约定。因承包人原因造成的超出合同工程范围施工或返工的工程量，发包人不予计量。通常区分单价合同和总价合同规定不同的计量方法，成本加酬金合同按照单价合同的计量规定进行计量。

1. 单价合同计量

单价合同工程量必须以承包人完成合同工程应予计量的按照“13 计量规范”定的工程量计算规则计算得到的工程量确定。施工中工程计量时，若发现招标工程量清单中出现缺项、工程量偏差，或因工程变更引起工程量的增减，应按承包人在履行合同义务中完成的工程量计算。

2. 总价合同计量

采用工程量清单方式招标形成的总价合同，工程量应按照与单价合同相同的方式计算。采用经审定批准的施工图纸及其预算方式发包形成的总价合同，除按照工程变更规定引起的工程量增减外，总价合同各项目的工程量是承包人用于结算的最终工程量。总价合同约定的项目计量应以合同工程经审定批准的施工图纸为依据，发承包双方应在合同中约定工程计量的形象目标或时间节点进行计量。

二、预付款及期中支付

(一)预付款

工程预付款是由发包人按照合同约定，在正式开工前由发包人预先支付给承包人，用于购买工程施工所需的材料和组织施工机械与人员进场的价款。

1. 预付款的支付

时工程预付款额度的规定，各地区、各部门不完全相同，主要是保证施工所需材料和构件的正常储备。工程预付款额度一般是根据施工工期、建安工作量、主要材料和构件费用占建安工程费的比例以及材料储备周期等因素经测算来确定。

(1)百分比法。发包人根据工程的特点、工期长短、市场行情、供求规律等因素，招标时在合同条件中约定工程预付款的百分比。包工包料工程的预付款的支付比例不得低于签约合同价(扣除暂列金额)的 10%，不宜高于签约合同价(扣除暂列金额)的 30%。

(2)公式计算法。公式计算法是根据主要材料(含结构件等)占年度承包工程总价的比重，材料储备定额天数和年度施工天数等因素，通过公式计算预付款额度的一种方法。其计算公式为

$$\text{工程预付款数额}=\frac{\text{年度工程总价}\times\text{材料比例}(\%)}{\text{年度施工天数}}\times\text{材料储备定额天数} \tag{6-15}$$

式中，年度施工天数按 365 天日历天计算；材料储备定额天数由当地材料供应的在途天数、加工天数、整理天数、供应间隔天数、保险天数等因素决定。

2. 预付款的扣回

发包人支付给承包人的工程预付款属于预支性质，随着工程的逐步实施后，原已支付的预付款应以充抵工程价款的方式陆续扣回，抵扣方式应当由双方当事人在合同中明确约定。扣款的方法主要有以下两种：

(1)**按合同约定扣款。**预付款的扣款方法由发包人和承包人通过洽商后在合同中予以确定，一般是在承包人完成金额累计达到合同总价的一定比例后，由承包人开始向发包人还款，发包人从每次应付给承包人的金额中扣回工程预付款，发包人至少在合同规定的完工期前将工程预付款的总金额逐次扣回。**国际工程中的扣款方法一般为：当工程进度款累计金额超过合同价格的10%～20%时开始起扣，每月从进度款中按一定比例扣回。**

(2)**起扣点计算法。**从未施工工程尚需的主要材料及构件的价值相当于工程预付款数额时起扣，此后每次结算工程价款时，按材料所占比重扣减工程价款，至工程竣工前全部扣清。起扣点的计算公式为

$$T=P-\frac{M}{N} \tag{6-16}$$

式中 T——起扣点(即工程预付款开始扣回时)的累计完成工程金额；

P——承包工程合同总额；

M——工程预付款总额；

N——主要材料及构件所占比重。

该方法对承包人比较有利，最大限度地占用了发包人的流动资金。但是，不利于发包人资金使用。

3. 预付款担保

(1)**预付款担保的概念及作用。**预付款担保是指承包人与发包人签订合同后领取预付款前，承包人正确、合理使用发包人支付的预付款而提供的担保。其主要作用是保证承包人能够按合同规定的目的使用并及时偿还发包人已支付的全部预付金额。如果承包人中途毁约，中止工程，使发包人不能在规定期限内从应付工程款中扣除全部预付款，则发包人有权从该项担保金额中获得补偿。

(2)**预付款担保的形式。**预付款担保的主要形式为银行保函。预付款担保的担保金额通常与发包人的预付款是等值的。预付款一般逐月从工程进度款中扣除，预付款担保的担保金额也相应逐月减少。承包人的预付款保函的担保金额根据预付款扣回的数额相应扣减，但在预付款全部扣回之前一直保持有效。

预付款担保也可以采用发承包双方约定的其他形式，如由担保公司提供担保，或采取抵押等担保形式。

4. 安全文明施工费

发包人应在工程开工后的28天内预付不低于当年施工进度计划的安全文明施工费总额的60%，其余部分按照提前安排的原则进行分解，与进度款同期支付。

发包人没有按时支付安全文明施工费的，承包人可催告发包人支付；发包人在付款期满后的7天内仍未支付的，若发生安全事故，发包人应承担连带责任。

(二)期中支付

合同价款的期中支付，是指发包人在合同工程施工过程中，按照合同约定对付款周期

内承包人完成的合同价款给予支付的款项，也就是工程进度款的结算支付。发承包双方应按照合同约定的时间、程序和方法，根据工程计量结果，办理期中价款结算，支付进度款。进度款支付周期，应与合同约定的工程计量周期一致。

1. 期中支付价款的计算

(1)**已完工程的结算价款。**已标价工程量清单中的单价项目，承包人应按工程计量确认的工程量与综合单价计算。如综合单价发生调整的，以发承包双方确认调整的综合单价计算进度款。

已标价工程量清单中的总价项目，承包人应按合同中约定的进度款支付分解，分别列入进度款支付申请中的安全文明施工费和本周期应支付的总价项目的金额中。

(2)**结算价款的调整。**承包人现场签证和得到发包人确认的索赔金额列入本周期应增加的金额中。由发包人提供的材料、工程设备金额，应按照发包人签约提供的单价和数量从进度款支付中扣出，列入本周期应扣减的金额中。

(3)**进度款的支付比例。**进度款的支付比例按照合同约定，按期中结算价款总额计，不得低于60%，不得高于90%。

2. 期中支付的文件

(1)**进度款支付申请。**承包人应在每个计量周期到期后向发包人提交已完工程进度款支付申请一式四份，详细说明此周期认为有权得到的款额，包括分包人已完工程的价款。支付申请包括以下内容：

1)累计已完成的合同价款。

2)累计已实际支付的合同价款。

3)本周期合计完成的合同价款，其中包括：本周期已完成单价项目的金额；本周期应支付的总价项目的金额；本周期已完成的计日工价款；本周期应支付的安全文明施工费；本周期应增加的金额。

4)本周期合计应扣减的金额，其中包括：本周期应扣回的预付款；本周期应扣减的金额。

5)本周期实际应支付的合同价款。

(2)**进度款支付证书。**发包人应在收到承包人进度款支付申请后，根据计量结果和合同约定对申请内容予以核实，确认后向承包人出具进度款支付证书。若发承包双方对有的清单项目的计量结果出现争议，发包人应对无争议部分的工程计量结果向承包人出具进度款支付证书。

(3)**支付证书的修正。**发现已签发的任何支付证书有错、漏或重复的数额，发包人有权予以修正，承包人也有权提出修正申请。经发、承包双方复核同意修正的，应在本次到期的进度款中支付或扣除。

三、竣工结算

工程竣工结算是指工程项目完工并经竣工验收合格后，发承包双方按照施工合同的约定对所完成的工程项目进行的合同价款的计算、调整和确认。工程竣工结算分为单位工程竣工结算、单项工程竣工结算和建设项目竣工总结算，其中，单位工程竣工结算和单项工程竣工结算也可看作是分阶段结算。

(一)工程竣工结算的编制和审核

单位工程竣工结算由承包人编制，发包人审查；实行总承包的工程，由具体承包人编制，在总包人审查的基础上，发包人审查。单项工程竣工结算或建设项目竣工总结算由总(承)包人编制，发包人可直接进行审查，也可以委托具有相应资质的工程造价咨询机构进行审查。政府投资项目，由同级财政部门审查。单项工程竣工结算或建设项目竣工总结算经发承包人签字盖章后有效。承包人应在合同约定期限内完成项目竣工结算编制工作，未在规定期限内完成的并且提不出正当理由延期的，责任自负。

1. 竣工结算的编制

(1)**工程竣工结算的编制依据。**工程竣工结算由承包人或受其委托具有相应资质的工程造价咨询人编制，由发包人或受其委托具有相应资质的工程造价咨询人核对。工程竣工结算编制的主要依据如下：

1)"13 计价规范"；

2)工程合同；

3)发承包双方实施过程中已确认的工程量及其结算的合同价款；

4)发承包双方实施过程中已确认调整后追加(减)的合同价款；

5)建设工程设计文件及相关资料；

6)投标文件；

7)其他依据。

投标报价前期准备工作

(2)**工程竣工结算的计价原则。**在采用工程量清单计价的方式下，工程竣工结算的编制应当规定的计价原则如下：

1)分部分项工程和措施项目中的单价项目应依据双方确认的工程量与已标价工程量清单的综合单价计算；如发生调整的，以发承包双方确认调整的综合单价计算。

2)措施项目中的总价项目应依据合同约定的项目和金额计算；如发生调整的，以发承包双方确认调整的金额计算，其中，安全文明施工费必须按照国家或省级、行业建设主管部门的规定计算。

3)其他项目应按下列规定计价：

①计日工应按发包人实际签证确认的事项计算；

②暂估价应按照"13 计价规范"的相关规定计算；

③总承包服务费应依据合同约定金额计算，如发生调整的，以发承包双方确认调整的金额计算；

④施工索赔费用应依据发承包双方确认的索赔事项和金额计算；

⑤现场签证费用应依据发承包双方签证资料确认的金额计算；

⑥暂列金额应减去工程价款调整(包括索赔、现场签证)金额计算，如有余额则归发包人所有。

4)规费和税金应按照国家或省级、行业建设主管部门的规定计算。规费中的工程排污费应按工程所在地环境保护部门规定标准缴纳后按实列入。

另外，发承包双方在合同工程实施过程中已经确认的工程计量结果和合同价款，在竣工结算办理中应直接进入结算。

采用总价合同的，应在合同总价基础上，对合同约定能调整的内容及超过合同约定范围的风险因素进行调整；采用单价合同的，在合同约定风险范围内的综合单价应固定不变，并应按合同约定进行计量，且应按实际完成的工程量进行计量。

2. 竣工结算的审核

(1)国有资金投资建设工程的发包人，应当委托具有相应资质的工程造价咨询企业对竣工结算文件进行审核，并在收到竣工结算文件后的约定期限内向承包人提出由工程造价咨询企业出具的竣工结算文件审核意见。逾期未答复的，按照合同约定处理，若合同没有约定的，竣工结算文件视为已被认可。

(2)非国有资金投资的建筑工程发包人，应当在收到竣工结算文件后的约定期限内予以答复，逾期未答复的，按照合同约定处理，若合同没有约定的，竣工结算文件视为已被认可；发包人对竣工结算文件有异议的，应当在答复期内向承包人提出，并可以在提出异议之日起的约定期限内与承包人协商；发包人在协商期内未与承包人协商或者经协商未能与承包人达成协议的，应当委托工程造价咨询企业进行竣工结算审核，并在协商期满后的约定期限内向承包人提出由工程造价咨询企业出具的竣工结算文件审核意见。

(3)发包人委托工程造价咨询机构核对竣工结算的，工程造价咨询机构应在规定期限内核对完毕，核对结论与承包人竣工结算文件不一致的，应提交给承包人复核，承包人应在规定期限内将同意核对结论或不同意见的说明提交工程造价咨询机构。工程造价咨询机构收到承包人提出的异议后，应再次复核。复核无异议的，发承包双方应在规定期限内在竣工结算文件上签字确认，竣工结算办理完毕；复核后仍有异议的，对于无异议部分办理不完全竣工结算，有异议部分由发承包双方协商解决，协商不成的，按照合同约定的争议解决方式处理。

承包人逾期未提出书面异议的，视为工程造价咨询机构核对的竣工结算文件已经承包人认可。

(4)接受委托的工程造价咨询机构从事竣工结算审核工作通常应包括下列三个阶段：

1)**准备阶段。**准备阶段包括收集、整理竣工结算审核项目的审核依据资料，做好送审资料的交验、核实、签收工作，并应对资料的缺陷向委托方提出书面意见及要求。

2)**审核阶段。**审核阶段包括现场踏勘核实，召开审核会议，澄清问题，提出补充依据性资料和必要的弥补性措施，形成会商纪要，进行计量、计价审核与确定工作，完成初步审核报告。

3)**审定阶段。**审定阶段包括就竣工结算审核意见与承包人和发包人进行沟通，召开协调会议，处理分歧事项，形成竣工结算审核成果文件，签认竣工结算审定签署表，提交竣工结算审核报告等工作。

(5)竣工结算审核的成果文件应包括竣工结算审核书封面、签署页、竣工结算审核报告、竣工结算审定签署表、竣工结算审核汇总对比表、单项工程竣工结算审核汇总对比表、单位工程竣工结算审核汇总对比表等。

(6)竣工结算审核应采用全面审核法，除委托咨询合同另有约定外，不得采用重点审核法、抽样审核法或类比审核法等其他方法。

3. 质量争议工程的竣工结算

发包人对工程质量有异议，拒绝办理工程竣工结算的按下列方式办理：

(1)已经竣工验收或已竣工未验收但实际投入使用的工程，其质量争议按该工程保修合同执行，竣工结算按合同约定办理；

(2)已经竣工却未验收，且未实际投入使用的工程以及停工、停建工程的质量争议，双方应就有争议的部分委托有资质的检测鉴定机构进行检测，根据检测结果确定解决方案，或按工程质量监督机构的处理决定执行后办理竣工结算，无争议部分的竣工结算按合同约定办理。

(二)竣工结算款的支付

工程竣工结算文件经发承包双方签字确认的，应当作为工程结算的依据，未经对方同意，另一方不得就已生效的竣工结算文件委托工程造价咨询企业重复审核。发包人应当按照竣工结算文件及时支付竣工结算款。竣工结算文件应当由发包人报工程所在地县级以上地方人民政府住房城乡建设主管部门备案。

(1)**承包人提交竣工结算款支付申请。**承包人应根据办理的竣工结算文件，向发包人提交竣工结算款支付申请。该申请应包括下列内容：

1)竣工结算合同价款总额；

2)累计已实际支付的合同价款；

3)应扣留的质量保证金；

4)实际应支付的竣工结算款金额。

(2)**发包人签发竣工结算支付证书。**发包人应在收到承包人提交竣工结算款支付申请后规定时间内予以核实，向承包人签发竣工结算支付证书。

(3)**支付竣工结算款。**发包人签发竣工结算支付证书后的规定时间内，按照竣工结算支付证书列明的金额向承包人支付结算款。

发包人在收到承包人提交的竣工结算款支付申请后规定时间内不予核实，不向承包人签发竣工结算支付证书的，视为承包人的竣工结算款支付申请已被发包人认可；发包人应在收到承包人提交的竣工结算款支付申请规定时间内，按照承包人提交的竣工结算款支付申请列明的金额向承包人支付结算款。

发包人未按照规定的程序支付竣工结算款的，承包人可催告发包人支付，并有权获得延迟支付的利息。发包人在竣工结算支付证书签发后或者在收到承包人提交的竣工结算款支付申请规定时间内仍未支付的，除法律另有规定外，承包人可与发包人协商将该工程折价，也可直接向人民法院申请将该工程依法拍卖。承包人就该工程折价或拍卖的价款优先受偿。

(三)合同解除的价款结算与支付

发、承包双方协商一致解除合同的，按照达成的协议办理结算和支付合同价款。

1. 不可抗力解除合同

由于不可抗力解除合同的，发包人除应向承包人支付合同解除之日前已完成工程，但尚未支付的合同价款，还应支付下列金额：

(1)合同中约定应由发包人承担的费用。

(2)已实施或部分实施的措施项目应付价款。

(3)承包人为合同工程合理订购且已交付的材料和工程设备货款。发包人一经支付此项货款，该材料和工程设备即成为发包人的财产。

(4)承包人撤离现场所需的合理费用，包括员工遣送费和临时工程拆除、施工设备运离现场的费用。

(5)承包人为完成合同工程而预期开支的任何合理费用，且该项费用未包括在本款其他各项支付之内。

发承包双方办理结算合同价款时，应扣除合同解除之日前发包人应向承包人收回的价款。当发包人应扣除的金额超过了应支付的金额，则承包人应在合同解除后的56天内将其差额退还给发包人。

2. 违约解除合同

(1)承包人违约。因承包人违约解除合同的，发包人应暂停向承包人支付任何价款。发包人应在合同解除后规定时间内核实合同解除时承包人已完成的全部合同价款，以及按施工进度计划已运至现场的材料和工程设备货款，按合同约定核算承包人应支付的违约金以及造成损失的索赔金额，并将结果通知承包人。发承包双方应在规定时间内予以确认或提出意见，并办理结算合同价款。如果发包人应扣除的金额超过了应支付的金额，则承包人应在合同解除后的规定时间内将其差额退还给发包人。发承包双方不能就解除合同后的结算达成一致的，按照合同约定的争议解决方式处理。

(2)因发包人违约解除合同的，发包人除应按照有关不可抗力解除合同的规定向承包人支付各项价款外，还需按合同约定核算发包人应支付的违约金，以及给承包人造成损失或损害的索赔金额费用。该笔费用由承包人提出，发包人核实后与承包人协商确定后的规定时间内向承包人签发支付证书。协商不能达成一致的，按照合同约定的争议解决方式处理。

四、最终结清

所谓最终结清，是指合同约定的缺陷责任期终止后，承包人已按合同规定完成全部剩余工作且质量合格的，发包人与承包人结清全部剩余款项的活动。

1. 最终结清申请单

缺陷责任期终止后，承包人已按合同规定完成全部剩余工作且质量合格的，发包人签发缺陷责任期终止证书，承包人可按合同约定的份数和期限向发包人提交最终结清申请单，并提供相关证明材料，详细说明承包人根据合同规定已经完成的全部工程价款金额以及承包人认为根据合同规定应进一步支付的其他款项。发包人对最终结清申请单内容有异议的，有权要求承包人进行修正和提供补充资料，由承包人向发包人提交修正后的最终结清申请单。

2. 最终支付证书

发包人收到承包人提交的最终结清申请单后在规定时间内予以核实，向承包人签发最终支付证书。发包人未在约定时间内核实，又未提出具体意见的，视为承包人提交的最终结清申请单已被发包人认可。

3. 最终结清付款

发包人应在签发最终结清支付证书后的规定时间内，按照最终结清支付证书列明的金额向承包人支付最终结清款。承包人按合同约定接受了竣工结算支付证书后，应被认为已无权再提出在合同工程接收证书颁发前所发生的任何索赔。承包人在提交的最终结清申请中，只限于提出工程接收证书颁发后发生的索赔。提出索赔的期限自接受最终支付证书时终止。发包人未按期支付的，承包人可催告发包人在合理的期限内支付，并有权获得延迟支付的利息。

最终结清时，如果承包人被扣留的质量保证金不足以抵减发包人工程缺陷修复费用的，承包人应承担不足部分的补偿责任。

最终结清付款涉及政府投资资金的，按照国库集中支付等国家相关规定和专用合同条款的约定办理。

承包人对发包人支付的最终结清款有异议的，按照合同约定的争议解决方式处理。

五、合同价款纠纷的处理

建设工程合同价款纠纷，是指发承包双方在建设工程合同价款的约定和调整，以及结算等过程中所发生的争议。按照争议合同的类型不同，可以将工程合同价款纠纷分为总价合同价款纠纷、单价合同价款纠纷以及成本加酬金合同价款纠纷；按照纠纷发生的阶段不同，可以分为合同价款约定纠纷、合同价款调整纠纷和合同价款结算纠纷；按照纠纷的成因不同，可以分为合同无效的价款纠纷、工期延误的价款纠纷、质量争议的价款纠纷以及工程索赔的价款纠纷。

建设工程合同价款纠纷的解决途径主要有**和解**、**调解**、**仲裁**和**诉讼**四种。建设工程合同发生纠纷后，当事人可以通过和解或者调解解决合同争议。当事人不愿和解、调解或者和解、调解不成的，可以根据仲裁协议向仲裁机构申请仲裁。当事人没有订立仲裁协议或者仲裁协议无效的，可以向人民法院起诉。当事人应当履行发生法律效力的法院判决或裁定、仲裁裁决、法院或仲裁调解书；拒不履行的，对方当事人可以请求人民法院执行。

合同价款纠纷处理原则

1. **和解**

和解是指当事人在自愿互谅的基础上，就已经发生的争议进行协商并达成协议，自行解决争议的一种方式。发生合同争议时，当事人应首先考虑通过和解解决争议。合同争议和解解决方式简便易行，能经济、及时地解决纠纷，同时有利于维护合同双方的友好合作关系，使合同能更好地得到履行。根据“13计价规范”的规定，双方可通过以下方式进行和解：

(1)**协商和解。**合同价款争议发生后，发承包双方任何时候都可以进行协商。协商达成一致的，双方应签订书面和解协议，和解协议对发承包双方均有约束力。如果协商不能达成一致协议，发包人或承包人都可以按合同约定的其他方式解决争议。

(2)**监理或造价工程师暂定。**若发包人和承包人之间就工程质量、进度、价款支付与扣除、工期延期、索赔、价款调整等发生任何法律上、经济上或技术上的争议，首先应根据已签约合同的规定，提交合同约定职责范围内的总监理工程师或造价工程师解决，并抄送给另一方。总监理工程师或造价工程师在收到此提交件后14天内应将暂定结果通知发包人和承包人。发承包双方对暂定结果认可的，应以书面形式予以确认，暂定结果成为最终决定。

发承包双方在收到总监理工程师或造价工程师的暂定结果通知之后的14天内，未对暂定结果予以确认，也未提出不同意见的，视为发承包双方已认可该暂定结果。

发承包双方或一方不同意暂定结果的，应以书面形式向总监理工程师或造价工程师提出，说明自己认为正确的结果，同时抄送另一方，此时该暂定结果成为争议。在暂定结果不影响发承包双方当事人履约的前提下，发承包双方应实施该结果，直到其按照发承包双方认可的争议解决办法被改变为止。

2. 调解

调解是指双方当事人以外的第三人应纠纷当事人的请求，依据法律规定或合同约定，对双方当事人进行疏导、劝说，促使他们互相谅解、自愿达成协议解决纠纷的一种途径。“13 计价规范”规定了以下的调解方式：

(1)**管理机构的解释或认定。**合同价款争议发生后，发承包双方可就工程计价依据的争议以书面形式提请工程造价管理机构对争议以书面文件进行解释或认定。工程造价管理机构应在收到申请的 10 个工作日内就发承包双方提请的争议问题进行解释或认定。

发承包双方或一方在收到工程造价管理机构书面解释或认定后，仍可按照合同约定的争议解决方式提请仲裁或诉讼。除工程造价管理机构的上级管理部门做出了不同的解释或认定，或在仲裁裁决或法院判决中不予采信的外，工程造价管理机构做出的书面解释或认定是最终结果，对发承包双方均有约束力。

(2)**双方约定争议调解人进行调解。通常按照以下程序进行：**

1)**约定调解人。**发承包双方应在合同中约定或在合同签订后共同约定争议调解人，负责双方在合同履行过程中发生争议的调解。合同履行期间，发承包双方可以协议调换或终止任何调解人，但发包人或承包人都不能单独采取行动。除非双方另有协议，在最终结清支付证书生效后，调解人的任期即终止。

2)**争议的提交。**如果发承包双方发生了争议，任何一方可以将该争议以书面形式提交调解人，并将副本抄送另一方，委托调解人调解。发承包双方应按照调解人提出的要求，给调解人提供所需要的资料、现场进入权及相应设施。调解人应被视为不是在进行仲裁人的工作。

3)**进行调解。**调解人应在收到调解委托后 28 天内，或由调解人建议并经发、承包双方认可的其他期限内，提出调解书。发承包双方接受调解书的，经双方签字后作为合同的补充文件，对发承包双方具有约束力，双方都应立即遵照执行。

4)**异议通知。**如果发承包任一方对调解人的调解书有异议，应在收到调解书后 28 天内向另一方发出异议通知，并说明争议的事项和理由。但除非一直到调解书在协商和解或仲裁裁决、诉讼判决中做出修改，或合同已经解除，否则承包人应继续按照合同实施工程。

如果调解人已就争议事项向发承包双方提交了调解书，而任一方在收到调解书后 28 天内，均未发出表示异议的通知，则调解书对发承包双方均具有约束力。

3. 仲裁

仲裁是当事人根据在纠纷发生前或纠纷发生后达成的有效仲裁协议，自愿将争议事项提交双方选定的仲裁机构进行裁决的一种纠纷解决方式。

(1)仲裁方式的选择。在民、商事项仲裁中，有效的仲裁协议是申请仲裁的前提，没有仲裁协议或仲裁协议无效的，当事人就不能提请仲裁机构仲裁，仲裁机构也不能受理。因此，发承包双方如果选择仲裁方式解决纠纷，必须在合同中订立有仲裁条款或者以书面形式在纠纷发生前或者纠纷发生后达成了请求仲裁的协议。仲裁协议的内容如下：

1)请求仲裁的意思表示；

2)仲裁事项；

3)选定的仲裁委员会。

前述三项内容必须同时具备，仲裁协议方为有效。

(2)仲裁裁决的执行。仲裁裁决做出后，当事人应当履行裁决。一方当事人不履行的，另一方当事人可以向被执行人所在地或者被执行财产所在地的中级人民法院申请执行。

(3)关于通过仲裁方式解决合同价款争议，“13计价规范”做出了如下规定：

1)如果发承包双方的协商和解或调解均未达成一致意见，其中一方已就此争议事项根据合同约定的仲裁协议申请仲裁的，应同时通知另一方。

2)仲裁可在竣工之前或之后进行，但发包人、承包人、调解人各自的义务不得因在工程实施期间进行仲裁而有所改变。当仲裁是在仲裁机构要求停止施工的情况下进行时，承包人应对合同工程采取保护措施，由此增加的费用由败诉方承担。

3)若双方通过和解或调解形成的有关的暂定或和解协议，或者调解书已经有约束力的情况下，当发承包中一方未能遵守暂定或和解协议或调解书时，另一方可在不损害其可能具有的任何其他权利的情况下，将未能遵守暂定或不执行和解协议或调解书达成的事项提交仲裁。

4. 诉讼

民事诉讼是指当事人请求人民法院行使审判权，通过审理争议事项并做出具有强制执行效力的裁判，从而解决民事纠纷的一种方式。在建设工程合同中，发承包双方在履行合同时发生争议，双方当事人不愿和解、调解或者和解，调解未能达成一致意见，又没有达成仲裁协议或者仲裁协议是无效的，可依法向人民法院提起诉讼。

本章小结

在工程施工阶段，由于项目实际情况的变化，发承包双方在施工合同中约定的合同价款可能会出现变动。为合理分配双方的合同价款变动风险，有效地控制工程造价，发承包双方应当在施工合同中明确约定合同价款的调整事件、调整方法及调整程序。同时，实现工程计量与竣工结算不仅是发包人控制施工阶段工程造价的关键环节，也是约束承包人履行合同义务的重要手段。

思考与练习

一、填空题

1. 发(承)包人应在收到承(发)包人合同价款调增(减)报告及相关资料之日起________日内对其核实，予以确认的应书面通知承(发)包人。

2. 为了合理划分发承包双方的合同风险，施工合同中应当约定一个________，对于________之后发生的、作为一个有经验的承包人在招标投标阶段不可能合理预见的风险，应当由________承担。

3. 发包人提出变更的，应通过________向承包人发出变更指示，变更指示应说明计划变更的工程范围和变更的内容。

4. 监理人应在收到承包人提交的变更估价申请后________日内审查完毕并报送发包人，监理人对变更估价申请有异议，通知承包人修改后重新提交。

5. 承包人在投标报价时应依据发包人提供的招标工程量清单中的__________，确定其清单项目的综合单价。

6. 对于任一招标工程量清单项目，当因工程量偏差和工程变更等原因导致工程量偏差超过__________时，可进行调整。

7. 人工费调整时，应以__________界限进行。

8. __________是指招标人在工程量清单中提供的用于支付必然发生但暂时不能确定价格的材料、工程设备的单价以及专业工程的金额。

9. __________是指合同双方在合同履行中出现的不能预见、不能避免并不能克服的客观情况。

10. 招标人应依据相关工程的工期定额合理计算工期，压缩的工期天数不得超过定额工期的20%，超过者，应在招标文件中明示增加__________。

11. __________就是发承包双方根据合同约定，对承包人完成合同工程的数量进行的计算和确认。

12. 预付款的扣款的方法主要有__________和__________两种。

13. __________是指合同约定的缺陷责任期终止后，承包人已按合同规定完成全部剩余工作且质量合格的，发包人与承包人结清全部剩余款项的活动。

二、多项选择题

1. 除专用合同条款另有约定外，合同履行过程中发生下列(　　)情形的，应进行变更。

   A. 增加或减少合同中任何工作，或追加额外的工作

   B. 取消合同中任何工作，但转由他人实施的工作除外

   C. 改变合同中任何工作的质量标准或其他特性

   D. 改变工程的基线、标高、位置和尺寸

   E. 改变工程的时间安排或实施顺序

2. 索赔发生的原因包括(　　)。

   A. 施工延期　　B. 合同变更

   C. 合同中存在的矛盾和缺陷　　D. 恶劣的现场自然条件

   E. 参与工程建设主体的多元性

3. 索赔费用的计算方法通常有(　　)。

   A. 实际费用法　　B. 总费用法

   C. 修正的总费用法　　D. 变更费用法

三、简答题

1. 建设项目施工阶段影响工程造价的因素主要有哪些?

2. 一般来说合同价款调整事件主要包括哪些?

3. 除专用合同条款另有约定外，变更估价的处理有哪些约定?

4. 简述工程变更价款的调整。

5. 合同价款的调整方法有哪些?

6. 索赔与工程施工合同同时存在，它的主要作用有哪些?

7. 工程计量的方法有哪些?

8. 合同价款纠纷的处理途径主要有哪几种?

第七章　建设项目竣工验收阶段造价控制与管理

知识目标

1. 了解竣工验收的条件及范围，掌握竣工验收的方式及验收程序。
2. 理解竣工决算的概念与作用，熟悉竣工决算的内容与编制。
3. 了解质量保证金的概念与期限，熟悉保修范围和最低保修期限，掌握保修费用的处理方法。

能力目标

1. 能独立进行项目竣工验收。
2. 掌握竣工决算的内容，具备编制竣工决算报告的能力。

第一节　竣工验收

一、竣工验收的范围和依据

工程竣工验收是指承包人按施工合同完成了工程项目的全部任务，经检验合格，由发承包人组织验收的过程。工程项目的交工主体应是合同当事人的承包主体，验收主体应是合同当事人的发包主体，其他项目参与人则是项目竣工验收的相关组织。

(一)工程竣工验收的条件及范围

1. 工程竣工验收的条件

工程项目必须达到以下基本条件，才能组织竣工验收：

(1)建设项目按照工程合同规定和设计图纸要求已全部施工完毕，达到国家规定的质量标准，能够满足生产和使用的要求。

(2)交工工程达到窗明地净、水通灯亮及采暖通风设备正常运转。

(3)主要工艺设备已安装配套，经联动负荷试车合格，构成生产线，形成生产能力，能够生产出设计文件中所规定的产品。

(4)有职工公寓和其他必要的生活福利设施，能适应初期的需要。

(5)生产准备工作能适应投产初期的需要。

(6)建筑物周围 2 m 以内的场地清理完毕。

(7)竣工决算已完成。

(8)技术档案资料齐全，符合交工要求。

2. 工程竣工验收的范围

国家颁布的建设法规规定，凡是新建、扩建及改建的基本建设项目和技术改造项目，已按国家批准的设计文件所规定的内容建成，符合验收标准，即工业投资项目经负荷试车考核，试生产期间能够正常生产出合格产品，形成生产能力的；非工业投资项目符合设计要求，能够正常使用的，无论属于哪种建设性质，都应及时组织验收，办理固定资产移交手续。

(二)工程竣工验收的依据和标准

1. 工程竣工验收的依据

(1)**上级主管部门对该项目批准的各种文件。**包括可行性研究报告、初步设计，以及与项目建设有关的各种文件。

(2)**工程设计文件。**包括施工图纸及说明、设备技术说明书等。

(3)**国家颁布的各种标准和规范。**包括现行的工程施工及验收规范、工程质量检验评定标准等。

(4)**合同文件。**包括施工承包的工作内容和应达到的标准，以及施工过程中的设计修改变更通知书等。

2. 工程竣工验收的标准

(1)**工业建设项目竣工验收标准。**根据国家规定，工业建设项目竣工验收、交付生产使用，必须满足以下要求：

1)生产性项目和辅助性公用设施，已按设计要求完成，能满足生产使用。

2)主要工艺设备配套经联动负荷试车合格，形成生产能力，能够生产出设计文件所规定的产品。

3)有必要的生活设施，并已按设计要求建成，并合格。

4)生产准备工作能够适应投产的需要。

5)环境保护设施，劳动、安全和卫生设施，消防设施已按设计要求与主体工程同时建成使用。

6)设计和施工质量已经过质量监督部门检验并做出评定。

7)工程结算和竣工决算已经通过有关部门的审查和审计。

(2)**民用建设项目竣工验收标准：**

1)建设项目各单位工程和单项工程，均已符合项目竣工验收标准。

2)建设项目配套工程和附属工程，均已施工结束，达到设计规定的相应质量要求，并具备正常使用条件。

二、竣工验收的方式与程序

(一)工程竣工验收的内容

1. 隐蔽工程验收

隐蔽工程是指在施工过程中上一工序的工作结束，被下一工序所掩盖，而无法进行复查的部位。对这些工程在下一道工序施工以前，建设单位驻现场人员应按照设计要求及施工规范规定，及时签署隐蔽工程记录手续，以便承包单位继续下一道工序施工，同时，将隐蔽工程记录交承包单位归入技术资料。如不符合有关规定，应以书面形式告诉承包单位，令其处理，符合要求后再进行隐蔽工程的验收与签证。

隐蔽工程验收项目及内容：对于基础工程，要验收地质情况、标高尺寸和基础断面尺寸，桩的位置、数量；对于钢筋混凝土工程，要验收钢筋的品种、规格、数量、位置、形状、焊接尺寸、接头位置、预埋件的数量及位置以及材料代用情况；对于防水工程，要验收屋面、地下室、水下结构的防水层数、防水处理措施的质量。

2. 分项工程验收

对于重要的分项工程，建设单位或其代表应按照工程合同的质量等级要求，根据该分项工程施工的实际情况，参照质量评定标准进行验收。在分项工程验收中，必须严格按照有关验收规范选择检查点数，然后计算检验项目和实测项目的合格或优良的百分比，最后确定出该分项工程的质量等级，从而确定能否验收。

3. 分部工程验收

在分项工程验收的基础上，根据各分项工程质量验收结论，对照分部工程的质量等级，以便决定能否验收。另外，对单位或分部土建工程完工后转交安装工程施工前，或中间其他过程，均应进行中间验收。承包单位得到建设单位或其中间验收认可的凭证后，才能继续施工。

4. 单位工程竣工验收

在分项工程的分部工程验收的基础上，通过对分项、分部工程质量等级的统计推断，结合直接反映单位工程结构及性能质量保证资料，便可系统地核查结构是否安全，是否达到设计要求；再结合观感等直观检查以及对整个单位工程进行全面的综合评定，从而决定是否验收。

5. 全部验收

全部验收是指整个建设项目已按照设计要求全部建设完成，并已符合竣工验收标准，施工单位预验通过，建设单位初验认可，有设计单位、施工单位、档案管理机关和行业主管部门参加，由建设单位主持的正式验收。

进行全部验收时，对已验收过的单项工程，可以不再进行正式验收和办理验收手续，但应将单项工程验收单独作为全部建设项目验收的附件而加以说明。

(二)工程竣工验收的方式

为了保证建设工程项目竣工验收的顺利进行，必须按照建设工程项目总体计划的要求，以及施工进展的实际情况分阶段进行。项目施工达到验收条件的验收方式可分为项目中间验收、单项工程验收和全部工程竣工验收三大类(表 7-1)。规模较小、施工内容简单的建设工程项目，也可以一次进行全部项目的竣工验收。

表 7-1　建设工程项目验收的方式

类　型	验　收　条　件	验　收　组　织
中间验收	(1)按照施工承包合同的约定，施工完成到某一阶段后要进行中间验收。 (2)重要的工程部位施工已完成了隐蔽前的准备工作，该工程部位即将置于无法查看的状态	由监理单位组织，业主和承包商派人参加。该部位的验收资料将作为最终验收的依据
单项工程验收(交工验收)	(1)建设项目中的某个合同工程已全部完成。 (2)合同内约定有分部分项移交的工程已达到竣工标准，可移交给业主投入使用	由业主组织，会同承包商、监理单位、设计单位及使用单位等有关部门共同进行
全部工程竣工验收(动用验收)	(1)建设项目按设计规定全部建成，达到竣工验收条件。 (2)初验结果全部合格。 (3)竣工验收所需资料已准备齐全	大、中型和限额以上项目由国家发改委或由其委托项目主管部门或地方政府部门组织验收，小型和限额以下项目由项目主管部门组织验收。验收委员会由银行、物资、环保、劳动、统计、消防及其他有关部门组成，业主、监理单位、施工单位、设计单位和使用单位参加验收工作

(三)工程竣工验收的程序

工程竣工验收工作，通常按图 7-1 所示的程序进行。

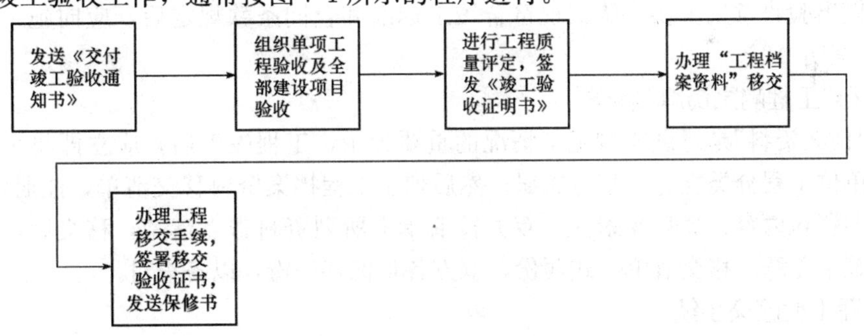

图 7-1　工程项目竣工验收程序

1. 发送《交付竣工验收通知书》

项目完成后，承包人应在检查评定合格的基础上，向发包人发出预约竣工验收的通知书，提交工程竣工报告，说明拟交工程项目的情况，商定有关竣工验收事宜。

承包人应向发包人递交预约竣工验收的书面通知，说明竣工验收前的准备情况，包括施工现场准备和竣工资料审查结论。发出预约竣工验收的书面通知应表达两个含义：一是承包人按施工合同的约定已全面完成建设工程施工内容，预验收合格；二是请发包人按合同的约定和有关规定，组织施工项目的正式竣工验收。《交付竣工验收通知书》的内容格式见表 7-2。

表 7-2　支付竣工验收通知书

交付竣工验收通知书

××××(发包单位名称)：

根据施工合同的约定，由我单位承建的××××工程，已于××××年××月××日竣工，经自检合格，监理单位审查签认，可以正式组织竣工验收。请贵单位接到通知后尽快洽商，组织有关单位和人员于××××年××月××日前进行竣工验收。

附件：(1)工程竣工报验单。

(2)工程竣工报告。

××××(单位公章)

年　月　日

2. 正式验收

工程正式验收的工作程序一般可分为以下两个阶段进行：

(1)单项工程验收。单项工程验收是指建设项目中的一个单项工程按设计图纸的内容和要求建成，并能满足生产或使用要求，达到竣工标准时，可单独整理有关施工技术资料及试车记录等，进行工程质量评定，组织竣工验收和办理固定资产转移手续。

(2)全部验收。全部验收是指整个建设项目按设计要求全部建成并符合竣工验收标准时，组织竣工验收，办理工程档案移交及工程保修等移交手续。在全部验收时，对已验收的单项工程不再办理验收手续。

3. 进行工程质量评定，签发《竣工验收证明书》

验收小组或验收委员会根据设计图纸和设计文件的要求，以及国家规定的工程质量检验标准，提出验收意见。在确认工程符合竣工标准和合同条款规定后，应向施工单位签发《竣工验收证明书》。

4. 进行“工程档案资料”移交

“工程档案资料”是建设项目施工情况的重要记录，工程竣工后，应立即将全部工程档案资料按单位工程分类立卷，装订成册；然后列出工程档案资料移交清单，注册资料编号、专业、档案资料内容、页数及附注。双方按清单上所列资料查点清楚，移交后，双方在移交清单上签字盖章。移交清单一式两份，双方各自保存一份，以备查对。

5. 办理工程移交手续

工程验收完毕，施工单位要向建设单位逐项办理工程和固定资产移交手续，并签署交接验收证书和工程保修证书。

三、竣工验收管理与备案

1. 工程竣工验收报告

工程项目竣工验收应依据批准的建设文件和工程实施文件，达到国家法律、行政法规及部门规章对竣工条件的规定和合同约定的竣工验收要求提出《工程竣工验收报告》，有关承(发)包当事人和项目相关组织应签署验收意见，签名并盖单位公章。

根据专业特点和工程类别不同，各地工程竣工验收报告编制的格式也有所不同。《工程竣工验收报告》的常用格式见表 7-3。

表 7-3　工程竣工验收报告

<table>
<tr><td rowspan="9">工程概况</td><td>工程名称</td><td></td><td>建设面积</td><td></td></tr>
<tr><td>工程地址</td><td></td><td>结构类型</td><td></td></tr>
<tr><td>层　　数</td><td>地上　　层；地下　　层</td><td>总　　高</td><td></td></tr>
<tr><td>电　　梯</td><td>台</td><td>自动扶梯</td><td>台</td></tr>
<tr><td>开工日期</td><td></td><td>竣工日期</td><td></td></tr>
<tr><td>建设单位</td><td></td><td>施工单位</td><td></td></tr>
<tr><td>勘察单位</td><td></td><td>监理单位</td><td></td></tr>
<tr><td>设计单位</td><td></td><td>质量监督</td><td></td></tr>
<tr><td>完成设计与合同约定内容情况</td><td colspan="3"></td></tr>
<tr><td>验收组织形式</td><td colspan="4"></td></tr>
<tr><td rowspan="8">验收组组成情况</td><td colspan="2">专　　业</td><td colspan="2"></td></tr>
<tr><td colspan="2">建筑工程</td><td colspan="2"></td></tr>
<tr><td colspan="2">建筑给水排水与采暖工程</td><td colspan="2"></td></tr>
<tr><td colspan="2">建筑电气安装工程</td><td colspan="2"></td></tr>
<tr><td colspan="2">通风与空调工程</td><td colspan="2"></td></tr>
<tr><td colspan="2">电梯安装工程</td><td colspan="2"></td></tr>
<tr><td colspan="2">建筑智能化工程</td><td colspan="2"></td></tr>
<tr><td colspan="2">工程竣工资料审查</td><td colspan="2"></td></tr>
<tr><td>竣工验收程序</td><td colspan="4"></td></tr>
<tr><td rowspan="5">工程竣工验收意见</td><td colspan="4">建设单位执行基本建设程序情况：</td></tr>
<tr><td colspan="4">对工程勘察方面的评价：</td></tr>
<tr><td colspan="4">对工程设计方面的评价：</td></tr>
<tr><td colspan="4">对工程施工方面的评价：</td></tr>
<tr><td colspan="4">对工程监理方面的评价：</td></tr>
</table>

续表

建设单位	项目负责人： （单位公章） 年　月　日
勘察单位	勘察负责人： （单位公章） 年　月　日
设计单位	设计负责人： （单位公章） 年　月　日
施工单位	项目经理： 企业技术负责人： （单位公章） 年　月　日
监理单位	总监理工程师： （单位公章） 年　月　日
竣工验收报告附件： (1)施工许可证； (2)施工图设计文件审查意见； (3)勘察单位对工程勘察文件的质量检查报告； (4)设计单位对工程设计文件的质量检查报告； (5)施工单位对工程施工质量的检查报告，包括工程竣工资料明细、分类目录、汇总表； (6)监理单位对工程质量的评估报告； (7)地基与勘察、主体结构分部工程以及单位工程质量验收记录； (8)工程有关质量检测和功能性试验资料； (9)住房城乡建设主管部门、质量监督机构责令整改问题的整改结果； (10)验收人员签署的竣工验收原始文件； (11)竣工验收遗留问题处理结果； (12)施工单位签署的工程质量保修书； (13)法律、行政法规、规章规定必须提供的其他文件	

2. 工程竣工验收管理

(1)国务院住房城乡建设主管部门负责全国工程竣工验收的监督管理工作。

(2)县级以上地方人民政府住房城乡建设主管部门负责本行政区域内工程竣工验收监督管理工作。

(3)工程竣工验收工作，由建设单位负责组织实施。

(4)县级以上地方人民政府住房城乡建设主管部门应当委托工程质量监督机构对工程竣工验收实施监督。

(5)负责监督该工程的工程质量监督机构应当对工程竣工验收的组织形式、验收程序、执行验收标准等情况进行现场监督，发现有违反建设工程项目质量管理规定行为的，责令改正，并将对工程竣工验收的监督情况作为工程质量监督报告的重要内容。

3. 工程竣工验收备案

《房屋建筑和市政基础设施工程竣工验收备案管理办法》规定：

第三条　国务院住房和城乡建设主管部门负责全国房屋建筑和市政基础设施工程(以下统称工程)的竣工验收备案管理工作。

县级以上地方人民政府建设主管部门负责本行政区域内工程的竣工验收备案管理工作。

第四条　建设单位应当自工程竣工验收合格之日起 15 日内，依照本办法规定，向工程所在地的县级以上地方人民政府建设主管部门(以下简称备案机关)备案。

第五条　建设单位办理工程竣工验收备案应当提交下列文件：

(一)工程竣工验收备案表；

(二)工程竣工验收报告。竣工验收报告应当包括工程报建日期，施工许可证号，施工图设计文件审查意见，勘察、设计、施工、工程监理等单位分别签署的质量合格文件及验收人员签署的竣工验收原始文件，市政基础设施的有关质量检测和功能性试验资料以及备案机关认为需要提供的有关资料；

(三)法律、行政法规规定应当由规划、环保等部门出具的认可文件或者准许使用文件；

(四)法律规定应当由公安消防部门出具的对大型的人员密集场所和其他特殊建设工程验收合格的证明文件；

(五)施工单位签署的工程质量保修书；

(六)法规、规章规定必须提供的其他文件。

住宅工程还应当提交《住宅质量保证书》和《住宅使用说明书》。

第六条　备案机关收到建设单位报送的竣工验收备案文件，验证文件齐全后，应当在工程竣工验收备案表上签署文件收讫。

工程竣工验收备案表一式两份，一份由建设单位保存，另一份留备案机关存档。

第七条　工程质量监督机构应当在工程竣工验收之日起 5 日内，向备案机关提交工程质量监督报告。

第八条　备案机关发现建设单位在竣工验收过程中有违反国家有关建设工程质量管理规定行为的，应当在收讫竣工验收备案文件 15 日内，责令其停止使用，重新组织竣工验收。

第二节 竣工决算

一、竣工决算的概念与作用

1. 竣工决算的概念

竣工决算是建设工程经济效益的全面反映，是项目法人核定各类新增资产价值、办理其交付使用的依据。通过竣工决算，一方面，能够正确反映建设工程的实际造价和投资结果；另一方面，可以通过竣工决算与概算、预算的对比分析，考核投资控制的工作成效，总结经验教训，积累技术经济方面的基础资料，提高未来建设工程的投资效益。

2. 竣工决算的作用

(1)竣工决算是综合、全面地反映竣工项目建设成果及财务情况的总结性文件。它采用货币指标、实物数量、建设工期和各种技术经济指标综合地、全面地反映建设项目自开始建设到竣工为止的全部建设成果和财务状况。

(2)竣工决算是办理交付使用资产的依据，也是竣工验收报告的重要组成部分。建设单位与使用单位在办理交付资产的验收交接手续时，通过竣工决算反映了交付使用资产的全部价值，包括固定资产、流动资产、无形资产和递延资产的价值。同时，它还详细提供了交付使用资产的名称、规格、数量、型号和价值等明细资料，是使用单位确定各项新增资产价值并登记入账的依据。

(3)竣工决算是分析和检查设计概算的执行情况，考核投资效果的依据。竣工决算反映了竣工项目计划、实际的建设规模、建设工期以及设计和实际的生产能力，反映了概算总投资和实际的建设成本，同时，还反映了所达到的主要技术经济指标。通过对这些指标计划数、概算数与实际数进行对比分析，不仅可以全面掌握建设项目计划和概算执行情况，而且可以考核建设项目投资效果，为今后制订基建计划、降低建设成本、提高投资效果提供必要的资料。

二、竣工决算的内容

竣工决算是建设工程从筹建到竣工投产全过程中发生的所有实际支出，包括设备工器具购置费、建筑安装工程费和其他费用等。竣工决算由竣工财务决算说明书、竣工财务决算报表、竣工工程平面示意图、工程造价比较分析四部分组成。其中，竣工财务决算说明书和竣工财务决算报表属于竣工财务决算的内容。竣工财务决算是竣工决算的组成部分，是正确核定新增资产价值、反映竣工项目建设成果的文件，是办理固定资产交付使用手续的依据。

1. 竣工财务决算说明书

竣工财务决算说明书主要反映竣工工程建设的成果和经验，是对竣工决算报表进行分析和补充说明的文件，是全面考核分析工程投资与造价的书面总结，其内容主要包括：

(1)建设项目概况，对工程总的评价。一般从进度、质量、安全和造价、施工方面进行分析说明。进度方面主要说明开工和竣工时间，对照合理工期和要求工期分析是提前还是延期；质量方面主要根据竣工验收委员会或相当一级质量监督部门的验收评定等级、合格率和优良品率；安全方面主要根据劳动工资和施工部门的记录，对有无设备和人身事故进行说明；造价方面主要对照概算造价，说明节约还是超支，用金额和百分率进行分析说明。

(2)资金来源及运用等财务分析。主要包括工程价款结算、会计账务的处理、财产物资情况及债权债务的清偿情况。

(3)基本建设收入、投资包干结余、竣工结余资金的上交分配情况。通过对基本建设投资包干情况的分析，说明投资包干数、实际支用数和节约额、投资包干节余的有机构成和包干节余的分配情况。

(4)各项经济技术指标的分析。概算执行情况分析，根据实际投资完成额与概算进行对比分析；新增生产能力的效益分析，说明支付使用财产占总投资额的比例、占支付使用财产的比例，不增加固定资产的造价占投资总额的比例，分析有机构成和成果。

(5)工程建设的经验及项目管理和财务管理工作以及竣工财务决算中有待解决的问题。

(6)需要说明的其他事项。

2. 竣工财务决算报表

建设项目竣工财务决算报表要根据大、中型建设项目和小型建设项目分别制定。大、中型建设项目竣工决算报表包括建设项目竣工财务决算审批表，大、中型建设项目竣工工程概况表，大、中型建设项目竣工财务决算表，大、中型建设项目交付使用资产总表；小型建设项目竣工财务决算报表包括建设项目竣工财务决算审批表、竣工财务决算总表、建设项目交付使用资产明细表。

(1)**建设项目竣工财务决算审批表(表 7-4)**。该表作为竣工决算上报有关部门审批时使用，其格式按照中央级小型项目审批要求设计的，地方级项目可按审批要求做适当修改。

表 7-4　建设项目竣工财务决算审批表

<table>
<tr><td>建设项目法人(建设单位)</td><td></td><td>建设性质</td><td></td></tr>
<tr><td>建设项目名称</td><td></td><td>主管部门</td><td></td></tr>
<tr><td colspan="4">开户银行意见：

（盖章）
年　月　日</td></tr>
<tr><td colspan="4">专员办审批意见：

（盖章）
年　月　日</td></tr>
</table>

续表

<table>
<tr><td>主管部门或地方财政部门审批意见：

（盖章）
年　月　日</td></tr>
</table>

（2）**大、中型建设项目竣工工程概况表（表 7-5）**。该表综合反映大、中型建设项目的基本概况，主要内容包括该项目总投资、建设起止时间、新增生产能力、主要材料消耗、建设成本、完成主要工程量和主要技术经济指标及基本建设支出情况，为全面考核和分析投资效果提供依据。

表 7-5　大、中型建设项目竣工工程概况表

<table>
<tr><td>建设项目（单项工程）名称</td><td colspan="2"></td><td>建设地址</td><td colspan="4"></td><td rowspan="9">基建支出</td><td colspan="2">项目</td><td>概算</td><td>实际</td><td>主要指标</td></tr>
<tr><td>主要设计单位</td><td colspan="2"></td><td>主要施工企业</td><td colspan="4"></td><td colspan="2">建筑安装工程</td><td></td><td></td><td rowspan="16"></td></tr>
<tr><td rowspan="3">占地面积</td><td>计划</td><td>实际</td><td rowspan="3">总投资/万元</td><td colspan="2">设计</td><td colspan="2">实际</td><td colspan="2" rowspan="2">设备、工具器具</td><td rowspan="2"></td><td rowspan="2"></td></tr>
<tr><td rowspan="2"></td><td rowspan="2"></td><td>固定资产</td><td>流动资产</td><td>固定资产</td><td>流动资产</td></tr>
<tr><td></td><td></td><td></td><td></td><td colspan="2">待摊投资
其中：建设单位管理费</td><td></td><td></td></tr>
<tr><td rowspan="2">新增生产能力</td><td colspan="2">能力（效益）名称</td><td>设计</td><td colspan="4">实际</td><td colspan="2">其他投资</td><td></td><td></td></tr>
<tr><td colspan="2"></td><td></td><td colspan="4"></td><td colspan="2">待核销基建支出</td><td></td><td></td></tr>
<tr><td rowspan="2">建设起、止时间</td><td colspan="2">设计</td><td colspan="5">从　年　月开工至　年　月竣工</td><td colspan="2">非经营项目转出投资</td><td></td><td></td></tr>
<tr><td colspan="2">实际</td><td colspan="5">从　年　月开工至　年　月竣工</td><td colspan="2">合　计</td><td></td><td></td></tr>
<tr><td rowspan="2">设计概算批准文号</td><td colspan="7" rowspan="2"></td><td rowspan="4">主要材料消耗</td><td>名称</td><td>单位</td><td>概算</td><td>实际</td></tr>
<tr><td>钢材</td><td>t</td><td></td><td></td></tr>
<tr><td rowspan="4">完成主要工程量</td><td colspan="2" rowspan="2">建筑面积/m²</td><td colspan="5" rowspan="2">设备/台、套、t</td><td>木材</td><td>m³</td><td></td><td></td></tr>
<tr><td>水泥</td><td>t</td><td></td><td></td></tr>
<tr><td>设计</td><td>实际</td><td colspan="3">设计</td><td colspan="2">实际</td><td rowspan="4">主要技术经济指标</td><td colspan="4" rowspan="4"></td></tr>
<tr><td></td><td></td><td colspan="3"></td><td colspan="2"></td></tr>
<tr><td rowspan="2">收尾工程</td><td colspan="2">工程内容</td><td colspan="3">投资额</td><td colspan="2">完成时间</td></tr>
<tr><td colspan="2"></td><td colspan="3"></td><td colspan="2"></td></tr>
</table>

(3)**大、中型建设项目竣工财务决算表(表 7-6)**。该表反映竣工的大、中型建设项目从开工到竣工为止全部资金来源和资金运用的情况，它是考核和分析投资效果，落实结余资金，并作为报告上级核销基本建设支出和基本建设拨款的依据。在编制该表前，应先编制出项目竣工年度财务决算，根据编制出的竣工年度财务决算和历年财务决算编制项目的竣工财务决算。此表采用平衡表形式，即资金来源合计等于资金支出合计。

表 7-6　大、中型建设项目竣工财务决算表　　元

资金来源	金额	资金占用	金额	补充资料
一、基建拨款		一、基本建设支出		1. 基建投资借款期末余额
1. 预算拨款		1. 交付使用资产		
2. 基建基金拨款		2. 在建工程		2. 应收生产单位投资借款期末余额
3. 进口设备转账拨款		3. 待核销基建支出		
4. 器材转账拨款		4. 非经营项目转出投资		3. 基建结余资金
5. 煤代油专用基金拨款		二、应收生产单位投资借款		
6. 自筹资金拨款		三、拨款所属投资借款		
7. 其他拨款		四、器材		
二、项目资本金		其中：待处理器材损失		
1. 国家资本		五、货币资金		
2. 法人资本		六、预付及应收款		
3. 个人资本		七、有价证券		
三、项目资本公积金		八、固定资产		
四、基建借款		九、固定资产原值		
五、上级拨入投资借款		十、减：累计折旧		
六、企业债券资金		十一、固定资产净值		
七、待冲基建支出		十二、固定资产清理		
八、应付款		十三、待处理固定资产损失		
九、未交款				
1. 未交税金				
2. 未交基建收入				
3. 未交基建包干节余				
4. 其他未交款				
十、上级拨入资金				
十一、留成收入				
合　计		合　计		

(4)**大、中型建设项目交付使用资产总表(表 7-7)**。该表反映建设项目建成后新增固定

资产、流动资产、无形资产和其他资产价值的情况和价值，作为财产交接、检查投资计划完成情况和分析投资效果的依据。小型项目不编制“交付使用资产总表”，直接编制“交付使用资产明细表”；大、中型项目在编制“交付使用资产总表”的同时，还需编制“交付使用资产明细表”。

表 7-7　大、中型建设项目交付使用资产总表

元

单项工程项目名称	总计	固定资产					流动资产	无形资产	其他资产
		建筑工程	安装工程	设备	其他	合计			
1	2	3	4	5	6	7	8	9	10

支付单位盖章　　年　　月　　日　　　　　　　　　　接收单位盖章　　年　　月　　日

(5)**建设项目交付使用资产明细表(表 7-8)。**该表反映交付使用的固定资产、流动资产、无形资产和其他资产及其价值的明细情况，是办理资产交接的依据和接收单位登记资产账目的依据，是使用单位建立资产明细账和登记新增资产价值的依据。大型、中型和小型建设项目均需编制此表。编制此表时要做到齐全完整、数字准确，各栏目价值应与会计账目中相应科目的数据保持一致。

表 7-8　建设项目交付使用资产明细表

单位工程项目名称	建筑工程			设备、工具、器具、家具					流动资产		无形资产		其他资产	
	结构	面积/m^2	价值/元	规格型号	单位	数量	价值/元	设备安装费/元	名称	价值/元	名称	价值/元	名称	价值/元
合计														

支付单位盖章　　年　　月　　日　　　　　　　　　　接收单位盖章　　年　　月　　日

(6)**小型建设项目竣工财务决算总表(表 7-9)。**由于小型建设项目内容比较简单，因此，可将工程概况与财务情况合并编制一张“竣工财务决算总表”，该表主要反映小型建设项目的全部工程和财务情况。

表 7-9　小型建设项目竣工财务决算总表

<table>
<tr><td>建设项目名称</td><td colspan="2"></td><td colspan="2">建设地址</td><td colspan="3"></td></tr>
<tr><td>初步设计概算批准文号</td><td colspan="7"></td></tr>
<tr><td rowspan="3">占地面积</td><td>计划</td><td>实际</td><td rowspan="3">总投资/万元</td><td colspan="2">计划</td><td colspan="2">实际</td></tr>
<tr><td rowspan="2"></td><td rowspan="2"></td><td>固定资产</td><td>流动资金</td><td>固定资产</td><td>流动资金</td></tr>
<tr><td></td><td></td><td></td><td></td></tr>
<tr><td rowspan="2">新增生产能力</td><td colspan="2">能力(效益)名称</td><td>设计</td><td colspan="4">实际</td></tr>
<tr><td colspan="2"></td><td></td><td colspan="4"></td></tr>
<tr><td rowspan="2">建设起止时间</td><td colspan="2">计划</td><td colspan="5">从　年　月开工
至　年　月竣工</td></tr>
<tr><td colspan="2">实际</td><td colspan="5">从　年　月开工
至　年　月竣工</td></tr>
<tr><td rowspan="8">基建支出</td><td colspan="5">项　目</td><td>概算/元</td><td>实际/元</td></tr>
<tr><td colspan="5">建筑安装工程</td><td></td><td></td></tr>
<tr><td colspan="5">设备、工具、器具</td><td></td><td></td></tr>
<tr><td colspan="5">待摊投资
其中：建设单位管理费</td><td></td><td></td></tr>
<tr><td colspan="5">其他投资</td><td></td><td></td></tr>
<tr><td colspan="5">待核销基建支出</td><td></td><td></td></tr>
<tr><td colspan="5">非经营性项目转出投资</td><td></td><td></td></tr>
<tr><td colspan="5">合　计</td><td></td><td></td></tr>
</table>

<table>
<tr><td colspan="2">资金来源</td><td colspan="2">资金运用</td></tr>
<tr><td>项目</td><td>金额/元</td><td>项目</td><td>金额/元</td></tr>
<tr><td>一、基建拨款
其中：预算拨款</td><td></td><td>一、交付使用资产</td><td></td></tr>
<tr><td>二、项目资本</td><td></td><td>二、待核销基建支出</td><td></td></tr>
<tr><td>三、项目资本公积金</td><td></td><td>三、非经营项目转出投资</td><td></td></tr>
<tr><td>四、基建借款</td><td></td><td>四、应收生产单位投资借款</td><td></td></tr>
<tr><td>五、上级拨入借款</td><td></td><td></td><td></td></tr>
<tr><td>六、企业债券资金</td><td></td><td>五、拨付所属投资借款</td><td></td></tr>
<tr><td>七、待冲基建支出</td><td></td><td>六、器材</td><td></td></tr>
<tr><td>八、应付款</td><td></td><td>七、货币资金</td><td></td></tr>
<tr><td rowspan="3">九、未付款
其中：未交基建收入
未交包干收入</td><td rowspan="3"></td><td>八、预付及应收款</td><td></td></tr>
<tr><td>九、有价证券</td><td></td></tr>
<tr><td>十、原有固定资产</td><td></td></tr>
<tr><td>十、上级拨入资金</td><td></td><td></td><td></td></tr>
<tr><td>十一、留成收入</td><td></td><td></td><td></td></tr>
<tr><td></td><td></td><td></td><td></td></tr>
<tr><td>合　计</td><td></td><td>合　计</td><td></td></tr>
</table>

3. 竣工工程平面示意图

建设工程竣工工程平面示意图是真实地记录各种地上、地下建筑物、构筑物等情况的技术文件，是工程进行交工验收、维护改建和扩建的依据，是国家的重要技术档案。国家规定：各项新建、扩建和改建的基本建设工程，特别是基础、地下建筑、管线、结构、井巷、桥梁、隧道、港口、水坝以及设备安装等隐蔽部位，都要编制竣工图。为确保竣工图质量，必须在施工过程中(不能在竣工后)及时做好隐蔽工程检查记录，整理好设计变更文件。其具体要求有以下内容：

(1)凡是按图竣工没有变动的，由施工单位(包括总包和分包施工单位)在原施工图上加盖"竣工图"标志后，即可作为竣工图。

(2)凡是在施工过程中，虽有一般性设计变更，但能将原施工图加以修改补充作为竣工图的，可不重新绘制，由施工单位负责在原施工图(必须是新蓝图)上注明修改的部分，并附以设计变更通知单和施工说明，加盖"竣工图"标志后，作为竣工图。

(3)凡是结构形式改变、施工工艺改变、平面布置改变、项目改变以及有其他重大改变，不宜再在原施工图上修改、补充时，应重新绘制改变后的竣工图。由原设计单位原因造成的，由设计单位负责重新绘制；由施工原因造成的，由施工单位负责重新绘图；由其他原因造成的，由建设单位自行绘制或委托设计单位绘制。施工单位负责在新图上加盖"竣工图"标志，并附以有关记录和说明，作为竣工图。

(4)为了满足竣工验收和竣工决算需要，还应绘制反映竣工工程全部内容的工程设计平面示意图。

4. 工程造价比较分析

对控制工程造价所采取的措施、效果及其动态的变化进行认真对比，总结经验教训。批准的概算是考核建设工程造价的依据。在分析时，可先对比整个项目的总概算，然后将建筑安装工程费、设备工器具费和其他工程费用逐一与竣工决算表中所提供的实际数据和相关资料及批准的概算、预算指标、实际的工程造价进行对比分析，以确定竣工项目总造价是节约还是超支，并在对比的基础上，总结先进经验，找出节约和超支的内容和原因，提出改进措施。在实际工作中，应主要分析以下内容：

(1)主要实物工程量。对于实物工程量出入比较大的情况，必须查明其原因。

(2)主要材料消耗量。考核主要材料消耗量，要按照竣工决算表中所列明的三大材料实际超概算的消耗量，查明是在工程的哪个环节超出量最大，再进一步查明其超耗的原因。

(3)考核建设单位管理费、建筑及安装工程措施费和规费的取费标准。建设单位管理费、建筑及安装工程措施费和规费的取费标准要按照国家和各地的有关规定，根据竣工决算报表中所列的建设单位管理费与概预算所列的建设单位管理费数额进行比较，依据规定查明是否多列或少列的费用项目，确定其节约超支的数额，并查明原因。

三、竣工决算编制

(一)竣工决算的编制依据

(1)经批准的可行性研究报告及其投资估算。

(2)经批准的初步设计或扩大初步设计及其概算或修正概算。

(3)经批准的施工图设计及其施工图预算。

(4)设计交底或图纸会审纪要。

(5)招标投标的招标控制价(标底)、承包合同、工程结算资料。

(6)施工记录或施工签证单，以及其他施工中发生的费用记录，如索赔报告与记录、停(交)工报告等。

(7)竣工图及各种竣工验收资料。

(8)历年基建资料、历年财务决算及批复文件。

(9)设备、材料调价文件和调价记录。

(10)有关财务核算制度、办法和其他有关资料、文件等。

(二)竣工决算的编制步骤和方法

1. 收集、整理和分析原始资料

收集和整理出一套较为完整的相关资料，是编制竣工决算的必要条件。在工程进行的过程中应注意保存和收集资料，在竣工验收阶段则要系统地整理出所有技术资料、工程结算经济文件、施工图纸和各种变更与签证资料，分析其准确性。

2. 清理各项账务、债务和结余物资

在收集、整理和分析资料的过程中，应注意建设工程从筹建到竣工投产(或使用)的全部费用的各项账务、债权和债务的清理，既要核对账目，又要查点库存实物的数量，做到账物相等、相符；对结余的各种材料、工器具和设备要逐项清点核实，妥善管理，并按照规定及时处理、收回资金；对各种往来款项要及时进行全面清理，为编制竣工决算提供准确的数据依据。

3. 填写竣工决算报表

依照建设项目竣工决算报表的内容，根据编制依据中的有关资料进行统计或计算各个项目的数量，并将其结果填入相应表格栏目中，完成所有报表的填写。这是编制工程竣工决算的主要工作。

4. 编写建设工程竣工决算说明书

根据建设项目竣工决算说明的内容、要求以及编制依据材料和填写在报表中的结果编写说明。

5. 上报主管部门审查

以上编写的文字说明和填写的表格经核对无误，可装订成册，即可作为建设项目竣工文件，并报主管部门审查，同时，将其中财务成本部分送交开户银行签证。竣工决算在上报主管部门的同时，抄送设计单位；大、中型建设项目的竣工决算还需抄送财政部、建设银行总行和省、市、自治区财政局和建设银行分行各一份。

建设项目竣工决算的文件，由建设单位负责组织人员编制，在竣工建设项目办理验收使用一个月之内完成。

四、新增资产价值的确定

建设项目竣工投入运营后，所花费的总投资会形成相应的资产。按照新的财务制度和企业会计准则，新增资产按资产性质可分为**固定资产**、**流动资产**、**无形资产**和**其他资产**四大类。

1. 新增固定资产价值的确定

新增固定资产价值是建设项目竣工投产后所增加的固定资产的价值，它是以价值形态表示的固定资产投资最终成果的综合性指标，新增固定资产价值的计算是以独立发挥生产能力的单项工程为对象的。单项工程建成经有关部门验收鉴定合格后，正式移交生产或使用，即应计算新增固定资产价值。一次交付生产或使用的工程，一次计算新增固定资产价值，分期分批交付生产或使用的工程，应分期分批计算新增固定资产价值。在计算时应注意以下几种情况：

(1)对于为了提高产品质量、改善劳动条件、节约材料消耗、保护环境而建设的附属辅助工程，只要全部建成，正式验收交付使用后就要计入新增固定资产价值。

(2)对于单项工程中不构成生产系统，但能独立发挥效益的非生产性项目，如住宅、食堂、医务所、托儿所、生活服务网点等，在建成并交付使用后，也要计算新增固定资产价值。

(3)凡是购置达到固定资产标准不需安装的设备、工器具，应在交付使用后计入新增固定资产价值。

(4)属于新增固定资产价值的其他投资，应随同受益工程交付使用的同时一并计入。

(5)交付使用财产的成本，应按下列内容计算：

1)房屋、建筑物、管道及线路等固定资产的成本包括建筑工程成果和应分摊的待摊投资。

2)动力设备和生产设备等固定资产的成本包括需要安装设备的采购成本，安装工程成本，设备基础支柱等建筑工程成本或砌筑锅炉及各种特殊炉的建筑工程成本，应分摊的待摊投资。

3)运输设备及其他不需要安装的设备、工具、器具和家具等固定资产一般仅计算采购成本，不计分摊的“待摊投资”。

(6)共同费用的分摊方法。新增固定资产的其他费用，如果是属于整个建设项目或两个以上单项工程的，在计算新增固定资产价值时，应在各单项工程中按比例分摊。一般情况下，建设单位管理费按建筑工程、安装工程、需安装设备价值总额作比例分摊，而土地征用费、勘察设计费等费用则按建筑工程造价分摊。

【例 7-1】 某工业建设项目及其化工车间的建筑工程费、安装工程费，需安装设备费以及应摊入费用见表 7-10，计算化工车间新增固定资产价值。

表 7-10 分摊费用计算表

万元

项目名称	建筑工程	安装工程	需安装设备	建设单位管理费	土地征用费	勘察设计费
建设单位竣工决算	4 000	800	1 000	90	100	80
化工车间竣工决算	900	350	580			

【解】 计算如下：

$$应分摊的建设单位管理费=\frac{900+350+580}{4\ 000+800+1\ 000}\times 90=28.4(万元)$$

$$应分摊的土地征用费=\frac{900}{4\ 000}\times 100=22.5(万元)$$

$$应分摊的勘察设计费=\frac{900}{4\ 000}\times 80=18.0(万元)$$

$$化工车间新增固定资产价值=(900+350+580)+(28.4+22.5+18)$$
$$=1\ 830+68.9=1\ 898.9(万元)$$

2. 新增流动资产价值的确定

流动资产是指可以在一年内或者超过一年的一个营业周期内变现或者运用的资产，包括现金及各种存款以及其他货币资金、应收及预付款项、短期投资、存货以及其他流动资产等。

(1)**货币性资金。**货币性资金是指现金、各种银行存款及其他货币资金，其中现金是指企业的库存现金，主要包括企业内部各部门用于周转使用的备用金；各种存款是指企业的各种不同类型的银行存款；其他货币资金是指除现金和银行存款外的其他货币资金，根据实际入账价值核定。

(2)**应收及预付款项。**应收账款是指企业因销售商品、提供劳务等应向购货单位或受益单位收取的款项；预付款项是指企业按照购货合同预付给供货单位的购货定金或部分货款。应收及预付款项包括应收票据、应收款项、其他应收款、预付货款和待摊费用。一般情况下，应收及预付款项按企业销售商品、产品或提供劳务时的实际成效金额入账核算。

(3)**短期投资。**短期投资包括股票、债券和基金。股票和债券根据是否可以上市流通分别采用市场法和收益法确定其价值。

(4)**存货。**存货是指企业的库存材料、在产品及产成品等。各种存货应当按照取得时的实际成本计价。存货的形成，主要有外购和自制两个途径。外购的存货，按照买价加运输费、装卸费、保险费、途中合理损耗、入库前加工、整理及挑选费用以及缴纳的税金等计价；自制的存货，按照制造过程中的各项实际支出计价。

3. 新增无形资产价值的确定

我国作为评估对象的无形资产通常包括专利权、非专利技术、生产许可证、特许经营权、租赁权、土地使用权、矿产资源勘探权和采矿权、商标权、版权、计算机软件及商誉等。

(1)**无形资产的计价原则。**

1)投资者按无形资产作为资本金或者合作条件投入时，按评估确认或合同协议约定的金额计价。

2)购入的无形资产，按照实际支付的价款计价。

3)企业自创并依法申请取得的，按开发过程中的实际支出计价。

4)企业接受捐赠的无形资产，按照发票账单所载金额或者同类无形资产的市场价计价。

5)无形资产计价入账后，应在其有效使用期内分期摊销，即企业为无形资产支出的费用应在无形资产的有效期内得到及时补偿。

(2)**无形资产的计价方法。**

1)**专利权的计价。**专利权可分为自创和外购两类。自创专利权的价值为开发过程中的实际支出，主要包括专利的研制成本和交易成本。研制成本包括直接成本和间接成本，直接成本是指研制过程中直接投入发生的费用(主要包括材料费用、工资费用、专用设备费、资料费、咨询鉴定费、协作费、培训费和差旅费等)；间接成本是指与研制开发有关的费用(主要包括管理费、非专用设备折旧费、应分摊的公共费用及能源费用)。交易成本是指在交易过程中的费用支出(主要包括技术服务费、交易过程中的差旅费及管理费、手续费和税金)。由于专利权是具有独占性的，并能带来超额利润的生产要素，因此，专利权转让价格不按成本估价，而是按照其所能带来的超额收益计价。

2)**非专利技术的计价。**非专利技术具有使用价值和价值，使用价值是非专利技术本身应具有的，非专利技术的价值在于非专利技术的使用所能产生的超额获利能力，应在研究分析其直接和间接的获利能力的基础上，准确计算出其价值。如果非专利技术是自创的，一般不作为无形资产入账，自创过程中发生的费用，按当期费用处理。对于外购非专利技术，应由法定评估机构确认后再进行估价，其方法往往通过能产生的收益采用收益法进行估价。

3)**商标权的计价。**如果商标权是自创的，一般不作为无形资产入账，而将商标设计、制作、注册、广告宣传等发生的费用直接作为销售费用计入当期损益。只有当企业购入或转让商标时，才需要对商标权计价。商标权的计价一般根据许可方新增的收益确定。

4)**土地使用权的计价。**根据取得土地使用权的方式不同，土地使用权可有以下几种计价方式：当建设单位向土地管理部门申请土地使用权并为之支付一笔出让金时，土地使用权作为无形资产核算；如建设单位获得土地使用权是通过行政划拨的，这时土地使用权就不能作为无形资产核算；在将土地使用权有偿转让、出租、抵押、作价入股和投资，按规定补交土地出让价款时，才作为无形资产核算。

4. 其他资产

此处不再详细阐述。

第三节　质量保证金的处理

一、建设工程质量保证金的概念与期限

1. 保证金的含义

质保金条款作为合同付款义务方保护自己权益的一种手段，被广泛运用到建设工程、承揽加工以及买卖等合同关系当中。在这些合同中，往往约定由付款义务方保留一部分款项暂不给付，用以保证承包人在缺陷责任期(质量保修期)内对建设工程出现的缺陷进行维修的资金，待质保期届满或标的物交付后一定期限届满，标的物质量合格再行给付。

缺陷是指建设工程质量不符合工程建设强制标准、设计文件，以及承包合同的约定。

2. 缺陷责任期及其期限

发包人与承包人应该在工程竣工之前(一般在签订合同的同时)签订质量保修书，作为合同的附件。保修书中应该明确约定缺陷责任期的期限，具体可由发承包双方在合同中约定。

缺陷责任期从工程通过竣(交)工验收之日起计算。由于承包人原因导致工程无法按规定期限进行竣工验收的，期限责任期从实际通过竣(交)工验收之日起计算。由于发包人原因导致工程无法按规定期限竣(交)工验收的，在承包人提交竣(交)工验收报告 90 天后，工程自动进入缺陷责任期。

缺陷责任期为发、承包双方在工程质量保修书中约定的期限。但不能低于《建设工程质量管理条例》要求的最低保修期限。《建设工程质量管理条例》对建设工程在正常使用条件下的最低保修期限的要求如下：

(1)基础设施工程、房屋建筑的地基基础工程和主体结构工程，为设计文件规定的该工

程的合理使用年限；

(2)屋面防水工程、有防水要求的卫生间、房间和外墙面的防渗漏为五年；

(3)供热与供冷系统为2个采暖期和供冷期；

(4)电气管线，给水、排水管道，设备安装和装修工程为两年；

(5)其他项目的保修期限由承发包双方在合同中规定。

建设工程的保修期，自竣工验收合格之日算起。

二、工程质量保修范围

发承包双方在工程质量保修书中约定的建设工程的保修范围包括基础设施工程，房屋建筑的地基基础工程，主体结构工程，屋面防水工程，有防水要求的卫生间、房间和外墙面的防渗漏，供热与供冷系统，电气管线、给水排水管道、设备安装和装修工程，以及双方约定的其他项目。一般包括以下问题：

(1)屋面、地下室、外墙阳台、卫生间、厨房等处的渗水、漏水问题。

(2)各种通水管道(自来水、热水、污水、雨水等)的漏水问题，各种气体管道的漏气问题，通气孔和烟道的堵塞问题。

(3)水泥地面有较大面积空鼓、裂缝或起砂问题。

(4)内墙抹灰有较大面积起泡、脱落或墙面浆活起碱脱皮问题，外墙粉刷自动脱落问题。

(5)暖气管线安装不妥，出现局部不热、管线接口处漏水等问题。

(6)影响工程使用的地基基础、主体结构等存在质量问题。

由于用户使用不当或自行修饰装修、改动结构、擅自添置设施或设备而造成建筑功能不良或损坏者，以及对因自然灾害等不可抗力造成的质量损害，不属于保修范围。

三、保证金预留比例及管理

(1)**保证金预留比例。**全部或者部分使用政府投资的建设项目，按工程价款结算总额5%左右的比例预留保证金，社会投资项目采用预留保证金方式的，预留保证金的比例可以参照执行发包人与承包人应该在合同中约定保证金的预留方式及预留比例。

(2)**保证金预留。**建设工程竣工结算后，发包人应按照合同约定及时向承包人支付工程结算价款并预留保证金。

(3)**保证金管理。**缺陷责任期内，实行国库集中支付的政府投资项目，保证金的管理应按国库集中支付的有关规定执行。其他政府投资项目，保证金可以预留在财政部门或发包方。缺陷责任期内，如发包方被撤销，保证金随交付使用资产一并移交使用单位，由使用单位代行发包人职责。社会投资项目采用预留保证金方式的，发承包双方可以约定将保证金交由金融机构托管；采用工程质量保证担保、工程质量保险等其他方式的，发包人不得再预留保证金，并按照有关规定执行。

四、保修费用的处理与保证金的返还

(一)保修费用的处理

根据《中华人民共和国建筑法》的规定，在保修费用的处理问题上，必须根据修理项目的性质、内容以及检查修理等多种因素的实际情况，区别保修责任的承担问题，对于保修的经济责任的确定，应当由有关责任方承担，由发包人和承包人共同商定经济处理办法。

1. 勘察、设计原因造成的保修费用处理

因勘察、设计原因造成质量缺陷的，由勘察、设计单位负责并承担经济责任，由施工单位负责维修或处理。根据《中华人民共和国合同法》规定，勘察、设计人应当继续完成勘察、设计，减收或免收勘察、设计费并赔偿损失。

2. 施工原因造成的保修费用处理

施工单位未按国家有关规范、标准和设计要求施工，造成质量缺陷的，由施工单位负责无偿返修并承担经济责任。

3. 设备、材料、构配件不合格造成的保修费用处理

因设备、建筑材料、构配件质量不合格引起的质量缺陷，属于施工单位采购的或经其验收同意的，由施工单位承担经济责任；属于建设单位采购的，由建设单位承担经济责任。至于施工单位、建设单位与设备、材料、构配件单位或部门之间的经济责任，应按其设备、材料、构配件的采购供应合同处理。

4. 用户使用原因造成的保修费用处理

因用户使用不当造成的质量缺陷，由用户自行负责。

5. 不可抗力原因造成的保修费用处理

因地震、洪水、台风等不可抗力造成的质量问题，施工单位和设计单位都不承担经济责任，由建设单位负责处理。

(二)质量保证金的返还

在合同约定的缺陷责任期终止后的14天内，发包人应将剩余的质量保证金返还给承包人。剩余质量保证金的返还，并不能免除承包人按照合同约定应承担的质量保修责任和应履行的质量保修义务。

本章小结

竣工验收是建设工程的最后阶段，是建设项目施工阶段和保修阶段的中间过程，是全面检验建设项目是否符合设计要求和工程质量检验标准的重要环节。竣工决算是所有项目竣工后，项目单位按照国家有关规定在项目竣工验收阶段编制的竣工决算报告。

本章简单介绍了竣工验收的范围、方式、程序与备案管理；竣工决算的组成与编制；质量保证金的处理与返还。

思考与练习

一、填空题

1. __________是指承包人按施工合同完成了工程项目的全部任务，经检验合格，由发承包人组织验收的过程。

2. __________是指在施工过程中上一工序的工作结束，被下一工序所掩盖，而无法进行复查的部位。

3. __________是建设工程经济效益的全面反映，是项目法人核定各类新增资产价值、办理其交付使用的依据。

4. 由于发包人原因导致工程无法按规定期限竣(交)工验收的，在承包人提交竣(交)工验收报告__________后，工程自动进入缺陷责任期。

5. 在合同约定的缺陷责任期终止后的__________天内，发包人应将剩余的质量保证金返还给承包人。

二、多项选择题

1. 工程竣工验收备案表应留在(　　)。

A. 建设单位　　B. 施工单位

C. 备案机关　　D. 以上都对

2. 在实际工作中，工程造价的比较分析主要分析(　　)。

A. 主要实物工程量　　B. 主要材料消耗量

C. 所有材料消耗量　　D. 取费标准

3. 新增资产按资产性质可分为(　　)。

A. 固定资产　　B. 流动资产

C. 无形资产　　D. 有形资产

4. 下列有关建设工程在正常使用条件下的最低保修期限的要求正确的有(　　)。

A. 基础设施工程、房屋建筑的地基基础工程和主体结构工程，为设计文件规定的该工程的合理使用年限

B. 屋面防水工程、有防水要求的卫生间、房间和外墙面的防渗漏为4年

C. 供热与供冷系统为2个采暖期和供热期

D. 电气管线、给水排水管道、设备安装和装修工程为两年

三、简答题

1. 实现竣工验收的依据有哪些?

2. 如何进行竣工验收?

3. 有关竣工验收备案有何规定?

4. 实现竣工决算有何意义?

5. 竣工决算包括哪些内容?

6. 编制竣工决算的依据有哪些? 如何编制竣工决算?

7. 如何确定新增资产价值?

8. 保修的范围和最低保修期限是如何规定的?

9. 保修费用处理的方式有哪几种?

参考文献

References

[1] 中华人民共和国住房和城乡建设部. GB 50500—2013 建设工程工程量清单计价规范[S]. 北京：中国计划出版社，2013.

[2] 关永冰，谷莹莹，方业傅. 工程造价管理[M]. 北京：北京理工大学出版社，2013.

[3] 王朝霞. 建筑工程定额与计价[M]. 4 版. 北京：中国电力出版社，2013.

[4] 斯庆，宋显锐. 工程造价管理[M]. 北京：北京大学出版社，2009.

[5] 黄伟典. 建筑工程计量与计价[M]. 2 版. 北京：中国电力出版社，2009.

[6] 刘钟莹，徐红. 建筑工程造价与投标报价(2001 定额)[M]. 南京：东南大学出版社，2002.

[7] 谭德精，吴学伟，李江涛. 工程造价确定与控制[M]. 4 版. 重庆：重庆大学出版社，2011.